· Behaviorism ·

给我一打健全的婴儿，把他们带到我独特的世界中，我可以保证，在其中随机选出一个，训练成为我所选定的任何类型的人物——医生、律师、艺术家、商人，或者乞丐、窃贼，不用考虑他的天赋、倾向、能力、祖先的职业与种族。

——华生

本书列入"十四五"国家重点图书出版规划

科学元典丛书

The Series of the Great Classics in Science

主　　编　任定成

执行主编　周雁翎

策　　划　周雁翎

丛书主持　陈　静

　　科学元典是科学史和人类文明史上划时代的丰碑，是人类文化的优秀遗产，是历经时间考验的不朽之作。它们不仅是伟大的科学创造的结晶，而且是科学精神、科学思想和科学方法的载体，具有永恒的意义和价值。

科学元典丛书

行为主义

Behaviorism

[美] 华生 著　李维 译

北京大学出版社
PEKING UNIVERSITY PRESS

图书在版编目(CIP)数据

行为主义／（美）华生著；李维译. —北京：北京大学出版社，2012.4
（科学元典丛书）

ISBN 978-7-301-20198-5

Ⅰ.①行…　Ⅱ.①华…②李…　Ⅲ.①科学普及；②行为主义　Ⅳ.①B84-063

中国版本图书馆 CIP 数据核字（2012）第 022043 号

BEHAVIORISM

(Rev. ed.)

By John Broadus Watson

Chicago：University of Chicago Press，1930.

书　　　名	行为主义
	XINGWEI ZHUYI
著作责任者	[美]华生　著　李维　译
丛书策划	周雁翎
丛书主持	陈　静
责任编辑	陈　静
标准书号	ISBN 978-7-301-20198-5
出版发行	北京大学出版社
地　　　址	北京市海淀区成府路 205 号　　100871
网　　　址	http://www.pup.cn　　新浪微博：@北京大学出版社
微信公众号	科学元典（微信号：kexueyuandian）
电子信箱	zyl@pup.pku.edu.cn
电　　　话	邮购部 010-62752015　发行部 010-62750672　编辑部 010-62707542
印　刷　者	北京中科印刷有限公司
经　销　者	新华书店
	787 毫米×1092 毫米　16 开本　17.75 印张　8 插页　200 千字
	2012 年 4 月第 1 版　2022 年 4 月第 7 次印刷
定　　　价	68.00 元

弁　言

　　这套丛书中收入的著作,是自古希腊以来,主要是自文艺复兴时期现代科学诞生以来,经过足够长的历史检验的科学经典。为了区别于时下被广泛使用的"经典"一词,我们称之为"科学元典"。

　　我们这里所说的"经典",不同于歌迷们所说的"经典",也不同于表演艺术家们朗诵的"科学经典名篇"。受歌迷欢迎的流行歌曲属于"当代经典",实际上是时尚的东西,其含义与我们所说的代表传统的经典恰恰相反。表演艺术家们朗诵的"科学经典名篇"多是表现科学家们的情感和生活态度的散文,甚至反映科学家生活的话剧台词,它们可能脍炙人口,是否属于人文领域里的经典姑且不论,但基本上没有科学内容。并非著名科学大师的一切言论或者是广为流传的作品都是科学经典。

　　这里所谓的科学元典,是指科学经典中最基本、最重要的著作,是在人类智识史和人类文明史上划时代的丰碑,是理性精神的载体,具有永恒的价值。

一

科学元典或者是一场深刻的科学革命的丰碑，或者是一个严密的科学体系的构架，或者是一个生机勃勃的科学领域的基石，或者是一座传播科学文明的灯塔。它们既是昔日科学成就的创造性总结，又是未来科学探索的理性依托。

哥白尼的《天体运行论》是人类历史上最具革命性的震撼心灵的著作，它向统治西方思想千余年的地心说发出了挑战，动摇了"正统宗教"学说的天文学基础。伽利略《关于托勒密与哥白尼两大世界体系的对话》以确凿的证据进一步论证了哥白尼学说，更直接地动摇了教会所庇护的托勒密学说。哈维的《心血运动论》以对人类躯体和心灵的双重关怀，满怀真挚的宗教情感，阐述了血液循环理论，推翻了同样统治西方思想千余年、被"正统宗教"所庇护的盖伦学说。笛卡儿的《几何》不仅创立了为后来诞生的微积分提供了工具的解析几何，而且折射出影响万世的思想方法论。牛顿的《自然哲学之数学原理》标志着 17 世纪科学革命的顶点，为后来的工业革命奠定了科学基础。分别以惠更斯的《光论》与牛顿的《光学》为代表的波动说与微粒说之间展开了长达 200 余年的论战。拉瓦锡在《化学基础论》中详尽论述了氧化理论，推翻了统治化学百余年之久的燃素理论，这一智识壮举被公认为历史上最自觉的科学革命。道尔顿的《化学哲学新体系》奠定了物质结构理论的基础，开创了科学中的新时代，使 19 世纪的化学家们有计划地向未知领域前进。傅立叶的《热的解析理论》以其对热传导问题的精湛处理，突破了牛顿的《自然哲学之数学原理》所规定的理论力学范围，开创了数学物理学的崭新领域。达尔文《物种起源》中的进化论思想不仅在生物学发展到分子水平的今天仍然是科学家们阐释的对象，而且 100 多年来几乎在科学、社会和人文的所有领域都在施展它有形和无形的影响。《基因论》揭示了孟德尔式遗传性状传递机理的物质基础，把生命科学推进到基因水平。爱因斯坦的《狭义与广义相对论浅说》和薛定谔的《关于波动力学的四次演讲》分别阐述了物质世界在高速和微观领域的运动规律，完全改变了自牛顿以来的世界观。魏格纳的《海陆的起源》提出了大陆漂移的猜想，为当代地球科学提供了新的发展基点。维纳的《控制论》揭示了控制系统的反馈过程，普里戈金的《从存在到演化》发现了系统可能从原来无序向新的有序态转化的机制，二者的思想在今天的影响已经远远超越了自然科学领域，影响到经济学、社会学、政治学等领域。

科学元典的永恒魅力令后人特别是后来的思想家为之倾倒。欧几里得的《几何原本》以手抄本形式流传了 1800 余年，又以印刷本用各种文字出了 1000 版以上。阿基米德写了大量的科学著作，达·芬奇把他当作偶像崇拜，热切搜求他的手稿。伽利略以他的继承人自居。莱布尼兹则说，了解他的人对后代杰出人物的成就就不会那么赞赏了。为捍卫《天体运行论》中的学说，布鲁诺被教会处以火刑。伽利略因为其《关于托勒密与哥白尼两大世界体系的对话》一书，遭教会的终身监禁，备受折磨。伽利略说吉尔伯特的《论磁》一书伟大得令人嫉妒。拉普拉斯说，牛顿的《自然哲学之数学原理》揭示了宇宙的最伟大定律，它将永远成为深邃智慧的纪念碑。拉瓦锡在他的《化学基础论》出版后5年被法国革命法庭处死，传说拉格朗日悲愤地说，砍掉这颗头颅只要一瞬间，再长出这样的头颅100年也不够。《化学哲学新体系》的作者道尔顿应邀访法，当他走进法国科学院会议厅时，院长和全体院士起立致敬，得到拿破仑未曾享有的殊荣。傅立叶在《热的解析理论》中阐述的强有力的数学工具深深影响了整个现代物理学，推动数学分析的发展达一个多世纪，麦克斯韦称赞该书是"一首美妙的诗"。当人们咒骂《物种起源》是"魔鬼的经典""禽兽的哲学"的时候，赫胥黎甘做"达尔文的斗犬"，挺身捍卫进化论，撰写了《进化论与伦理学》和《人类在自然界的位置》，阐发达尔文的学说。经过严复的译述，赫胥黎的著作成为维新领袖、辛亥精英、"五四"斗士改造中国的思想武器。爱因斯坦说法拉第在《电学实验研究》中论证的磁场和电场的思想是自牛顿以来物理学基础所经历的最深刻变化。

在科学元典里，有讲述不完的传奇故事，有颠覆思想的心智波涛，有激动人心的理性思考，有万世不竭的精神甘泉。

<h1 style="text-align:center">二</h1>

按照科学计量学先驱普赖斯等人的研究，现代科学文献在多数时间里呈指数增长趋势。现代科学界，相当多的科学文献发表之后，并没有任何人引用。就是一时被引用过的科学文献，很多没过多久就被新的文献所淹没了。科学注重的是创造出新的实在知识。从这个意义上说，科学是向前看的。但是，我们也可以看到，这么多文献被淹没，也表明划时代的科学文献数量是很少的。大多数科学元典不被现代科学文献所引用，那是因为其中的知识早已成为科学中无须证明的常识了。即使这样，科学经典也会因为其中思想的恒久意义，而像人文领域里的经典一样，具有永恒的阅读价值。于是，科学经典就被一编再编、一印再印。

早期诺贝尔奖得主奥斯特瓦尔德编的物理学和化学经典丛书"精密自然科学经典"从1889年开始出版，后来以"奥斯特瓦尔德经典著作"为名一直在编辑出版，有资料说目前已经出版了250余卷。祖德霍夫编辑的"医学经典"丛书从1910年就开始陆续出版了。也是这一年，蒸馏器俱乐部编辑出版了20卷"蒸馏器俱乐部再版本"丛书，丛书中全是化学经典，这个版本甚至被化学家在20世纪的科学刊物上发表的论文所引用。一般把 1789 年拉瓦锡的化学革命当作现代化学诞生的标志,把 1914 年爆发的第一次世界大战称为化学家之战。奈特把反映这个时期化学的重大进展的文章编成一卷,把这个时期的其他 9 部总结性化学著作各编为一卷,辑为 10 卷"1789—1914 年的化学发展"丛书,于1998 年出版。像这样的某一科学领域的经典丛书还有很多很多。

科学领域里的经典,与人文领域里的经典一样,是经得起反复咀嚼的。两个领域里的经典一起,就可以勾勒出人类智识的发展轨迹。正因为如此,在发达国家出版的很多经典丛书中,就包含了这两个领域的重要著作。1924 年起,沃尔科特开始主编一套包括人文与科学两个领域的原始文献丛书。这个计划先后得到了美国哲学协会、美国科学促进会、科学史学会、美国人类学协会、美国数学协会、美国数学学会以及美国天文学学会的支持。1925 年,这套丛书中的《天文学原始文献》和《数学原始文献》出版,这两本书出版后的 25 年内市场情况一直很好。1950 年,沃尔科特把这套丛书中的科学经典部分发展成为"科学史原始文献"丛书出版。其中有《希腊科学原始文献》《中世纪科学原始文献》和《20 世纪(1900—1950 年)科学原始文献》,文艺复兴至 19 世纪则按科学学科(天文学、数学、物理学、地质学、动物生物学以及化学诸卷)编辑出版。约翰逊、米利肯和威瑟斯庞三人主编的"大师杰作丛书"中,包括了小尼德勒编的 3 卷"科学大师杰作",后者于1947 年初版,后来多次重印。

在综合性的经典丛书中,影响最为广泛的当推哈钦斯和艾德勒 1943 年开始主持编译的"西方世界伟大著作丛书"。这套书耗资 200 万美元,于 1952 年完成。丛书根据独创性、文献价值、历史地位和现存意义等标准,选择出 74 位西方历史文化巨人的 443 部作品,加上丛书导言和综合索引,辑为 54 卷,篇幅 2 500 万单词,共 32 000 页。丛书中收入不少科学著作。购买丛书的不仅有"大款"和学者,而且还有屠夫、面包师和烛台匠。迄 1965 年,丛书已重印 30 次左右,此后还多次重印,任何国家稍微像样的大学图书馆都将其列入必藏图书之列。这套丛书是 20 世纪上半叶在美国大学兴起而后扩展到全社会的经典著作研读运动的产物。这个时期,美国一些大学的寓所、校园和酒吧里都能听到学生讨论古典佳作的声音。有的大学要求学生必须深研 100 多部名著,甚至在教学中不得使用最新的实验设备,而是借助历史上的科学大师所使用的方法和仪器复制品去再现划时代的著名实验。至 20 世纪 40 年代末,美国举办古典名著学习班的城市达 300 个,学员 50 000 余众。

相比之下,国人眼中的经典,往往多指人文而少有科学。一部公元前 300 年左右古希腊人写就的《几何原本》,从 1592 年到 1605 年的 13 年间先后 3 次汉译而未果,经 17 世纪初和 19 世纪 50 年代的两次努力才分别译刊出全书来。近几百年来移译的西学典籍中,成系统者甚多,但皆系人文领域。汉译科学著作,多为应景之需,所见典籍寥若晨星。借 20 世纪 70 年代末举国欢庆"科学春天"到来之良机,有好尚者发出组译出版"自然科学世界名著丛书"的呼声,但最终结果却是好尚者抱憾而终。20 世纪 90 年代初出版的"科学名著文库",虽使科学元典的汉译初见系统,但以 10 卷之小的容量投放于偌大的中国读书界,与具有悠久文化传统的泱泱大国实不相称。

我们不得不问:一个民族只重视人文经典而忽视科学经典,何以自立于当代世界民族之林呢?

三

科学元典是科学进一步发展的灯塔和坐标。它们标识的重大突破,往往导致的是常规科学的快速发展。在常规科学时期,人们发现的多数现象和提出的多数理论,都要用科学元典中的思想来解释。而在常规科学中发现的旧范型中看似不能得到解释的现象,其重要性往往也要通过与科学元典中的思想的比较显示出来。

在常规科学时期,不仅有专注于狭窄领域常规研究的科学家,也有一些从事着常规研究但又关注着科学基础、科学思想以及科学划时代变化的科学家。随着科学发展中发现的新现象,这些科学家的头脑里自然而然地就会浮现历史上相应的划时代成就。他们会对科学元典中的相应思想,重新加以诠释,以期从中得出对新现象的说明,并有可能产生新的理念。百余年来,达尔文在《物种起源》中提出的思想,被不同的人解读出不同的信息。古脊椎动物学、古人类学、进化生物学、遗传学、动物行为学、社会生物学等领域的几乎所有重大发现,都要拿出来与《物种起源》中的思想进行比较和说明。玻尔在揭示氢光谱的结构时,提出的原子结构就类似于哥白尼等人的太阳系模型。现代量子力学揭示的微观物质的波粒二象性,就是对光的波粒二象性的拓展,而爱因斯坦揭示的光的波粒二象性就是在光的波动说和粒子说的基础上,针对光电效应,提出的全新理论。而正是与光的波动说和粒子说二者的困难的比较,我们才可以看出光的波粒二象性学说的意义。可以说,科学元典是时读时新的。

除了具体的科学思想之外,科学元典还以其方法学上的创造性而彪炳史册。这些方法学思想,永远值得后人学习和研究。当代诸多研究人的创造性的前沿领域,如认知心理学、科学哲学、人工智能、认知科学等,都涉及对科学大师的研究方法的研究。一些科学史学家以科学元典为基点,把触角延伸到科学家的信件、实验室记录、所属机构的档案等原始材料中去,揭示出许多新的历史现象。近二十多年兴起的机器发现,首先就是对科学史学家提供的材料编制程序,在机器中重新做出历史上的伟大发现。借助于人工智能手段,人们已经在机器上重新发现了波义耳定律、开普勒行星运动第三定律,提出了燃素理论。萨伽德甚至用机器研究科学理论的竞争与接受,系统研究了拉瓦锡氧化理论、达尔文进化学说、魏格纳大陆漂移说、哥白尼日心说、牛顿力学、爱因斯坦相对论、量子论以及心理学中的行为主义和认知主义形成的革命过程和接受过程。

除了这些对于科学元典标识的重大科学成就中的创造力的研究之外，人们还曾经大规模地把这些成就的创造过程运用于基础教育之中。美国几十年前兴起的发现法教学，就是在这方面的尝试。近二十多年来，全球兴起了基础教育改革的浪潮，其目标就是提高学生的科学素养，改变片面灌输科学知识的状况。其中的一个重要举措，就是在教学中加强科学探究过程的理解和训练。因为，单就科学本身而言，它不仅外化为工艺、流程、技术及其产物等器物形态，直接表现为概念、定律和理论等知识形态，更深蕴于其特有的思想、观念和方法等精神形态之中。没有人怀疑，我们通过阅读今天的教科书就可以方便地学到科学元典著作中的科学知识，而且由于科学的进步，我们从现代教科书上所学的知识甚至比经典著作中的更完善。但是，教科书所提供的只是结晶状态的凝固知识，而科学本是历史的、创造的、流动的，在这历史、创造和流动过程之中，一些东西蒸发了，另一些东西积淀了，只有科学思想、科学观念和科学方法保持着永恒的活力。

然而，遗憾的是，我们的基础教育课本和科普读物中讲的许多科学史故事不少都是误讹相传的东西。比如，把血液循环的发现归于哈维，指责道尔顿提出二元化合物的元素原子数最简比是当时的错误，讲伽利略在比萨斜塔上做过落体实验，宣称牛顿提出了牛顿定律的诸数学表达式，等等。好像科学史就像网络上传播的八卦那样简单和耸人听闻。为避免这样的误讹，我们不妨读一读科学元典，看看历史上的伟人当时到底是如何思考的。

现在，我们的大学正处在席卷全球的通识教育浪潮之中。就我的理解，通识教育固然要对理工农医专业的学生开设一些人文社会科学的导论性课程，要对人文社会科学专业的学生开设一些理工农医的导论性课程，但是，我们也可以考虑适当跳出专与博、文与理的关系的思考路数，对所有专业的学生开设一些真正通而识之的综合性课程，或者倡导这样的阅读活动、讨论活动、交流活动甚至跨学科的研究活动，发掘文化遗产、分享古典智慧、继承高雅传统，把经典与前沿、传统与现代、创造与继承、现实与永恒等事关全民素质、民族命运和世界使命的问题联合起来进行思索。

我们面对不朽的理性群碑，也就是面对永恒的科学灵魂。在这些灵魂面前，我们不是要顶礼膜拜，而是要认真研习解读，读出历史的价值，读出时代的精神，把握科学的灵魂。我们要不断吸取深蕴其中的科学精神、科学思想和科学方法，并使之成为推动我们前进的伟大精神力量。

任定成
2005 年 8 月 6 日
北京大学承泽园迪吉轩

华生（John Broadus Watson，1878—1958），美国心理学家，行为主义心理学的创始人。他的行为主义又被称为"S-R"心理学，即"刺激—反应"心理学。在华生看来，心理学应该成为"一门纯粹客观的自然科学（纯生物学或纯生理学）"。

◀ 华生1878年1月9日出生于美国南卡罗来纳州格林维尔（Greenville）城外的一个普通家庭，在六个兄弟姐妹中排行老四。图为华生出生时的房子。

◀◀ 华生的母亲爱玛（Emma Kesiah）是个虔诚的美国南浸信会教徒。她一直希望华生长大后从事教会工作。

◀ 华生的父亲皮肯斯（Pickens Butler Watson）是一位性情暴躁的小农场主。华生12岁时，父亲抛弃家庭，与一个女人私奔。

◀ 随后，母亲卖掉农场，带着孩子迁入格林维尔城里居住。此时的华生就显示出了两个特点：喜欢攻击，又富有创造性。他曾坦言，在上小学时最喜欢的活动就是和同学打架。另一方面，12岁时他就已经是一个不错的木匠了。图为今日的格林维尔城一景。

▶ 华生16岁时，进入福尔曼大学（Furman University）学习，起初他按照母亲的期望，选修神学，但是不久就改学哲学。图为当时的福尔曼大学。

⬆ 在福尔曼大学期间，他成为Kappa Alpha Order（一个社会协会，简称KA）的一员。图为KA的会徽。

⬇ 1900年，他听说自己过去的哲学教授戈登·摩尔（Gordon Moore）改去芝加哥大学（The University of Chicago）任教，于是给芝加哥大学校长写自荐信。最终，华生得以免费进入芝加哥大学学习。图为今日芝加哥大学全景。

⬆ 福尔曼大学期间的华生（右）。

在芝加哥大学期间，华生先是师从杜威（John Dewey, 1859—1952）学习哲学，但是不久华生发现自己真正感兴趣的是心理学，于是决定转系，师从功能主义心理学家安吉尔（James Rowland Angell, 1869—1949）和生理学家亨利·唐纳森（Henry Donaldson）。动物生理学家雅克·洛布（Jacques Loeb, 1859—1924）对狗脑的生理学研究也影响到了华生。1903年，华生以题为《动物的教育》（Education on Animal）的论文获芝加哥大学心理学博士学位，并经杜威和安吉尔推荐，担任芝加哥大学讲师和心理实验室主任。

⌃ 杜威

⌃ 雅克·洛布

⌃ 安吉尔

▶ 1908年，约翰·霍普金斯大学（The Johns Hopkins University）以高薪和更好的职位吸引华生到该校成立新的实验室。图为霍姆伍德楼，是该校主要的图书馆。

▶ 1913年，华生在哥伦比亚大学（Columbia University）开设了有关动物心理学的一系列讲座，其中一个讲座涉及"行为主义者眼中的心理学"。后来，在《心理学评论》编辑沃伦（H.Wallen）的鼓励下，华生出版了他的演讲集《行为主义者眼中的心理学》（*Psychology As The Behaviorist Views It*）。图为哥伦比亚大学。

▼ 华生在约翰·霍普金斯大学一直工作到1920年。这12年是他在心理学方面最有建树的岁月，他的诸多实验在此期间完成。图为霍普金斯医学院。

华生曾经说过："我最大的心愿就是拥有一个完善的实验室，在这个实验室能够抚养刚出生的婴儿，直到他们三四岁，便于持续地观察他们。" 1920年，在国家的资助下，华生终于在华盛顿医学院（Washington University Hospital，如图）拥有了一个这样的实验室。

1920年对于华生来说，是特殊而重要的一年。华生与年轻美丽的研究生助手罗莎莉·雷纳（Rosalie Rayner）产生了婚外恋情。华生的妻子玛丽·伊克斯（Mary Ickes）利用到罗莎莉家赴宴的机会，偷到华生写给罗莎莉的情书。华生的这一"桃色事件"成了当时轰动的社会新闻。这些情书后来也到了校长富兰克·古德劳（Frank Johnson Goodnow）的手中。当时的校规不允许教授发生这样的丑闻，于是华生被迫离开在约翰·霍普金斯大学的教职。

哈罗德·伊克斯（Harold L. Ickes），美国总统富兰克林·罗斯福的秘书，玛丽·伊克斯的弟弟。

华生与第一任妻子玛丽·伊克斯于1904年结婚，玛丽曾经是他的学生。他们育有两个孩子。玛丽起诉离婚后，两个孩子都判归母亲，华生承担孩子的抚养费。图为玛丽及其一对儿女。

1921年，华生与罗莎莉结婚。婚后育有两个儿子：威廉（William Rayner Watson）和吉姆（Jim Broadus Watson）。1935年，36岁的罗莎莉因病去世。这张照片是华生与罗莎莉在康涅狄格州韦斯特波特的Longshore游艇俱乐部的合影。

离开霍普金斯大学后，华生成为广受欢迎的广告设计者。他在65岁时从著名的William Esty广告公司退休。图为1936年的华生。

华生晚年居住在康涅狄格州韦斯特波特的Whippoorwill农场，开快艇、耕种、骑马，等等。尽情享受田园生活。直到1958年去世，享年80岁。

尽管华生离开霍普金斯大学后遭到学术界的排斥，但1957年，在华生去世前一年，美国心理学会表彰了他对心理学的贡献。

◀ 华生位于南卡罗来纳州的故居至今仍存在，图为位于该故居附近276号高速公路旁边的介绍牌。

▶ 公开出版的华生传记的封面。

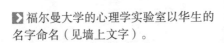

The Department
of Psychology

Furman University

**John Broadus Watson
Symposium**

April 5-6, 1979

◀ 1979年，福尔曼大学为纪念华生诞辰100周年举行了学术会，来自美国的2000多人参加了会议，包括著名的心理学家麦独孤（J. V. McConnell）、凯勒（F. S. Keller）、斯金纳（B. F. Skinner）等。图为该会议的海报。

▶ 福尔曼大学的心理学实验室以华生的名字命名（见墙上文字）。

◀ 1984年，华生"入驻"南卡罗来纳州科技厅的名人堂。图中左侧为华生的儿子吉姆（Jim Broadus Watson），右侧为吉姆的儿子斯科特（Scott Watson），他们俩站立在华生的介绍牌两侧。

目　录

导　读

李　维

（上海社会科学院　研究员）

· *Introduction to Chinese Version* ·

> 华生对心理学的深刻影响正如美国心理学会于 1957 年（他逝世的前一年）在授予他荣誉的一段褒奖文字所说，他的工作成为"现代心理学的形式与内容的极其重要的决定因素之一……是持久不变的、富有成果的研究路线的出发点"。

　　行为主义(behaviorism)是 20 世纪初起源于美国的一个心理学流派,也是诸多心理学流派中的一个重要学派。创始人为约翰·布鲁德斯·华生(John Broadus Watson)。

　　华生 1878 年 1 月 9 日出生于美国南卡罗莱纳州格林维尔城外的一个农庄,并在农庄附近的一所小学接受早期教育。12 岁那年,随家人迁入格林维尔城,进入公立学校学习。16 岁时,他进入格林维尔的福尔曼大学学习哲学,5 年后获得哲学硕士学位。1900 年,华生进入芝加哥大学研究哲学和心理学,师从教育哲学家杜威(J. Dewey)、心理学家安吉尔(J. R. Angell)和生物学家洛布(J. Loeb)。在安吉尔的影响下,华生开始对心理学感兴趣,且选学了神经学和生物学等课程。1903 年,华生以题为《动物的教育》(Education on Animal)的论文获芝加哥大学心理学博士学位,并经杜威和安吉尔推荐任芝加哥大学讲师和心理实验室主任。1908 年,约翰·霍普金斯大学对他作出由他指导实验室、晋升职称、给予丰厚薪水的许诺,使他离开了本来不愿离开的芝加哥大学,被聘为约翰·霍普金斯大学教授。他在约翰·霍普金斯大学一直工作到 1920 年。这 12 年是他在心理学方面最有建树的岁月。早在 1908 年,华生就为动物心理学界定了一个纯客观的、非心理主义的研究方法,并在耶鲁大学的一次讲演中首次公开自己对心理学进行客观研究的思想。1913 年,华生在哥伦比亚大学开设了有关动物心理学的一系列讲座,其中一个讲座涉及"行为主义者眼中的心理学"。后来,经《心理学评论》编辑沃伦(H. Wallen)的鼓励,华生出版了他的演讲集《行为主义者眼中的心理学》(Psychology As The Behaviorist Views It)。后来的心理学史家将这篇论文称做行为主义宣言,并认为它标志着行为主义的诞生。1915 年,华生当选为美国心理学会主席。1920 年,华生因主持一项有关性行为的实验研究,引起家庭纠纷并与妻子离婚,从而被迫离开学术界。随后,他改行从商,经营广告事业,但仍著书立说介绍行为主义。1925 年,他出版了其代表作《行为主义》(Behaviorism),深入浅出地向读者宣传他的行为主义观点。1945 年,华生退职。1958 年 9 月 25 日谢世于康涅狄格州附近的一个农庄,享年 80 岁。

一、行为主义的先行影响

　　导致行为主义产生的先行影响主要有三种倾向:(1)客观主义和机械主义哲学传统;(2)动物心理学;(3)机能主义。

　　客观主义和机械主义哲学传统可以追溯至笛卡儿(R. Descartes)。笛卡儿曾声称动物是无意识的,否定了动物的意识,试图对身心作机械主义的解释。拉美特利(J. O. LaMettrie)则更进一步,认为人的行为的自动化与动物的行为相同。实证主义运动的创始人孔德(A. Comte)把客观主义和机械主义的观点推向顶峰,强调实证的知识,认为唯一有效的知识是那种具有社会性,而且是可以客观观察的知识。这种倾向波及心理学,促成一种新心理学的产生。它拒绝谈论"意识"、"心理"等心灵主义概念,而只注重那些

◀ **1912 年,在约翰·霍普金斯大学时的华生。**

看得见、听得到和摸得着的东西。它既反对心理学的研究对象是意识,也反对研究意识的手段是内省。

　　动物心理学直接导致了行为主义。动物学家和生理学家洛布提出向性运动概念,用以说明动物行为。按照向性理论,动物反应是对刺激的直接作用,没有必要用意识的术语来解释它。拥护洛布的学者甚至撰文建议放弃一切心理学名词,如感觉、记忆、学习等,而代之以客观的名词,如用受纳代替感觉,用反射代替固定运动,用本能代替可变运动,用重鸣代替记忆等。桑代克(E. L. Thorndike)发展了一种客观的和机械的学习理论。他只注意外显的行为,而极少参照意识或心理过程。他坚信心理学必须研究行为,而不应研究心理元素或意识经验。由此,他在研究动物的学习现象时避免使用"观念"等术语,而用"刺激"、"反应"等术语来解释学习。巴甫洛夫(I. Pavlov)证实了能用生理学术语来表述动物的高级心理过程,从而使心理学在研究方法上具有更大的客观性。这种影响反映在行为主义发展上,主要表现为把条件反射作为行为的基本元素或原子,为行为研究提供了可以操作的具体单元。行为主义者抓住了行为这个单元,并使它成为研究的核心。

　　机能主义本身不是客观心理学,它的创始人杜威、安吉尔都在心理学内保留意识,但是比之传统的实验心理学,机能心理学家已与传统的意识、内省等心灵主义心理学保持一定的距离。以卡特尔(J. M. Cattell)为代表的机能主义者公开宣称对内省的不满,主张心理学应把注意力集中于行为而不是意识。例如,卡特尔在1904年世界博览会上发言时评论道:"我不相信心理学应该只限于研究意识。认为离开内省就不存在心理学的那种相当普遍的看法,已为现有成就的雄辩事实所驳倒。在我看来,我或我的实验里所做的大多数研究工作几乎都与内省无关。"华生曾在那届世界博览会上听到过这个发言,他的后来主张与卡特尔这个发言之间具有引人注目的相似性。

　　上述三种倾向构成了行为主义产生的时代精神。华生清醒地意识到时代提出的要求,利用这三种先行的影响来建立他的思想体系,倡导了一种称做行为主义的新运动。

二、行为主义的基本观点

　　行为主义在拒绝意识、心理等心灵主义时出现过两种观点:方法论的行为主义和形而上学的行为主义。方法论的行为主义承认心理事件或过程是真实的,但坚持认为这些事件或过程无法得到科学的研究。在他们看来,意识这个东西不管多么真实和迷人,也无法成为科学心理学的主题,因为科学资料必须是所有研究人员能够观察到的公开事件。意识经验是私下的,虽然内省描述了它,但无法使人观察到它。因此,心理学应该研究外显行为,拒绝内省。形而上学的行为主义提出更为彻底的主张,认为正如物理科学已经拒绝灵魂、上帝、精灵等神话一样,心理科学也必须拒绝心理事件或过程等神话。在他们看来,虽然人们能够运用"观念"等概念来指证自己具有心理,但我们仍然认为"观念"等概念并不涉及存在的任何东西。除了存在的是行为外,没有一种心理是可以研究的。

华生本人在这一问题上的立场是含糊的。他曾典型地捍卫以方法论为基础的行为主义,但在其晚期的著述中,却提出形而上学的观点。然而,有一点十分清楚,在华生看来,心理学必须是行为主义的心理学。

华生在芝加哥大学时,曾暂时接受保留意识的机能主义心理学。但是,在华生看来,机能主义并没有整个地推翻意识、内省等心理学,而只是修改它,做了一些从内部进行瓦解的工作。《行为主义者眼中的心理学》一书,发动了对机能主义的一场革命,同时也标志着行为主义的诞生。在这篇行为主义宣言中,华生清晰地阐释了行为主义者的基本信念:"就行为主义者的观点来说,心理学是自然科学的一个纯客观的实验分支。它的理论目标在于预见和控制行为。内省既不是它的方法的主要部分,它的资料的科学价值也不依赖于这些资料是否运用意识的术语来解释。"华生揭示了行为主义与心灵主义的根本区别:心理学的主题是行为,而不是意识;行为主义的方法是客观的,它拒绝内省;行为不是通过意识过程来解释和说明的。

(一) 行为主义的研究性质

在研究的性质上,华生否定传统的心理学,拒绝承认把心理学定义为"意识现象的科学",拒绝接受神秘的内省方法。在他看来,以意识为基础的心理学势必"丧失其作为一门无可争辩的自然科学在世界中的地位"。作为一名动物心理学家,华生对传统心理学的评价是:由于动物无法被内省,因此动物研究的地盘将会越来越小,结果迫使心理学家去建构意识内容,并将这些建构出来的意识内容与心理学家自身的心理进行类比。华生的目的是把传统的理论和方法颠倒过来。为此,华生从经验的、哲学的和实用的三个方面批判了内省。

从经验上看,内省无法界定它试图回答的问题,甚至未能回答意识心理学中最基本的问题,例如,究竟有多少感觉? 它们的属性有哪些? 华生指出:"我坚信,除非抛弃内省的方法,否则心理学仍将在听觉是否具有'广延性'——以及诸如性格那样几百个其他问题上有分歧。"

从哲学上看,内省不喜欢自然科学的方法。因此,不管怎么说,它不是一种科学的方法。在自然科学里,良好的技术能够提供"可以复制的结果"。如果做不到这一点,"实验的条件就会遭到抨击"。然而,在心灵主义的心理学中,研究的是观察者的"意识"这一私下世界。这意味着,当结果不清楚时,心理学家抨击的是内省的观察者,而不是实验条件。华生的观点是:内省心理学的结果将是自然发现不了的私人要素。这一争论构成方法论行为主义的基础。

从实用角度看,内省无法满足实用的检验。在实验室里,内省要求动物心理学家找出意识的行为标准。事实上,"人们可以假定,在种系发生的等级上,不论意识出现还是不出现,丝毫也不会影响行为问题。人们设计实验,是为了发现一个动物在某种特定的环境里将做什么,然后观察它的行为。除非研究人员试图荒唐一番,否则不会像重建动物行为那样去重建动物的心理。在社会领域,内省心理学无助于解决人们在现实生活中面临的问题,没有应用的领域"。所以,华生推崇的心理学领域是应用心理学,包括教育心理学、心理药理学、心理测验、心理病理学,以及法律心理学和广告心理学。这些领域是他"最感兴趣的",因为它们"很少依靠内省"。

(二) 行为主义的研究对象

在研究的对象上,行为主义研究的行为是有机体用以适应环境变化的各种身体反应的组合,其细目可以分为肌肉运动或腺体分泌,因为它们证明有机体具有以不同的方式来反应其周围环境的能力。例如,"思维"是习得的内隐的言语反应或称"喉头习惯","情绪"是内脏和腺体的变化,"记忆"是某些习惯经过无练习的一段时间以后,给予刺激或情境仍可以引起以往的反应,或使反应增加或减少。在华生看来,肌肉运动或腺体分泌可以归结为物理或化学变化。这样一来,有机体的全部行为,包括通常所说的心理活动,都可以用物理或化学的概念来说明。

华生的行为主义心理学的出发点是"可以观察的事实,也即人类和动物都同样使自身适应其环境的事实"。心理学应该研究适应的行为,而非意识的内容。行为主义研究的行为可以分解成单元,那就是刺激—反应(S—R)。心理学作为一门行为的科学,必须研究那些能够用刺激和反应的术语客观地加以描述的动作、习惯的形成、习惯的集合等。所有的人类行为和动物行为都能用这些术语而不是心灵主义的术语来描述。通过行为的客观研究,行为主义者既能预测已知刺激引起的反应,也能预测引起这种反应的先前刺激。因此,随着把行为降低到刺激—反应水平,人类与动物的行为就能得到有效地理解、预测和控制。"在心理学体系中,完全可以证实这一点:知道了反应就可以预测刺激,知道了刺激就可以预测反应。"有鉴于此,心理学必须抛弃一切关于意识的考虑,并被界定为行为的科学,不再使用意识、心理陈述、心灵、内省证实、表象等术语,它可以根据刺激和反应,根据习惯形成和习惯整合等来进行表述。

行为主义是从整个有机体的全部行为这一整体观点上来研究刺激—反应的行为单元的。一个刺激可能是比较简单的东西,如作用于视网膜的光波,也可能是环境中的一个物体或整个情境。作为单元的各种特殊刺激可以组合成一个整体,即"刺激情境"(stimulus situation);同理,一种反应可能是简单的和低级的,也可能是相当复杂的。在这种场合,就用"动作"(manual)一词来表示。作为单元的各种个别反应可以组合成一个动作的反应群。例如,反应动作包括摄取食物、写作、打棒球、盖房子这样一些事情。如果把这些动作再分解的话,则它们最后还是归结为肌肉反应或腺体反应。反应分为两类:习得的或非习得的,外显的或内隐的。对行为主义来说,重要的是区别先天的反应和习得的反应,并发现适用于后者的学习规律。

(三) 行为主义的研究方法

在研究的方法上,行为主义的研究方法是摒弃内省,采用客观观察法、测验法、条件反射法和言语报告法。

华生反对内省,不相信内省的精确性。他曾问道,如果连经过最严格训练的内省主义者对他们所观察的东西也不能取得一致的意见,那么心理学又如何前进呢? 行为主义者不能容忍在其实验室中有任何不能客观观察的东西,希望研究有形的东西,反对内省主义者主张报告有机体内所发生的事情,因为这些事情是不能通过客观的观察予以证实的。在华生看来,客观的观察和测验是行为研究的必要基础。观察和测验的结果应作为行为的样本,而不是对心理品质的度量。观察和测验并非度量智力或人格,而是度量被试对测验的刺激情境所作的反应,此外什么也不是。

条件反射法是行为主义正式创始后两年才被采纳的。华生在其后来的著述中,曾因为条件作用的方法而感激巴甫洛夫。华生使用"刺激替代"(stimulus substitution)的术语来描述条件作用。他说,当一种反应同一个并非原来引起它的刺激联系或联结时,那么这个反应就成为有条件的。华生掌握了这一方法,获得了一种完全客观的分析行为的方法,从而把行为分解为最基本的单元:刺激—反应的联结。他主张可以把所有的行为分解为这些元素,这就为在实验室内研究人的复杂行为提供了一种方法。

在华生的行为主义研究方法中,言语报告法是最引起争议的一种方法。华生一方面反对内省,另一方面又不能不利用只有内省才能提供的一些素材。于是,他把内省从前门赶出去,又以"言语报告"的名义把它从后门请了进来。虽然华生认为他不能排除也使用内省的心理物理学的所有工作,从而主张言语反应终究是能够客观地加以观察的,但他毕竟把言语的两种作用混淆了。言语固然和动作一样是对客观刺激的反应,但言语也可用来陈述自己的心理,这种陈述其实就是内省。事实上,华生也看到了这种矛盾,曾声称言语报告是一种"不精确的方法",它不能令人满意地替代更为客观的观察法。因此,他希望把言语报告的使用限制在这样一些情境,即完全准确和能够加以证实的情境,例如观察音调的差异。至于不能证实的言语报告,例如无意象的思维(unimage thinking)或有关情感状态的描述是要排除的。

这种把注意力全部集中于客观方法的使用,意味着改变了心理学实验室中人类被试的性质和作用。在传统的意识心理学方法中,被试既是观察者,又是被观察者;他观察他自己的意识经验。而在华生的行为主义方法中,被试不再进行观察,而是实验者观察的对象;真正的观察者(实验者)设置实验的条件,并观察被试如何对这些条件作出反应。这样,人类被试的地位下降了,他不再观察,而仅仅去行动,因而变成了观察的对象。

三、行为主义的概念辩歧

华生认为,行为的所有方面,包括情感、情绪、思想等,都必须用客观的刺激—反应术语进行讨论。有鉴于此,他按照他的基本论点发展他的心理学。

1. 本能。华生断然否定人类本能的存在。他认为,人类行为中所有那些似乎像本能行为的东西,实际上都是在社会中形成的条件反应。那些看来像遗传的东西,大抵都依赖于在摇篮中就进行的训练。行为主义者不愿意说:"他继承了他父亲作为一名优秀剑客的能力或才干。"他愿意说:"这个孩子确实具有他父亲那样细长的身体,相同类型的眼睛……他的父亲非常宠爱他,当他1岁的时候,父亲就把一柄小剑放在他手里,在他们一块散步的时候,父亲谈论怎样舞剑,怎样进攻和防守,以及决斗的规则等等。"一定类型的构造加上早期的训练就能说明成人的成就。华生由于把训练和学习看成理解人类行为发展的关键,从而成为一个极端的环境主义者。

2. 情绪。华生认为,情绪不外乎是身体对特定刺激发出的反应而已。刺激可以引起身体的内部变化和外显反应。每一种情绪都涉及内脏和腺体发生的变化。情绪是内隐行为的一种形式,其中潜伏的内脏反应是很明显的,例如出现脉搏、呼吸、脸色的变化等。这里,华生放弃了对情境的有意识的知觉过程和情感状态,声称情绪能用客观的刺激情境、外显的身体反应和内部的内脏变化来解释。他的一个著名研究是查明了刺激可以引起婴儿的情绪反应,并发现了他信以为真的三种基本情绪:恐惧、愤怒和爱。恐惧是由高声和突然失去支持引起的,愤怒是由身体运动受到阻碍引起的,爱则是由抚摩皮肤、摇动和轻拍引起的。人类所有其他的情绪反应都是通过条件作用过程,从这三种基本情绪反应中建立起来的。这些基本的情绪反应通过条件作用就可能同起初不能引起它们的各种环境刺激联结起来。

3. 思维。华生主张"外周思维论"(peripheral thinking theory),而反对"中枢思维论"(central thinking theory)。在他看来,思维像人类机能作用的所有其他方面一样,必须是某种感觉运动的行为。思维的行为必定是内隐的言语运动。因此,言语的思维被归结为无声的谈话,这种无声的谈话包含着在外显言语中学会的肌肉习惯。这些肌肉习惯在儿童长大时就变得听不见了。在我们学会了说话以后,思维就完全成了默默的自言自语。华生指出,这种内隐行为大部分集中在喉、舌的肌肉上。思维的同义词就是"喉头习惯",喉头被认为是"思维的器官"。除喉头习惯外,语言或思维还以手势、皱眉、耸肩等为中介,它们把对情境的外显反应象征化了。行为主义者为了寻求内隐言语运动的客观证据,试图在思维时记录喉、舌的运动。这些测量揭示了被试在思维时的部分时间(而不是全部时间)内的微弱运动。与此相类似,对聋哑人的手和指头的测量,也揭示了思维时出现的运动。然而,连带发生的事件并不一定就是同一事件。所以,思维时有轻微的肌肉收缩,并不足以证明思维就是轻微的肌肉收缩。

四、行为主义的历史地位

华生藐视传统,破旧立新,反对心灵主义心理学和机能主义心理学,创立了行为主义心理学。《行为主义》一书就是行为主义的最好概括。需要指出的是,华生的行为主义运动矫枉过正,否定了意识,无视机体的内部过程,使心理学因重视科学化而削减了其研究的范畴,片面强调环境和教育而忽视了人的主观能动性等,这些当然会受到不少人的非难和反对。但是,他的行为主义运动对心理学的发展仍有贡献,主要有:(1)确定了以行为作为心理学的研究对象,突破了传统心理学的主观性特点,恪守一般科学共有的客观性原则。(2)发展了客观观察等方法,使心理学在方法上益趋精进。

华生的行为主义心理学理论体系在20世纪20年代风行一时,且深刻地影响了心理学的进程。美国心理学界公认,自行为主义心理学问世后,有很长时间,美国心理学家很少不是实际上的行为主义者。行为主义心理学的一些基本观点和研究方法渗透到很多人文科学中去。后来的"行为科学",就其起源而言,不能不归之于行为主义心理学。华生的预测与控制行为的观点促进了应用心理学的发展。他的环境决定论观点影响美国心理学达 30 年之久。认知心理学(cognitive psychology)兴起后,其方法上也尽量设计通过观察客观行为来研究主观经验。华生对心理学的深刻影响正如美国心理学会于 1957 年(他逝世的前一年)在授予他荣誉的一段褒奖文字所说,他的工作成为"现代心理学的形式与内容的极其重要的决定因素之一……是持久不变的、富有成果的研究路线的出发点"。

华生用来做"迷箱实验"的大白鼠。

第一讲　什么是行为主义？

旧心理学与新心理学的比较

· *What is behaviorism?* ·

　　也许，在旧心理学和新心理学之间进行比较的最易举措是，除了行为主义之外，所有的心理学流派都宣称"意识（consciousness）是心理学的论题"。相比之下，行为主义坚持认为人类心理学的论题是"人类存在的行为或活动"。行为主义声言："意识"既非可界定的，又非一个有用的概念；它不过是远古"灵魂"（soul）说法的另一种表达。因而，旧心理学受制于一种微妙的宗教哲学（religious philosophy）。

华生的母亲

华生的父亲

1879 年的华生

华生的出生地

我们在开始研究"行为主义"（behaviorism）或"行为心理学"（behavioristic psychology）之前，不妨花上几分钟时间探讨一下行为主义在1912年问世之前，曾处鼎盛状态，并仍处鼎盛状态的传统心理学流派。这样做将是很值得的。同时，我们应该指出，实际上，到目前为止，行为主义并无意去取代詹姆斯（James）、冯特（Wundt）、屈尔佩（Kulpe）、铁钦纳（Titchener）、安吉尔（Angell）、贾德（Judd）和麦独孤（McDougall）等人所谓"内省心理学"（introspective psychology）的旧心理学。也许，在旧心理学和新心理学之间进行比较的最易举措是，除了行为主义之外，所有的心理学流派都宣称"意识（consciousness）是心理学的论题"。相比之下，行为主义坚持认为人类心理学的论题是"人类存在的行为或活动"。行为主义声言："意识"既非可界定的，又非一个有用的概念；它不过是远古"灵魂"（soul）说法的另一种表达。因而，旧心理学受制于一种微妙的宗教哲学（religious philosophy）。

当代内省心理学的宗教背景

无人知道灵魂的观念或超自然的观念是如何产生的。也许，它导源于人类的懒散。在原始社会，有些人拒绝用他们的双手来劳作，来狩猎，来燧石取火，来寻根究底，但他们成为人类本质的敏锐观察者。

他们发现，响声来自树枝折断的声音，来自雷声和其他声源。这些声音让原始个体产生恐慌状态，遂使他们停止狩猎，大声叫喊，躲藏起来——在这种状态里，如此的行为很容易训练。或者，更加科学地说，很容易使原始个体引起条件反射［我将在本篇演讲结束时和下篇演讲中向你们阐释条件作用（conditioning）和条件反射（conditioned reflexes）］。这些虽懒惰但精于观察的人马上发现，他们可以通过某些手段的设计来任意地使个体产生恐惧状态，从而控制原始人类的行为。例如，南部地区的一些黑人

◀关于华生家庭的一组老照片。

保姆告诉年幼的白种儿童,某个人准备在夜晚来抓他们,以此获得对这些孩子的控制;与此同时,天空雷声隆隆,这足以在乖男孩和乖女孩身上引起一种恐惧的力量。不久,原始时代的"巫医"(medicine men)便通过符号(signs)、象征(symbols)、仪式(rituals)、公式(formulae)等建立了复杂的控制。巫医层出不穷。精于设计的巫医总是所获甚丰而劳作颇微。这些个体有着不同的名讳,诸如巫医、占卜者、圆梦者和预言家,等等。引起人们情绪性条件作用(emotional conditioning)的技能迅速递增;巫医间的组织产生了,开始有了这样或那样的宗教、教会、寺院、教堂等,且均由巫医来主持。

我认为,关于人们心理史的检验将表明,他们的行为总是易于为恐惧的刺激所控制的。如果恐惧的要素(fear element)离开了任何宗教,则宗教便无法长存。这种恐惧的要素(相当于我们后面要说的条件反射形成过程中的电击)分别被称之为"魔鬼"、"邪恶"、"罪孽"等。当然,作为一个巫医而起作用的个体,在狭小的家庭群体里总是扮演家长的角色。然而,在庞大的社会群体里,上帝或耶和华(Jehovah)扮演着家长的角色。甚至就现代的儿童而言,自呱呱坠地起,便面临着巫医(家长、乡村占卜者、上帝或耶和华)的格言。由此产生的结果将是趋向权威的态度,而从不怀疑强加在他身上的概念。

上述概念的一个例子

上述概念的一个例子是:存在着一个可怕的上帝,而且每个人都有一个与躯体相分离的独特的灵魂。这个灵魂实际上是上帝(supreme being)的一个组成部分。这一概念导致了哲学上的一个纲领,称做"二元论"(dualism)。所有的心理学,除了行为主义,都是二元论的。也就是说,我们有着心灵(灵魂)和躯体两个部分。这种教义早在远古时代的人类心理学中已经出现。但是,没有一个人接触过灵魂,或者在试管里看到过灵魂,或者以任何方式与灵魂发生过关系,正如他与日常经历的其他物体发生关系一样。然而,怀疑灵魂的存在便会成为一个异教徒,甚至有被砍头的可能。即使在今天,人们仍将此作为一种大众的观点,不敢对此有所异议。

随着文艺复兴（renaissance）时期自然科学的发展，人们开始解脱令人窒息的灵魂桎梏。人们能够在不涉及灵魂的前提下思考天文学，思考天体及其运行，思考万有引力（gravitation），等等。虽然早期的科学家是作为一个正统的虔诚的基督教徒来从事研究的，但是他们开始摆脱他们试管里的灵魂。然而，心理学和哲学却仍然热衷于思考非物质的对象，发现它难以回避教会的语言，所以心灵和灵魂的概念一直延续到19世纪后叶。1879年，当首家心理学实验室创建的时候，冯特的学生夸口道，无需灵魂，心理学已经至少成为一门科学。50多年来，我们一直维护着这种伪科学（pseudo-science），确切地说，是由冯特创建的伪科学。实际上，冯特及其学生所完成的一切工作，不过是用"意识"一词取代了"灵魂"一词。

对意识的检验

自冯特时代起，意识成为心理学的基调。今天，除了行为主义外，它也是一切心理学的基调。这些心理学设计了一个既无法证明又无法实现的假设，正如灵魂这一旧概念既无法证明又无法实现一样。在行为主义者看来，就灵魂和意识这两个术语的形而上学内涵而言，它们在本质上是同一的。

为了表明这一概念的不科学之处，此刻不妨来看一看威廉·詹姆斯（William James）关于心理学的定义："心理学是对意识状态的描述和解释。"该定义从一开始便"假定"他想着手证明的东西，并通过"反复说教"来回避他的困难。意识——嗬，是的，每个人都知道"意识"是什么。当我们有了一种红色的感觉，有了一种知觉（perception）或思想（thought）时，当我们"意欲"（will）做某件事情，或者当我们"打算"（purpose）做某件事情，或者当我们"希望"（desire）做某件事情时，我们是有意识的。其他一切内省论者的观点同样是不合逻辑的。换言之，他们并未告诉我们什么是意识，而是仅仅通过假定把某些东西赋予了意识；因此，当他们分析意识的时候，他们自然发现了他们曾为之赋予某些东西的意识。结果，凭着心理学家对意识的分析，你发现了诸如"感觉"（sensations）及其幽灵［即意象（image）］等要素。与他人在一起，你不仅发现了感觉，而且还发现了所谓的"感情要素"（affective elements）；与此同时，你还发现了诸如"意志"（will）那样的要素——所谓意识中的"意动要素"（conative element）。与某些心理学家在一起，你发现了千百种感觉；而其他人只能获得若干种感觉。依此类推。在著述方面，成千上万页的印刷文字随即出版，用以分析那种称为"意识"的难以确定的东西。那么，我们如何对待意识呢？通过对意识的分析，我们不是一种化合物，或像作物的生长那样成长。不，这些东西都是物质。我们称之为意识的东西只有通过"内省"才能被分析——看来，它继续存在于我们的内部。

该假定的结果是：存在着诸如意识那样的东西，我们可以借助内省来分析它。我们发现了个别心理学家所具有的许多分析，不存在从实际上突破和解决心理问题并使方法标准化的途径。

行为主义的出现

1912 年，行为主义者得出结论说，他们不再满足于寻觅那些难以确定的和无法实现的东西。他们决定：若不放弃心理，便无法使心理学成为一门自然科学。他们看到，其他领域的科学家，已在医学、化学、物理学中取得进步。在这些领域，每一项新的发现都具有极其重要的性质；在一个实验室里被分离出来的每一个新要素，都可以在另一个实验室里被分离出来；每一个新要素都依据科学的经和纬（warp and woof of science）被直接地处理。我想，你们也许已经注意到无线电报、镭、胰岛素、甲状腺素，以及千百种其他的发现。要素就是这样被分离的，方法就是这样被直接阐释的，它们开始在人类的成就中发挥作用。

行为主义者的首要任务是努力获得课题与方法的一致性，并且通过扫荡一切中世纪的概念来提出他自己的关于心理学问题的公式。他从自己的科学词汇中抛弃了一切主观的术语，诸如感觉、知觉、意象、愿望、意念，甚至主观地被界定的思维和情绪。

行为主义者的纲领

行为主义者问：为什么我们不能研究我们在心理学实际领域中"观摩"到的东西呢？让我们把注意力集中在能够观摩到的东西上，阐释仅仅涉及这些东西的规律。现在，我们能够观察到什么呢？显然，我们能够观察到行为——"有机体做或说的东西"。让我们马上阐释这样一个基本的观点："说是一种正在进行的活动。"也就是说，它是一种行为。外显的言语，或者对我们自己言语。思维，如同棒球运动一样是一种客观的行为。

行为主义者把规则（rule）或测杆（measuring rod）置于自己的面前：我们能够根据"刺激和反应"（stimulus and response）来描述我们看到的行为吗？所谓刺激，我们意指一般环境中的任何客体，或者由于动物的生理状况而在组织（tissues）内发生的任何变化，诸如当我们阻止动物性交时，当我们阻止动物饮食时，当我们阻止动物筑窝时，我们可以看到这些变化。所谓反应，我们意指动物作出的任何一种活动——例如，趋向或逃避亮光，遇到突如其来的声音而惊跳，以及像建造摩天大楼、制订计划、孕育婴儿、著书立说等更为高明的有组织的活动。

有鉴于此，让我们转而强调这样一个事实，它几乎来自行为肇始的婴儿社会。中国的孩童必须学习使用筷子，吃稻米，着某种服装，留辫子，学会说中国话，用一定方式打坐，崇敬其祖先，等等。美国的孩童必须学习使用刀叉，迅速学会形成个人整洁的习惯，着某种服装，学习阅读、书写和算术，成为一夫一妻制的维护者，敬仰基督上帝，去教堂，甚至在公众论坛上大胆说话，等等。行为主义者的作用也许并不在于讨论这些社会规定的东西是有助于还是有碍于个体的生长或调节，而是依据社会的指令，在他力所能及的范围内，告诫社会："如果你认为人类有机体应该按照这种方式来行动，那么你就必须安排这样或那样的情境。"这里，我要指出，有时我们将需要一种行为的伦理学（behavioristic ethics），它可以告诉我们从个体的现时状况和未来调节出发，究竟是一夫一妻制可取，还是一夫多妻制可取；究竟是提倡死刑好，还是采取其他惩罚形式好；究竟是禁酒好，还是不禁酒好；究竟是离婚好，还是不离婚好；究竟是为个体的调节规定行为过程好，还是与此相反，不为个体的调节规定行为过程好，例如，究竟是拥有一个家庭生活好，还是我们知道自己有几个父亲和母亲好。

行为主义者的若干特殊问题

你们将会发现，行为主义者像任何其他的科学家一样工作。他的唯一目的是把关于行为的事实聚合起来，检验他的资料，并使这两者隶属于逻辑和数学（这也是每一个科学家的必备工具）。他将新生的个体置于他那"实验托儿所"（experimental nursery），并开始提出问题：这个婴儿现在正在做什么？使他如此行为的刺激是什么？他发现往婴儿脸蛋搔痒的刺激使婴儿作出将嘴转向受刺激一边的反应。橡皮奶头的刺激会使婴儿作出吮吸的反应；把杆棒置于婴儿手掌的刺激，会使婴儿作出握紧杆棒的反应，如果把杆棒提起来的话，则婴儿的整个身子会悬挂起来。用迅速移动的影子刺激婴儿的双眼，在婴儿出生65天之前，将不会引起婴儿的眨眼反应。用苹果、糖块或任何其他的物体刺激婴儿，在婴儿出生大约120天之前，将不会引起婴儿试图追逐这些物体的反应。用蛇、鱼、黑暗、燃烧着的纸、鸟、猫、狗、猴子等等刺激适当抚养的婴儿，将不会引起我们称之为"害怕"的反应（我把它称之为"X"反应）；这种反应的行为表现是屏息，整个身体僵住或呆板，身子避离刺激源，用跑跳或爬行的方式急速躲避刺激（见第七讲）。

另一方面，有两种东西却会引起害怕的反应，一种是突如其来的响声，另一种是失去支持。

现在，行为主义者观察了儿童离开托儿所之后的行为表现，发现有千百个客体会引起儿童害怕的反应。于是，就会提出这样一个科学的问题：如果婴儿出生时只有两种刺激会引起害怕的反应，那么其他所有的客体又是怎样最终引起害怕反应的？请注意，这个问题不是一个思辨的问题。它可以通过实验来回答，而且实验能够被复制，同样的发现可以在其他任何实验室里获得。你可以借助简单的测验来确信这一点。

如果你把一条蛇、一只鼠或一只狗呈现给一个婴儿，该婴儿从未看到过这些动物。现在，婴儿开始摆弄这些动物，用棍棒去戳动物的不同部位。如此经历了 10 天以后，直到你从逻辑上确定该婴儿总是趋向于狗，从不躲避它［积极的反应（positive reaction）］，不论何时，他都不会对狗产生害怕反应。与此相对应的是，你捡起一根钢棒，在婴儿脑后猛敲一下钢棒，发出突如其来的响声，害怕反应便会接踵而至。现在，尝试一下这种做法：每当你把动物呈现给婴儿，而婴儿开始去接近它时，你就在婴儿的脑后敲响钢棒。如此重复实验 3～4 次，一种新的、重要的变化出现了。至此，该动物引起了如同钢棒所引起的同样的反应，也即害怕反应。根据行为主义心理学，我们称这种反应为"有条件的情绪反应"（conditioned emotional response），它是"条件反射"（conditioned reflex）的一种形式。

关于条件反射的研究有助于我们完全站在自然科学的基础上阐释儿童对狗的害怕，而无须牵强附会地扯进意识或任何其他所谓的心理过程。一只狗迅速地奔向儿童，跳跃起来扑向儿童，把他撞倒，与此同时对着他狂吠。所有这些刺激结合起来，构成一种"综合刺激"（combined stimulation），它对婴儿在其视野范围内作出躲避狗的反应来说是必要的。

在另外一讲里，我将向你们阐释其他一些有条件的情绪反应，例如与"爱"有关的反应。在那里，母亲通过抚慰孩子、摇晃孩子、在替孩子洗澡时刺激他的性器官，等等，引起孩子的拥抱、发出咯咯笑声，以及作为一种非习得的原始反应（unlearned original response）的欢叫。不久，这些反应成为有条件的。只要一看见母亲，孩子就会作出积极的身体接触的反应。需要指出的是，在婴儿盛怒之下，我也将获得一组相似的事实。按住婴儿活动着的肢体是一种刺激，这种刺激会引起我们称之为"盛怒"（rage）的原始的非习得性反应。不久，婴儿只要一看见曾经按住自己手脚的保姆，就会马上使自己安静下来，作出顺应的反应。由此，我们可以相对简单地看到我们的情绪反应是如何起始的，我们的家庭生活又是如何使它们变得复杂起来的。

在下一讲里，我将发展一般意义上的条件反应观念。我们能够在诸如变形虫（amoeba）等动物身上建立条件反应，而无须像上述那样在人类婴儿身上建立条件反应，因为两者的反应结果是相似的。

行为主义者在成人研究方面也有他自己的问题。我们该把哪些方法系统地用于成人的状况？例如，我们该把哪些方法系统地用于教会成人经商的习惯、科学的习惯？操作的习惯［manual habits（技术和技能）］和喉部的习惯［laryngeal habits（言语和思维的习惯）］必须在完成学习任务之前形成并且结合在一起。在这些工作习惯形成之后，我们应该围绕成人建立哪些可变的刺激系统,以便使他保持高度有效的水平,并经常提高这些水平。

除了职业的习惯外,还有一个问题便是成人的情绪生活问题。成人的情绪生活有多少是从童年期承袭下来的?它的哪些部分有碍于他当前的适应?我们怎样才能使他摆脱这些部分;也就是说,使他处于无条件状态,在那里无条件反射是必要的,或者使他处于条件状态,在那里条件反射是必要的?实际上,我们并不知道应该形成的情绪习惯(emotional habits)或内脏习惯(visceral habits)的数量和种类(这里的内脏习惯,意指可以被条件化或形成习惯的胃、肠、呼吸,等等)。在后面的几个讲座里,我将阐释这样一个事实,即内脏习惯是可以被条件化的,对该领域的组织是可能的,但迄今为止仍被人们忽视。

也许,在我们的世界里,由于顺应不良的内脏习惯,比之操作和言语成就方面技术和技能的缺乏,成人更多地经历了家庭生活和商业活动的浮沉。今天,各生活领域中最重要的问题之一是人格的适应与调节问题。进入商界的青年男女已有足够的技能去从事他们的工作,但是,由于他们不知道如何与人融洽相处而屡遭失败。

行为主义的方法排除了心理学吗?

在听了行为主义关于心理学问题的这一概述之后,我仿佛听到了他们的惊呼:"为什么?确实,用这种方法研究人类行为是有价值的,但是行为研究不是心理学的全部。它遗漏了其他许多东西。我难道没有感觉、知觉、概念吗?我难道不遗忘一些东西和记忆一些东西吗?我难道不能对我曾经看到过和听到过的东西产生视觉意象和听觉意象吗?我难道不能去看和听实际上我从未看过和听过的东西吗?我难道不能去有意注意一些东西或有意忽视一些东西吗?我难道不能视具体情况自愿去做某件事情或不愿去做某件事情吗?难道有些事物不能引起我的欢乐而另一些事物不能引起我的悲伤吗?行为主义试图剥夺从我童年早期起便已相信的任何东西。"

正如你们中间许多人已经知道的那样,这些问题自然导致了内省心理学。你们将会发现，如果不抛弃内省心理学这一术语，你们便无法开始根据行为主义来阐释你们的心理生活。行为主义是一种新酒，但不是装在旧瓶子里的新酒；而且，我正在试图设计新瓶子。我要求你们放弃一切原先的陈旧假设，减弱你们的自然对抗性，接受行为主义的宣言，至少接受这篇讲稿中的行为主义观点。在读完这篇讲稿之前，我希望你们会发现你们已经与行为主义同步，以至于你们将会用一种完全令人满意的自然科学方式来回答你们刚才提出的问题。让我再补充说一句，如果我要求你们告诉我，你们已经习惯使用的这些术语意味着什么，那么我会马上使你们因为自相矛盾而无言以对。我相信，我甚至能够使你们确信，你们并不知道这些惯用的术语意指什么。你们已经不加批判地把这些术语作为你们社会生活和文化传统的一部分。让我们读了这篇讲稿后忘记这些术语吧！

为理解行为主义而去观察人们

这是行为主义的基本起点。你们马上就会发现，自我观察（self observation）在研究心理学方面不是一种最容易和最自然的方法，而是一种不可能的方法；你们能够使自己观察的仅仅是最基本的反应形式。另一方面，你们将会发现，当你们开始研究邻居正在做的事情时，你们在为他的行为提供一种理由和创设一种情境（以便使他按照一种可以预言的方式行为）方面将会迅速地成长为专家。

行为主义的界定

今天，定义已不再像它们曾被运用的那样带有大众化的意味。任何一门科学的定义，例如物理学的定义，必然包括其他一切科学的定义。对行为主义来说，也同样如此。现在，我们用定义一门科学的方法能做的所有事情就是包容我们所谓的整个自然科学。

正如你们从我们的预先讨论中已经掌握的那样,行为主义是一门自然科学。这门自然科学把人类适应的整个领域作为它的对象。它的最亲密的科学伙伴是生理学。实际上,你们可能感到惊奇,正如我们开始时所做的那样,行为主义能否与科学区别开来。行为主义之所以不同于生理学,仅仅在于它们的问题归类不同,而非在于基本原理或特定观点。生理学特别热衷于动物器官的功能,例如,动物的消化系统、循环系统、神经系统、排泄系统,以及神经和肌肉反应的机制等。另一方面,行为主义虽然也有感于这些器官的所有作用,但是它的固有兴趣却在于所有的动物从早到晚和从晚到早将做什么。

行为主义者对人类所作所为的兴趣要比旁观者(spectator)对人类的兴趣更浓——如同物理科学家意欲控制和操纵其他自然现象一样,行为主义者希冀控制人类的反应。行为心理学的事业是去预测和控制人类的活动。为了做到这一点,它必须搜集由实验方法得出的科学数据。唯有如此,才能使训练有素的行为主义者通过提供的刺激来预示将会发生什么反应,或者通过特定的反应来陈述引起这种反应的情境或刺激。

让我们来探究一下与此事密切相关的两个术语——刺激(stimulus)和反应(response)。

什么是刺激?

如果我突然在你们眼前闪烁强烈的灯光,你们的瞳孔便会迅速地收缩。如果我突然关闭房间里的所有灯光,瞳孔将开始扩大。如果一支手枪在屋后突然走火,实际上你们当中每个人都会跳起来并转头张望。如果房间里突然释放出硫化氢(hydrogen sulphide),你们立即会捂住鼻子并且试图逃离这个房间。如果我突然使室温变得极其暖和,你们就会解开你们的上衣并开始出汗。如果我突然使室温变得十分寒冷,那么另一种反应将接踵而至。

再者,在我们的体内,我们有着同样广泛的领域,刺激可以在该领域发挥它们的效应。例如,在晚饭之前,你的胃部肌肉由于食物的缺乏而开始有节奏地收缩和扩张。一旦吃过晚饭后，这些收缩便会停止。如果我们让被试吞下一只小气球，气球的一端系于记录仪上，我们就能够很容易地记下胃部在缺乏食物情况下的反应，同样也能够记下提供食物后反应的减弱。在男性身上，无论如何，某种流体（精液）的压力有可能导致性活动。在女性身上，某种化学体的出现也可能导致女性用相似的方式来表现性行为。我们的手臂肌肉、腿部肌肉和胸部肌肉不仅受制于来自血液的刺激，而且也受到它们自己反应的刺激——也就是说，肌肉处于不断的张力（tension）之中；张力的任何一种增强，例如当运动发生时，就会引起一种刺激，它导致同样的肌肉或躯体其他部分的另一种反应；张力的任何一种减弱，例如当肌肉松弛时，同样会引起一种刺激。

所以，我们认为，有机体（organism）是不断地受到作用于我们的眼睛、耳朵、鼻子和嘴巴的刺激所袭击的，这些刺激就是所谓的我们环境的客体（objects of out environment）；同时，我们的体内也同样受到由于组织本身的变化而引起的刺激的袭击。请注意，不要接受这样的观念，即我们的体内要比我们的体外更为不同或更加神秘。

由于进化的过程，人类拥有了感觉器官（刺激的特殊类型最为有效的一些专门区域），例如眼、耳、鼻、舌、半规管。[1] 对这些器官来说，还须加上整个肌肉系统，包括横纹肌（striped muscles）和非横纹肌（unstriped muscles）。这些肌肉不只是反应器官，它们还是感觉器官。随着我们讲演的推展，你们将会看到，后两个系统在人类行为方面起着十分重要的作用。在我们大多数内部的和个人的反应中间，有许多反应是由横纹肌和内脏的组织变化所引起的刺激而建立起来的。

如何不断扩展我们反应的刺激范围

行为主义的问题之一在于：不断扩展个体反应的刺激范围意指什么。实际上，这个问题如此清楚，以至于你们乍一看就会对我们上述的阐释（即反应能够被预示的阐释）产生疑惑。如果你们注视人类行为的成长和

---

[1]　在我的第三篇讲稿里，我将告诉你们感觉器官如何形成，以及它们与身体其余部分的一般关系。

发展,你们将会发现,虽然有许多刺激引起新生儿的一种反应,但也有许多其他刺激将不会引起新生儿的反应。无论如何,他们不会作出他们在后来才会作出的同样反应。例如,当你们向新生婴儿呈示一幅蜡笔画、一纸稿件或一份贝多芬(Beethoven)交响曲的乐谱时,你们不可能指望得到什么。换言之,习惯的形成必须在某种刺激变得有效之前出现。后面,我将与你们一起探讨那些通常并不引起反应的刺激,以及我们获得这些刺激的含义。我们把这一普通的术语用来描述"条件反射"。在下一篇讲稿里,我们将更加充分地探讨条件反射(conditioned responses)。

由于儿童早期的条件反射,在这种情况下,行为主义者的问题,即预示特定的反应将是什么的问题,就会变得十分困难。看见一匹马通常不会引起害怕的反应,然而,也有一种人,夜间行走时,宁可走在马路对面以免接近迎面过来的马匹。虽然行为主义的研究者不可能让学生去查询这样的成人,并且预示这种事件的存在,但是,如果行为主义者看到业已发生的反应,那么他就很容易对这个成人早期经历了何种情况,以及这种情况引起他的不正常反应,作出近似的陈述。毕竟,自亚当(Adam)时代以来,我们已经在实践的基础上有所进步。

行为主义者的反应意指什么?

我们已经提出了这样一个事实,即有机体从出生到死亡,无时无刻不在受到来自体外的和体内的刺激的袭击。当有机体受到刺激的袭击时,它便从事某项事情:它反应,它运动。有些反应可能十分微弱,只有通过仪器才能观察到。这些反应可能仅仅限于呼吸的变化,或血压的升降。有机体也可能仅仅表现眼睛的运动。然而,最常观察到的反应是整个身体的运动,手臂、腿和躯干的运动,或所有这些运动器官的联合运动。

有机体对刺激作出的反应,给有机体带来了适应,虽然不总是如此,但通常如此。所谓适应,我们仅指有机体通过运动改变了它的生理状态,那个刺激不再引起反应。这一问题听起来似乎有点复杂,但举个例子来说明一下便比较清楚。如果我饿了,胃部开始收缩,驱使我不停地来回走动。如果在这些不得安宁的探求活动中,我偶尔发现了树上的苹果,我便会立即爬上树，摘下苹果，并开始吃苹果。当饱食之后，胃部停止了收缩。虽然在我周围的树上仍然挂满了苹果，但我不再去摘苹果和吃苹果。接着，冷空气刺激了我，我便绕着圈子跑步，直到我出汗为止。在户外，我甚至可能挖一个地洞，蹲在地洞里避寒。这时，寒冷不再刺激我作出进一步的活动。在情欲驱动下，男性可能竭力寻觅处在同样状态下的女性。一旦性活动完成之后，不得安宁的探求活动也随之停止。女性不再激起男性从事性活动的欲望。

行为主义者因为强调反应而经常受到诘难。有些心理学家仿佛持有这样的观念，认为行为主义者的兴趣仅仅在于记录瞬间的肌肉反应，由此得出的结论无助于进一步的研究。让我再强调一下：行为主义者的主要兴趣在于整个人类行为。行为主义者观察一个人从早到晚如何履行其日常事务。如果这种日常事务是砌砖头，行为主义者就有可能去测量一个建筑工人在不同条件下所能砌的砖块数量，他能够连续砌多长时间而不显现疲劳，他学会这门手艺需要多长时间，我们能否提高他的效率，或者说，用更少的时间去做同样数量的工作。换言之，行为主义者对反应的兴趣在于，清晰明白地回答这样一个问题："他正在做什么和他为什么做这件事？"因此，一般说来，无人有权把行为主义者的宣言歪曲到这样一种地步，即宣称行为主义者不过是一个研究肌肉反应的生理学家。

行为主义者声称，存在着一种对非常有效的刺激的反应，这种反应是直接的。所谓有效的刺激（effective stimulus），我们意指它必须强烈到足以克服正常的阻力，这种阻力常常置于从感觉器官到肌肉的感觉冲动的通道之中。在这一点上，请不要把行为主义者的观点与心理学家和精神分析学家（psycho analyst）有时告诉你们的东西相混淆。如果你们读过他们的著述，你们有可能会相信，今天施予的刺激，也许在明天产生效应，也许在几个月以后才产生效应，也许在几年以后才产生效应。然而，行为主义者无论如何不会相信这种神话般的观念。事实上，我可以给你们一个言语刺激："明天中午一点钟我们在贝尔蒙特共进午餐。"你们的直接反应是："好主意，我们将准时赴约。"那么，接下来会发生什么呢？现在，我们将不准备讨论这一难题，但是，我可以指出的是，在我们的言语习惯中有一种机制（mechanism），该机制意味着刺激不时地在施加影响，直到最后的反应发生，也就是说明天中午一点钟去贝尔蒙特共进午餐。

反应的一般分类

反应可以按常识分成两类：外部反应（external response）和内部反应（internal response）；或者，采用"外显反应"（overt response）和"内隐反应"（implicit response）这两个术语也许更为恰当。所谓外部的或外显的反应，我们意指人类通常所表现的可见行为：他停下来拣起一只网球，他写一封信，他弯腰进入车子并开始发动车子，他在地上挖了一个洞，他坐下来写一篇讲稿，或者他正在跳舞，或者他正在与一个妇女调情，或者他正在表示对妻子的爱，等等。我们不需要仪器来进行这些观察。另一方面，有些反应可能完全限于体内的肌肉和腺体系统。一个儿童或一个饥饿的成人可能长时驻足于一家摆满各种糕点的食品店橱窗前。你们的最初反应可能是："他无所事事"或"他正在观看这些糕点"。然而，有关的测量仪器却表明，他的唾液腺正在私下分泌，他的胃部正在有节奏地收缩和扩张，血压的明显变化正在发生（内分泌腺正在分泌物质进入血液）。内部的或内隐的反应难以观察，不是因为它们与外部的或外显的反应生来不同，而是仅仅因为它们用肉眼观察不到。

反应的另一种分类是把反应分成"习得的反应"（learning response）和"非习得的反应"（unlearning response）。我在前面已经提到过这样一个事实，即我们反应的刺激范围是在不断增加的。行为主义者通过研究发现，我们通常认为成人正在做的大多数事情是习得的。然而，我们认真思考一下，就会发现这些行为中有不少行为是本能的，也即"非习得的"或"不学而能的"。但是，现今我们在这一点上几乎抛弃了"本能"（instinct）这一词汇。在我们所做的许多事情中，仍有许多事情是我们不学而能的，例如排汗、呼吸、心跳、消化、眼睛朝向光源、瞳孔收缩、当突然发出响声时表现害怕的反应等。我们认为在第二种分类中，先有"非习得的反应"，然后才有"习得的反应"。"习得的反应"包括我们的一切复杂习惯和我们的一切条件反应；"非习得的反应"意指我们在条件反射和习惯方式形成之前于婴儿早期所作的一切反应。

反应的再一种分类是用纯逻辑的方式进行的，也即根据引发反应的感觉器官来标志反应。我们可能有一种"视觉的非习得的反应"（visual unlearning response），例如，刚出生的婴儿把眼睛转向光源。与此相对照的是"视觉的习得反应"（visual learning response），例如，对铅印乐谱或文字的反应。再者，我们可能有一种"动觉的非习得的反应"①（kinaesthetic unlearning response），例如，我们在夜间操纵精密的仪器，或在令人苦恼的迷宫中探寻。此外，我们可能有一种"内脏的非习得的反应"（visceral un-learning response），例如，尿急会使男性的生殖器勃起。与此相对照的是习得的或"内脏条件化的反应"（visceral conditioned response），例如，某些女性的信号，她讲话的声音，或她通常喷洒的香水味，也会引起男性生殖器的勃起。

有关刺激和反应的讨论告诉我们在行为心理学领域可以研究哪些课题；为什么行为心理学的目标是提供刺激，预示反应，或者根据发生的反应来陈述引起该反应的刺激。

行为主义仅仅从方法论上研究心理学问题吗？或者说，它是心理学的一种现实体系吗？

如果心理学无法证实"心灵"（mind）和"意识"等术语，事实上，如果心理学无法找到它们存在的客观证据，那么，围绕着心灵和意识等概念而构建起来的哲学和所谓的社会科学又将何去何从？行为主义者几乎每天都在询问这个问题，有时用一种友好的方式质疑，有时却不那么温和。虽然行为主义正在为自身的存在而奋斗，但是它却害怕回答这一问题。它的争论过于新颖；它的领域尚未成形，因而尚不能允许它认为自己总有一天会站住脚跟，并告诫哲学和社会科学必须重新考虑它们的前提。因此，当行为主义者用这种方式探讨该问题时，他的一个回答是"目前，我不能让自己为这个问题而苦恼。行为主义是一种用以解决心理学问题的令人满意的方法——实际上，它是从方法论角度探讨心理学问题"。今天，行为主义已经牢固地树立了自己的地位。它找到了用以研究心理学问题的方

---

①　所谓动觉，我们意指肌肉感觉。我们的肌肉是受感觉神经末梢调节的。当我们运动肌肉时，这些感觉神经末梢便受到刺激。因此，对动觉的或肌肉感觉的刺激是一种肌肉本身的运动。

法,它对这些问题的阐释变得越来越恰当。

今天,行为主义者能够颇有把握地向主观心理学家(subjective psychologists)提出真正的挑战:"请向我们展示你们的可靠方法;请向我们表明你们的合理主题;请为我们提供这样一种哲学和社会科学,它们赖以存在的基础便是你们的思辨能够真正促进发展中的学生的思想。"

在过去的 10 年里,就"心理科学"(mental sciences)而言,出现了一种发展的倾向,即心理科学开始爬上把它们与行为主义隔离开来的石墙。让我把一切基于心灵概念的科学置于下表的左边,而在下表的右边,我将向你们展示它们的最近走向:

受制于意识概念的行为主义	最近显露的倾向
内省心理学	行为主义
机能心理学	
哲学	逐渐消失,成为科学历史。
伦理学	完全基于行为主义方法的实验伦理学。
社会心理学	有关群体的研究,诸如家庭、乡村、民族、教会等的研究,已经成为行为主义的研究。研究群体在形成过程中如何使其成员建立习惯(态度),以便对其一生施行控制。
社会学	正在并入行为主义的社会心理学和经济学。
宗教	正在为实验伦理学的教育所取代。
精神分析(主要以宗教、内省心理学和巫术为基础)	正在为行为主义关于人类儿童的研究所取代,在该领域,科学的方法是以儿童的条件反射和无条件反射为基础的。当这些研究进入到理想的阶段时,成人中心理变态的障碍或失调就不再有存在的理由。

虽然这一讨论并未完全回答行为主义是一种体系还是一种方法的问题,但是,它表明行为主义的公式正在成为"心理和道德科学"领域里的核心论题。

在后面的一系列讲座里,我将向你们表明行为主义的公式和方法是阐释一切心理学问题的适当途径。

第二讲　如何研究人类的行为

问题、方法、技术和研究结果的样本

· *How to study human behavior* ·

　　我能否在这里提请你们注意这一事实。行为主义心理学用遗传学方法解决问题，从简单趋向于更加复杂，从刺激产生的反应中积累大量资料，并从特定反应引起的刺激中积累大量资料，这是否将证明对社会会产生不可估量的利益呢？行为主义者相信，他们的科学对社会的结构和控制是基本的，因此他们希望社会学能接受它的原则，并以更加具体的方式重新正视它自己的问题。

福尔曼大学期间的华生（1898 年）

华生的第一任妻子及其长女。

华生的第一任妻子及其一对儿女。

分析心理问题

我们上次的讲座只是浮光掠影地谈了一些情况。从现在开始，我们必须准备从事更艰巨的任务。在上次讲座中，我们发现行为主义者始终不懈地研究刺激，尽管它对人类有机体的作用尚不明了。行为主义者谋求发现这些刺激在单独呈现或组合起来呈现时将会引起哪种反应。他不仅改变刺激呈现时的组合方式，而且也改变刺激发挥作用的强度和时间。

例如，一位母亲正在我面前的椅子上小睡。我对她说话，但是我的声音未能引起反应。于是，我让院子里的一条狗轻轻地吠，可是同样未能引起这位母亲的反应。在这种情况下我便径直到婴儿卧室去把孩子弄哭。结果，这位母亲立刻从椅子上跳起来，奔向婴儿的卧室。然后，我科学地确定足以引起母亲反应的婴儿哭声的强度和持续时间。接着我变化各种条件，并对其他许多母亲进行研究：我应用数学和逻辑学对这些研究结果加以分析。这将是科学的程序。然而，就常识观点而言，整个研究反映在如下一句古老而又熟悉的谚语中——"婴儿最轻微的哭声也能唤醒一位沉睡的母亲"。

还有另外一个例子。我的艾尔谷种狗（Airedale dog）卧在我的脚旁酣睡。如果我把纸张弄得沙沙作响，将会发生什么情况？狗只是呼吸稍有变化。如果我把小笔记本掷到地上，又会发生什么情况？它使狗的呼吸发生变化——脉搏加速，以及尾巴和脚有轻微活动。于是，我站起身来，尽管我没有碰到狗——结果狗也立即爬起来，准备玩耍、打架或吃东西了。

既然人类已经存在数十万年了；在这段漫长的时间里[即使有时我们曾经错误地崇拜"内省"（introspection）这种心理现象]我们还是成功地收集到了各种刺激作用于人类行为的许多数据。

◀华生在芝加哥大学任讲师时，与玛丽·伊克斯（Mary Ickes）相恋并结为夫妻，婚后育有一儿一女。

也许你会认为我正在挑选一些十分人为的例证——你可能坚持认为,正如我在这里已经提出的那样,我们不会处理情境(situations)和刺激,那么就让我们到现实生活中去吧。比如,以我们增加雇员的工资为例。给雇员额外津贴——以正常租金向他们提供房子,以便他们能够结婚成家。我们安排了浴场和运动场。我们始终不停地操纵各种刺激,一会儿把这种刺激呈现在人们面前,一会儿把那种刺激呈现在人们面前,一会儿把其他组合的刺激呈现在人们面前,以便确定这些刺激将引起的反应——期望这种反应是"符合发展的"、"合宜的"、"良好的"(而社会是通过"合宜的"、"良好的"、"符合发展的"反应才真正具有意义的,这些反应不会干扰社会业已认可的和已经确立的传统的事物顺序)。

可是,另一方面,行为主义者(现在我准备承认我们都是行为主义者了——我们不得不这样)恰恰从相反方向进行研究。个体正在做某事——正在作出反应——作出举动。行为主义者为了使其方法在社会上有效,能在另一次实验中复制这种反应(也可能在其他个体身上复制这种反应),因此他试图确定引起这种特定反应的情境究竟是什么。

我发现你们中间有些人正在这间拥挤的房间里打呵欠,并且与睡魔作斗争。每天晚上,当我们坐在一起大约半小时以后,也会看到同样的行为。为什么? 你们中间有些人可能会说因为这是一堂愚蠢的讲座——有些人认为那是由于通风情况不佳——而假如他们倾向于科学性的话,他们可能会精心发挥,并且这样说:"你瞧,处在这样拥挤的房间里,氧气会很快消耗完——于是便导致我们赖以呼吸的空气里二氧化碳过多;二氧化碳对我们来说是有害的——这就使我们呵欠连篇,昏昏欲睡,如果这种张力(tension)越来越增强,便可能致你于死地。"不过,假如我不满意并开始实验,结果将会怎样? 我们实际上已经做了这些实验,但是现在我不会花时间来告诉你们这些实验的情况——我将仅仅向你们提供实验结果。你打呵欠和昏昏欲睡的原因是由于你身体周围热量增加——尤其在你的皮肤和衣服之间不搅动的空间中热量的增加。如果看管房屋的工友放进两三台电扇,让空气保持流动,那么你的呵欠和睡意便会消失——稍稍增加二氧化碳的张力这一事实与这种反应毫无关系。科学方法已经使我们不仅能够发现引起这种反应的刺激,而且能够发现通过消除或减轻这种刺激如何有效地控制这种反应。

一般的阐释

为了让你们看到我们可以将心理问题及其解决办法用刺激（stimulus）和反应（response）的术语来解释，我们已经走得够远了。让我们用缩写字母 S 代表刺激（或者代表更复杂的情境），并用字母 R 代表反应。我们可以将我们的心理问题用公式表示如下：

S ——————————————————— R
已知的　　　　　　　　　　　？（有待确定）

S ——————————————————— R
？（有待确定）　　　　　　　　已知的

当：S ——————————————————— R
已确定　　　　　　　　　　　已确定

此时，你的问题就可以得到解释了。

刺激的替代或刺激的条件化

迄今为止，我对我们的方法已经作了十分简单的陈述。我已经引导你们去相信，需要引起反应的刺激，作为一种实际存在的实体（entity）存在于某处，仅仅是为了有待被人们发现并向你的被试呈现。我也已经谈到，反应是有机体受到适当刺激时随时准备引发的一种固定不变的东西或实体。稍加观察便可表明我们的这种阐述是不确切的并需要加以修改。在上次讲座中，我曾指出，某些刺激当首次应用时，似乎没有产生任何明显的作用，从而可以肯定这些刺激以后不会产生作用。让我们重新回到我们的公式以说明这一点。如果我们列举一个已经建立的［非习得的（unlearned）］反应，其中刺激和反应都是已知的，例如：

```
S ——————————————————————— R
电击                        缩手
```

　　现在,仅仅通过一束红光的视觉刺激不能引起缩手的反应。这束红光不会产生任何明显的反应(至于出现什么反应要看在此之前形成哪种条件反射而定)。但是,如果我让被试看到红光,然后立即或马上用电流刺激被试的手,并且以足够的频率重复这一过程,那么红光将会引起即时的缩手反应。现在红光成了一种替代刺激(substitute stimulus)——在那种情境中,无论何时,只要用红光刺激被试,便会引起缩手反应。这说明发生了某种引起该变化的情况。这种变化,正如我们已经指出的那样,称为条件反射(conditioning)——反应还是同样的反应,不过我们已经增加了将引起这种反应的刺激的数目。为了反映这种新情况,我们(相当不确切地)在描述这种变化时,把"刺激"说成"条件化了的"(conditioned)。但是,请记住,当我们既谈到条件刺激又谈到条件反应时,我们意指形成条件反射的是整个有机体。

　　与一种条件刺激相对照的是我们具有无条件反射(unconditioned)。某些生来就有的刺激将引起一定的反应。无条件刺激的一些例子如下:

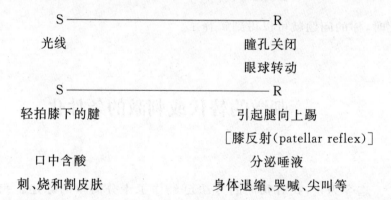

```
S ——————————————————————— R
光线                       瞳孔关闭
                          眼球转动

S ——————————————————————— R
轻拍膝下的腱                引起腿向上踢
                         [膝反射(patellar reflex)]

口中含酸                   分泌唾液
刺、烧和割皮肤              身体退缩、哭喊、尖叫等
```

　　对婴儿的观察可以迅速地表明,尽管有成千上万种无条件刺激,但是与条件刺激相比,相对来说还是少的。条件刺激在数目上是巨大的。一个受过良好教育的人能以有组织方式作出反应的 15000 个印刷和书写单词中的每一个单词,都必须被看做是一个条件刺激的例子。我们用来劳动的每一件工具,我们对之作出反应的每一个人,同样是很好的条件刺激的例子。因此,我们可以对之作出反应的条件刺激和无条件刺激的总数从未确定过。

　　刺激替代或刺激条件化的重要性不能估计过高。它大大地扩展了将会引起反应的事物的范围。正如迄今为止我们已经知道的那样（实际的实验证据尚缺乏），我们可以采取任何一种刺激来引发一个标准的反应，然后用另一种刺激来替代它。

让我们暂时回到我们的一般公式上来：

$$S \longrightarrow R$$

显然，当我们确定了 S 的时候，我们必须讲出这是一种无条件刺激还是条件刺激。正如上述公式所显示的那样，实验告诉我们在口中沾上一滴酸液，即便刚出生的婴儿也会产生唾液流。这是一个天生的或无条件刺激的例子。一眼看到热气腾腾的樱桃果酱馅饼，就会引起唾液腺充分的分泌，这是一个条件视觉刺激的例子。母亲轻微的脚步声能使婴孩停止啼哭也是条件化听觉刺激的一个例子。

反应的替代

我们能不能替换反应或者使反应条件化呢？实验告诉我们，反应替代过程或反应的条件化过程在所有动物的整个一生中确实会发生。昨天，一只小狗在一名 2 岁幼童身上引起了爱抚、亲昵的表达，以及游戏和大笑：

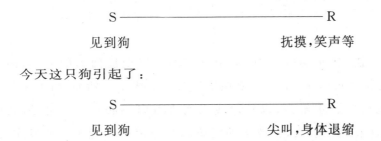

S ——————————— R

见到狗　　　　　　　　　　　　抚摸，笑声等

今天这只狗引起了：

S ——————————— R

见到狗　　　　　　　　　　　　尖叫，身体退缩

期间发生了某种情况。昨天这只狗在游戏中狠狠地咬了孩子一口，咬伤了皮肤并造成流血。我们知道

S ——————————— R

皮肤撕裂，烧伤　　　　　　　　引起身体退缩，等等

　　　　　　　　　　　　　　　　　尖叫，等等

换言之,当"狗"的视觉刺激仍保持实质性相同时,属于另外一种无条件刺激(切割、刺痛皮肤)的反应便出现了。[①]

反应的条件化恰恰和刺激的条件化同样重要,甚至可能具有更大的社会意义。我们许多人被固定不变的情境包围着,这些情境有我们生活于其中的家庭类型,必须受到钟爱和温柔地加以对待的父母,"不理解的"妻子们,无法摆脱的性饥饿(例如,与一名神经错乱或病弱残疾的丈夫或妻子的婚姻),身体的畸形(永久性缺陷),以及诸如此类的情况。我们现在对这些持久性刺激所作的反应往往是失败的,难以顺应的(adjustment);这些反应破坏我们的体质并使我们精神变态。不同的反应可以被条件化——阿道尔夫·迈耶(Adolph Meyer)称它们为"替代反应"(substitutive reactions)——这一事实给了我们对子孙后代的真正希望,如果不是对我们自己真正的希望的话。这一过程有时称为"升华"(sublimation)。无论是形成条件反射、替代活动或升华活动,就像无条件反射活动还没有完全建立在心理学基础之上一样,是适合于作持久性顺应的。考虑到精神分析学家(psychoanalyst)的许多"疗法"缺乏持久性,任何人都会倾向于认为,替代反应,至少在性的领域内,对于有机体来说将不会保持适应。

我们能否作出或建立全新的反应?

从结构上讲,婴儿期以后,在脑中肯定不会发现任何新的通路,因为神经联结(neural connections)主要在出生时就形成了。然而,由于无条件的、非习得的反应过于细微,以致对成人而言可以不必在意。可是,我愿意提请你们注意这一事实,有数千种简单的非习得的和无条件的反应,例如手指和手臂的动作、眼睛的动作、足趾和腿的动作等,除了训练有素的观察家以外,其他所有的人都没有注意到。它们都是一些要素(elements),我们那些有组织的、习得的反应必须通过条件反射过程而得以形

---

① 从实验室观点看,归根到底,在条件刺激(conditioned stimulus)和条件反应(conditioned response)之间不存在任何基本区别。

成,并且显然是通过形成条件反射过程才得以形成。这些简单的、无条件的、胚胎的反应,只要通过适当刺激的呈现(社会为我们这样做了)便能聚集起来,并联系在一起,形成复杂的条件反应(conditioned response)或者说习惯,例如打网球、击剑、制鞋、母亲的反应、宗教反应以及诸如此类的事。这些复杂的反应便是整合作用(integrations)。有机体以超过它需要的更多的单位反应(unit response)开始其生命。有机体的有组织的复杂行为尽管看来非常多,但是相对来说,它的资源却极少得到利用。

　　为了举例说明对一个刺激作出无条件的但是扩散的和广泛的一组组反应如何转变成一组有限制的条件反应(或者习惯),让我们来研究一下白鼠的情况。使白鼠连续饥饿 24 小时,接着把食物放进一只铁丝做的问题箱(problem box)中去,对该问题箱来说,只要举起一根老式的木头门闩便可开启。白鼠以前从未处于这种情境。根据假设,我们可以设想白鼠作出的所有第一批反应都是天生的和非习得的(当然情况并非如此)。那么,它做些什么呢？它一圈一圈地奔跑,咬咬铁丝,将它的鼻子伸进网眼里,将问题箱朝它那边拉,将爪子伸进活动门,抬起头并在笼子周围嗅来嗅去。请注意,对于解决问题所必需的部分反应(part reaction)已经得到多次的表现。这些部分反应表现在无条件行为或非习得行为的所有组成部分之中。它们是：① 走向或奔向门口；② 抬起头(这一动作如果在特定的某一点上完成,将导致把门闩举起)；③ 用爪子拉活动门；④ 爬过通向食物的门槛。在白鼠所作的大量无条件反应中,只有四种动作是必需的——假如给白鼠充分的时间,它将会偶然发现解决问题的方法。但是,为了有效地解决问题,这四种部分反应必须分隔并定时——也即形成一定的行为模式或整合。当整合作用、行为模式或条件反射完成时,除了①－②－③－④四种反应以外,所有其他反应都消失了。我们将确切地把这四种反应称做一种新的和条件化的反应。我们通常把这一过程称做一种习惯的形成(formation of habit)。

　　你们中大多数人已经研究过习惯的形成,而且至少认为你们了解了有关习惯形成的大量情况。但是,即便你知道了有关习惯形成的一切现存数据,你仍然无法构成习惯形成的公认理论。内省主义者和行为主义者已经在这个领域中进行过研究,以便解决该事实所提出的各种问题,例如加速习惯形成的因素、习惯的正确性、习惯的持久性、年龄对习惯形成的影响；两个或两个以上习惯同时形成的作用；习惯的迁移以及诸如此类的其他问题。但是,还没有一位实验者已经把他的实验性问题解决完成到这样的程度,以至于能从他的数据中构成习惯形成的指导理论。

甚至在今天,一般所谓"习惯形成"与刺激和反应的条件反射之间的关系尚未确定下来。就我个人而言,我认为在习惯形成中几乎没有什么新东西可言,但是,我可能把这个问题过于简化了。当我们教会动物或人类走向红灯而不是走向绿灯,或者留在正确的通道里并从死胡同里走出来,或者去开启上述的问题箱时,我认为我们仅仅在建立一种条件反应——刺激仍然保持恒定不变。我们只是去努力获得一种"新的"或条件的反应而已。但是,当一种社会需要或实验需要使反应保持不变而改变刺激的话,正如当一个人长期来对某个女性作出爱情反应,而该女性对他却无动于衷时发生的那样(由此可能会危害他整个生活结构),这时便需要刺激的替代[即精神分析学家称之为"移情"(transfer)的东西]。如果这种替代发生了,我们便有了一个条件刺激的例子。

尽管我们在人类和动物领域内对习惯形成的研究缺乏理论指导,但是却从这种研究中获得了许多对心理学有价值的资料。确实可以这样说,在条件反射方法被引进之前,对"习惯形成"的研究已经成为心理学家的主要业务。结果导致对整个问题的重新正视,并对整个实验计划的重新安排。

我们将在后面的讲座中继续讨论"习惯形成"的问题,这里,让我们继续讨论"条件反射"方面所做的实验工作。你们将会注意到,大多数实验工作实际上只关心刺激替代而不关心反应替代(reaction substitutions)。相对来说,在反应替代方面所做的实验工作极少。精神病学家和分析学家做的许多工作已经具有这种特征。如果时间容许的话,我想更加详细地讨论这一问题。通过条件反射,反应的抑制(inhibition)是具有同样重要性的另一个问题。同样,它也是我们不得不忍痛割爱的一个问题。

条件反射方法:腺体反应中的刺激替代

对于刺激替代的实验室研究,在动物领域内比在人类领域内获得了更为深远的进展。让我们一起来回顾一下对狗的一些研究工作也许是值得的。条件反射的研究工作是从狗的身上开始的,而且也最能体现这种方法的实验正确性。俄国生理学家巴甫洛夫（Pavlov）和他的学生们曾主要地负责此项工作。

请稍稍回顾一下，我们可以对之作出反应的两组不同的组织：（1）我们的腺体；（2）我们的肌肉［实际上有两种肌肉，横纹肌（striped）和内脏（visceral）］。

通常被挑选出来从事实验的腺体是唾液腺。根据 G. V. 安雷普（Anrep）博士（巴甫洛夫的一位学生）的意见，唾液腺是一种简单的器官，不是像人体肌肉系统那样的混合器官。比起肌肉系统来，唾液腺是人体中更加独立的器官，这个腺体活动比起肌肉活动来更易于进行分级。

正如我们在前面已经陈述的，能引起唾液腺反应的原始刺激或无条件刺激是向口中放入某种食物或酸性物质：

S —————————————————————— R

食物，酸　　　　　　　　　　　　　唾液流

现在的问题是，采用一些不能引起唾液流的其他刺激物——它确实不会从狗的身上引起任何明显的一般反应——并使这种刺激物引起唾液反应。实验中显示视觉刺激，例如彩色圆盘、几何图形、简单的声音、纯粹的音调、身体的接触等，它们在开始时都不会引起唾液反应。可是，这些刺激中的任何一种都可以使之引起唾液反应。首先，对狗进行一项简单的手术，在狗的腮腺管上做一个永久性的瘘管——也就是说，开一个小小的口子，以便使腺体通往脸颊的外面，同时安装一根管子通向出口。现在，从唾液腺分泌的唾液便通过这根管子流出而不再流向口腔内。这根管子和一台仪器相连接，仪器自动记录从唾液腺分泌的唾液滴数。供实验用的狗和实验者隔离开来，同时也和不受实验者控制的视觉、嗅觉和听觉刺激相隔离。对于无条件刺激和条件刺激的运用，都是在实验狗的房间以外自动进行的。通过一台潜望镜可以对狗进行观察。

实验发现，只要我们将条件刺激和食物或酸等无条件刺激同时呈现在狗的面前，我们便可以用任何刺激替代食物或酸；确实，我们甚至可以将条件刺激应用于无条件刺激之前。不过，很显然，如果无条件刺激应用在前，便不会发生条件反射。例如，克列斯托夫尼考夫（Krestovnikov）花了一年的时间进行研究，先呈现无条件刺激，几秒钟以后才运用条件刺激物，结果发现，这样做不能建立所期望的反应。当条件刺激出现在无条件刺激之前，经过大约20～30次的结合运用以后，便会发生条件反射。至于

在开始应用无条件刺激之前运用条件刺激,就两者的时间间隔而言,其变化幅度从几秒钟到 5 分钟以上不等。

假定我们在一个特定情形中试图用触觉刺激引起唾液反应。我们在狗的左大腿部的一点上予以触觉刺激 4 秒钟,然后间隔 4 秒钟或 5 秒钟以后,运用无条件刺激——肉粉和饼干。我们连续运用这样的程式大约 2 个月,每天对狗进行 4～10 次触觉刺激,每次刺激后停顿 7～45 分钟。2 个月结束时刺激替代即将完成,从而触觉刺激(条件刺激)将会像肉粉和饼干(无条件刺激)一样产生同样滴数的唾液。

通过这种简单的程序,我们已经扩大了狗以一定方式作出反应的刺激范围。代替我们前述的公式,现在它应该书写如下:

S —————————————————— R

肉粉和饼干 　　　　　　例如,30 秒钟内产生 60 滴

或 　　　　　　唾液,每滴等于 0.01 毫升

在左腿上的触觉刺激

这里,我们得到了一个完整的刺激替代的例子。由条件刺激引起的反应强度和由无条件刺激引起的反应强度是一样的——都在实验误差(experimental error)范围以内。

通过这种简单的程序,我们可以测出一个动物能对之作出反应的刺激物的整个范围。例如,假定我们拥有这样一只形成条件反射的动物,任何波长的光线都可引起该动物的唾液反应。在使动物形成条件反射以后,接着我们设法找出它对那些比人眼可见波长更短的光线是否敏感。于是我们便根据光谱用绿光开始试验,并逐渐增加刺激光线的波长,直到不再发生反应为止。这样,便可提供动物在较长波长中的反应范围。然后,我们再次建立对绿光的反应,并逐渐缩短波长,直到不再发生反应为止。这就向我们提供了动物在较短波长中的反应范围。我们可以用同样的方式在听觉刺激领域进行研究。有些研究者已经发现狗对于音调的反应远远超过了人类,它能对比人类能听到的高得多的音高(振动频率)作出反应。然而,人类和狗从未在一致的条件下进行过测试。

分化的腺体反应

只要利用稍微不同的程序，我们便可建立所谓的分化反应（differential responses）。比如，我们已经使狗对于音调 A 形成了条件反射，直到音调 A 所引起的唾液反应就像肉粉能引起的唾液反应一样。差不多任何其他的音调 B 也将能引起唾液反应。我们能不能就此改变并建立起狗的反应系统，使它只对音调 A 作出反应而不对音调 B 作出反应呢？当然，在狗对音调差别的反应能力的限度之内，它能做到这一点（不过存在一些怀疑）。安雷普宣称他发现了狗对很小的音高差别所作的分化反应。约翰逊（H. M. Johnson）用另外的方法从事研究，却发现对于音高差别不产生任何分化反应。当我们在研究动物对音调刺激的分化反应时，比如说，我们对刺激 A 进行"固定"（fix）或加以更加严格的限制，每次给狗喂食时响起音调 A，但在响起音调 B 时绝不喂食。音调 A 便能很快引起唾液的充分分泌，而音调 B 却不会引起任何分泌。

这种方法对于每一种感觉领域同样适用。我们可以对下列问题进行正确的回答：狗对于噪音，对于波长的差异，对于气味，等等，如何予以正确反应？

由安雷普归纳的一些一般事实来自对狗的唾液反射的研究，可列举如下：

1. 条件反应和所有其他习惯一样或多或少是暂时的和不稳定的。如果条件反应不再继续，那么经过一段时间以后，它们便不起作用了；它们便会消退。但是，它们可以迅速地重建起来。在狗的唾液反射测试中，观察到一个例子，相隔两年后又做了一次测试。已经形成的条件反射仍然存在，但不是一点不变。然而，经过一次强化以后就完全恢复了。

2. 替换的刺激可以固定并使之特殊化。这样一来，其他任何同类刺激将不会引起这种反射。如果你让一条狗对节拍器形成条件反射，那么，其他任何噪声将不会引起该反应。

3. 反应的程度有赖于刺激的强度。增加刺激会使反应随之增加。此外。如果一种连续刺激——比如说一种噪声或一种音调——被中断，那么,便会产生像增强刺激同样的效果——将会产生反应的增强。

4. 存在一种明显的累积效应(summation effect)。如果一只狗分别对声音和颜色形成条件反射,那么,只要两种刺激同时提供,便会明显增加唾液滴数。

5. 条件反射可以"消退"(extinguished)。例如,缺乏条件反射的实施,就会使之消退。如果十分迅速地重复刺激,也会使条件反射消退。"疲劳"并不是条件反射消退的原因:在狗分别对声音和颜色形成条件反射的情况中,如果视觉刺激消退,那么单靠听觉刺激仍将充分引起反应。

人类唾液反应中的刺激替代

我曾向你们指出,为了在狗身上进行唾液反应研究,必须施以一个简单的手术,然而,对于人类,是不可能这样做的(除了在意外事故的情况中)。K. S. 拉什利(Lashley)博士已经制成了一台能为该目的服务的小型仪器。它由一个小的银圆盘构成,直径大约和五分分币那样大,一面有槽,这样便形成了两个互不连通的小室。每个小室均有细小的银管通向外面。中央小室放在面颊内表面唾液腺开口处。从这个小室出来的管子将唾液引到口腔外边,并与一台记录器相连。从另一个小室出来的管子通向一台小型抽吸器,使这个小室处于部分真空状态。这样就使整个圆盘紧紧粘在脸颊的内表面上。整套仪器称为唾液计(saliva meter),它要比我所描述的更为舒适。装上该唾液计后,任何人可以正常饮食和睡眠。

如同在狗身上施以实验一样,食物或酸(无条件刺激)将引起唾液反应:

$$S \rule{6cm}{0.4pt} R$$

食物,酸   唾液分泌

正如在狗身上那样,在人身上也可造成刺激替代。医用滴管的视觉刺激不会一开始便引起唾液流——但是如果被试看到你将滴管浸入酸液中,然后将这种酸液滴在他的舌头上,以后他一看到滴管便会很快引起唾液流的分泌。现在,我们得到如下的公式:

S ———————————————— R

食物,酸或

见到滴管　　　　　　　　　　　唾液流

　　于是,我们使被试形成了条件反射。同时,我们也在这里从人类身上扩大了能引起唾液反应的刺激范围。

　　今晚,我没有时间来一一讨论我们在人类唾液腺方面的全部研究工作。在人的一生中,条件反射作用显然在相当规模上发生——在看到美味佳肴时,儿童或成人都禁不住流口水,这便是一个很好的例子。在进行实验测试之前,这些条件反应是无法观察的。这里不存在"观念联想"(association of ideas)的问题——被试不可能对"它们进行内省";他甚至不能告诉你它们是否存在。我能否顺便提请你们注意这一事实,这个腺体并不处于所谓的"意愿"(voluntary)控制之下——也就是说,你能否"有意"地使它分泌或"有意"地使它停止分泌?

其他腺体能否被形成条件反射?

　　从巴甫洛夫及其学生们的研究工作中我们已经了解到胃腺和其他内脏腺体像唾液腺一样也能形成条件反射。其他一些研究者也已经表明胃腺和其他内脏腺体在人类身上也能形成条件反射。但是,在有些管道腺体方面,对于刺激替代我们尚未开展实验研究。我们有理由相信男性的排尿和性欲高潮是可以形成条件反射的,不过在这里我们将讨论肌肉条件反射。

　　容易进行实验的另一个管道腺是泪腺(就我所知,它尚未实验过)。也许婴儿的眼泪、戏剧迷的眼泪、罪犯的眼泪,以及装病开小差者的眼泪都是条件反射的真实例子。皮肤的腺体也可以提供有趣的实验可能性。

　　像甲状腺、肾上腺、松果腺这类无管腺是否可以形成条件反射尚不得而知。但是情绪反应可以形成条件反射——这里全身都被涉及了。如果实际情况确是如此,那么,很显然,无管腺必然如法炮制并发挥其自己的作用。我们有充分证据表明实际情况是如此。在形成条件反射的情绪反应中,肾上腺和甲状腺明显地改变了它们发挥功能的节律。

横纹肌和非横纹肌运动反应中的
刺激替代: 横纹肌的反应

另一位俄国生理学家贝契特留(Bechterew)和他的学生们已经向我们指出,引起手臂、腿部、躯干、手指等横纹肌反应的刺激物同样可以替代。通过一种无条件刺激来产生一种无条件反应的最简单方法之一是利用切割、碰伤的刺激方法。电击也是一种方便的方法。我们的公式原先表示如下:

S ———————————————— R
切割,碰擦,　　　　　　　　　　手臂、腿和
烧伤,电击　　　　　　　　　　　手指的回缩

如果把脚靠在电烤炉上,每次通电时脚总会向上弹起。我们可以在烟斗敲击膝盖时记录这种腿的弹跳,同样可以在每次实施电击时进行记录。

在本次讲座的开头部分我曾经指出,一般的视觉或听觉物体并不引起脚的突然回缩反射。例如,普通的电子蜂鸣器的叫声不会引起脚的反射。但是,将蜂鸣器和电击联合起来对被试进行刺激24～30次(对有些被试来说,予以刺激的次数甚至更多),那么单单使用蜂鸣器就会引起脚的回缩。这里,我们又一次扩大了引起这种反应的情境的范围。我们的公式现在变成:

S ———————————————— R
电击或　　　　　　　　　　　　脚的回缩
蜂鸣器

H. 凯森(Cason)已经指出,刺激替代和眨眼一起发生。非习得的或无条件的公式如下:

S ———————————————— R
(1) 亮光　　　　　　　　　　　迅速眨眼
(2) 物体向眼睛迅速接近　　　　(人体反射中速度
(3) 角膜发炎或者结膜炎　　　　最快的反射之一)
(4) 眼睑本身受伤(切割,电击等)

电报声码器的声音，或者继电器的轻微咔嗒声，将不会引起眨眼反射，但是，如果眼睑受到电击，并与电报声码器或继电器发出的声音同时发生，那么刺激替代便会迅速发生。人们饶有兴趣地注意到替代刺激比起无条件刺激会引起更迅速的眨眼反应。

我再次发现，我无法用一次讲座就向你们讲清这种方法在帮助我们了解人类的特征方面是多么有用。[①] 我们在这里也像在腺体领域里一样，能够将一个特定的刺激加以"固定"，比如说一种音调、噪音、视觉或者气味，以便只让一种特定的刺激引起反应。正如我们在前面说明的那样，在那位打瞌睡的母亲周围响着 1000 种噪音，这些噪音都不能引起她奔向自己孩子的反应，可是只要让孩子本人翻动一下，甚至轻轻咕哝一声，就能使母亲从椅子上跳起来。一种听觉刺激可以如此地固定，例如中音 C，以致比它稍高或稍低一点的音调都不会引起反应。

非横纹肌的反应

对非横纹肌组织的条件反射已经开展了相当多的研究工作。胃的环形非横纹肌在胃部的食物排空以后开始有节律的收缩运动。这些所谓的饥饿收缩充当了我们熟悉的最有力的一般刺激。这些刺激开创了通常所谓的探求性（exploratory）人体反应。在得到并吃了食物以后，胃的收缩才平息下来。完全可以改变胃的这些反应的规律，使之适应于我们正常的用餐时间。抚养得当的婴儿每隔 3 小时喂食一次，婴儿往往就在 3 小时间隔结束时醒过来并开始躁动不安或啼哭。现在把喂食的时间改为 4 小时一次，几天以后，婴儿也就会在 4 小时结束时醒过来。

这个领域内所作的最令人感兴趣的实验之一便是凯森对瞳孔反射所作的试验。在眼睛里有两组非横纹肌纤维。当辐射状肌肉收缩时瞳孔便扩大，当环形肌肉或括约肌收缩时瞳孔便缩小。这种无条件反应公式是：

---

① 　在日常生活中，我曾经许多次地见到，偶然与发烫的电熨斗或散热器接触，仅仅一次联合刺激就能使孩子形成条件反射（用视觉刺激代替组织受损的触觉刺激）。我们从孩提时代开始的生活中充斥着这类偶然形成条件反射的例子。

（无条件）S ————————————————————————（无条件）R

光强度增加   瞳孔闭合

光强度减少   瞳孔扩大

如同在其他各种反射中一样，这里也发生刺激的替代现象。当我们增加或减少光的强度对被试视网膜进行照射时，同时用电铃或蜂鸣器刺激被试，结果会使被试形成条件反射，即单独用声音刺激也会引起被试的瞳孔收缩或者扩大。

整个人体反应领域中的替代
（条件性情绪反应）

在第七篇演讲中，我们谈到所谓的情绪反应，我将从事一些实验，用以表明某些引起整个身体反应的所谓"惧"、"怒"、"爱"等的无条件刺激能够被替代，正像我们刚研究过的在简单的反射领域内的情况一样。它说明了能够引起情绪（实际上是内脏）反应的不断增加的刺激数目的原因。该实验工作排除了任何情绪"理论"的需要，例如詹姆斯（James）的情绪理论。但是，我猜想内省主义者将会从现在起不断写作 100 年，似乎詹姆斯真的具有一种情绪理论。让我们将这种讨论留给一个更加合适的场合吧。

关于刺激替代实验的小结

单单凭借一次讲座，只能用三言两语大体描述一下人体形成条件反射的方式。这里要强调的主要论点是，实际上每一个作出反应的人体器官都可以形成条件反射；这种条件反射不仅在成人一生中都会发生，而且能够从出生时起就天天发生（很少能在出生前就发生）。大多数有机体在用词语表达的水平以下发生。腺体和非横纹肌组织确实不属于我们所谓的受意志控制的反应系统。我们大家都充斥着一种或另一种刺激替代，我们对此一无所知，直到行为主义者对我们进行了彻底试验，然后将这些刺激替代告知我们为止。

这一领域完全处于内省主义者的领域之外，他们无法控制这类反应。这又一次证明了内省充其量只能产生十分贫乏的和不完整的心理学。我将试图说明"内省"不过是供谈论正在发生的人体反应的另一个名称而已。归根结底，它不是一种真正的心理学方法。

在建立人体态度方面，尤其是关于情绪问题，早期的条件反射的重要性差不多没有被梦想过。对于我们来说，在成年人生活中，一项"新的"刺激强加于我们而不唤醒这种退化的组织（vestigial organization）实际上是不可能的。这项工作也有助于我们了解为什么行为主义者正在逐渐远离本能的概念，并以身体的定向和态度来取代它。

其他实验方法

在简短的一小时内，我们几乎难以提及各种实验方法的名称——甚至在行为主义研究中值得使用的客观方法。我们在这里提出几种方法，以便为你们提供一些有关的情况。许多方法围绕着学习和保持——研究药物的效果、饥饿、口渴、丧失睡眠等作用的方法——研究在完成学习以后影响行为表现的条件的方法；研究情绪反应的方法，例如各种不受控制的和受控制的词语反应——情绪反应的电流测定研究。研究饥饿和性刺激相对强度的方法［莫斯（Moss）最近的研究工作］。在动物身上切除感觉器官和脑的某些部分，以确定感觉器官的作用和神经系统各部分的作用（对于这个领域中的人类研究工作，我们不得不等待被试遇到的意外事件）。

作为一种行为主义方法的所谓"智力"测验

在过去的 1/4 世纪中,尤其在我们这个国家里,所谓智力测验(mental tests)像雨后春笋般兴起。心理学家似乎一下子都成了测验狂。可是这些测验往往热闹了几天,然后就被下一个测验加以修正了。近年来许多测验逐渐消失,而另外一些测验则逐步发展并标准化。

今天,下述这些一般类型的测验得到普遍使用:

第一级智力测验(First Grade Intelligence Tests),

幼儿园测验(Kindergarten Tests),

个人意志发展测验(Individual Will-Development Tests),

"智力"测验:法语,拉丁语,视唱,算术和分类测验(Intelligence Tests: French, Latin, Sight-Singing, Arithmetic and Classification Tests),

"智能"的自我管理测验(Self-Administering Tests of Mental Ability),

机械能力测验(Mechanical Aptitude Tests),

"智能"的团体测验(Group Tests of Mental Ability),

雇用测验(Employment Tests),

职业指导测验(Vocational Guidance Tests),

拼图和阅读测验;打字和速记测验(Spelling and Reading Tests; Typewriting and Stenographic Tests)。

在编制这些测验时,动用了几十万名儿童和成人。任何人不得不对这些测验创始者的耐心和勤奋表示钦佩。这种测验一旦设计出来,便成为一项工具。所有这些测验背后的主要目的是根据个体的表现水平,根据年龄及其诸如此类的情况,找出把大量个体进行分类的测量标准;表明缺陷和特殊能力,民族和性别差异。

在测验问题上已经形成了两种相当不切实际的想法:

(1)已经宣称存在这样一种本质上作为"一般"智力的东西;(2)存在着这样一些测验,它们能使任何人从后天获得的能力中区分出"天生的"

能力来。对行为主义者来说,测验仅仅意味着对人类表现进行分级和取样的手段。

社 会 实 验

乍一看,在所有的社会实验中,我们具有两种一般的程序:

(1) 我们试图回答以下问题:"如果我们在社会情境中作出如此这般的改变,那么将会发生什么? 我们无法肯定情况将会有所好转,但是总会比目前的情况要好。让我们作出改变吧!"通常,当社会形势变得无法忍受时,我们就会盲目地采取行动,而不唤起任何言语的关联,正如我在这里已经指明的那样。

我们可以将程序(2)描述如下:"我们想要这个人或这批人做某件事,但是我们不知道如何安排一种情境使他做这件事。"这里的程序有些不同。社会盲目地用尝试和错误(trial and error)进行实验。但是反应是已知的和得到赞同的。操纵刺激不是为了看一般说来将会发生什么情况,而是为了引起特定的行为。你们也许不会清楚地了解这两种程度之间的差别,但是,举些例子也许会使之清楚起来。首先,我们都必须承认,社会实验目前正以很快的速度进行着——对于轻松自在的凡夫俗子来说,正以惊人的高速度进行着。作为上述第一种程序的社会实验例子,我们举战争为例。没有一个人能够预言,当一个国家进行战争时,该国采取的反应将会发生什么变化。同样,当儿童辛辛苦苦搭建起来的积木被随手推倒时,这也是盲目操纵刺激的一个例子。

禁酒不过是对一种情境的盲目的重新安排(blind rearrangement)。酒吧带来了一系列为社会所谴责的行为,社会中的芸芸众生,对于将会发生什么情况无法作出任何合理的预言,于是把整个的情境彻底摧毁,并通过批准第18号修正案创造一种新的情境。确实,在这里,他们期望产生某些结果——禁止饮酒,降低犯罪率,减少婚外性生活,如此等等。但是对于研究人类本性甚至研究地理的任何学者来说,尽管无法预测将会发生什么情况,但仍可以预见到那些结果不会发生。这种结果,除了在较小的城镇之外,当然是和这些期望相违背的。在大城市中,或在大城市附近

（那里的法律控制不很有效，而且那里的舆论是一种较差的控制因素），我们的监狱要比以往任何时候更加拥挤。犯罪十分猖獗，尤其是凶杀案盛行。后者正开始引起人寿保险公司的关注。一家保险公司单单在 1924 年由于凶杀案的赔偿便损失了 75 万美元。还有，成千上万的公民由于参加酒类走私而被枪杀，或者由于酒精中毒而死去。所有这些情况使得禁酒法律一再遭到践踏，其直接的后果是，人们对法律的恐惧消除了；而当一项禁令不受惩罚地被打破以后，不仅药品推销员的特殊禁令失去了它的控制性，而且对那位特殊的药品推销员的所有禁令也会趋向于变得无效。在原始社会里发生的情况今天又发生了。毫无疑问，人们对所有的法律都抱以轻率的态度。

俄国君主政体的垮台和苏维埃政府的形成是盲目操纵（blind manipulation）形势的又一个例子。不论是朋友或敌人，都不会预言行为的变化将会增加。事实是，这种变化已经阻碍了俄国的工业进步，而且可能已经使俄国人民的知识和科技倒退数百年。无须进一步的精心阐述，我们便可将一些问题用一般图式归纳如下：

所给的刺激	反应——结果——
	过于复杂而无法预测

S ——————————————————— R

推翻君主制，成立
　苏维埃政府

战争	?
禁酒令	?
轻率的离婚	?
没有任何婚姻	?
双亲在无知中抚养的孩子	?
宗教心理为道德标准所替代	?
财富的平均化	?
取消世袭财产等	?

在这种社会实验中，社会往往会深深陷入困境——并不通过小规模实验手段摸索着寻找出路。社会并不以任何明确的实验程序来工作。它的行为往往有点像乌合之众，换成另一种说法，也即组成团体的个体退步到婴儿期的行为状态。

与此相似,社会实验在上述程序(2)中进行着。在这里,反应是已知的而且为社会所认可——婚姻、未婚者的克制、参加教会、基督教十诫中要求的积极行动,以及诸如此类的情况,都是这些得到认可的反应的例子。我们再一次可用以下公式表示:

S ——————————— R	
?	现代财政压力下的婚姻
?	难以进行社会控制的大城市里的自制
?	加入教会
?	诚实
?	按照特殊路线迅速获得技能
?	正确的放逐等

我们的实验包括建立一组组刺激,直到从刺激的正确群集中得到特定的反应为止。在尝试安排这些情境时,社会往往像低于人类的动物那样,盲目地和杂乱无章地工作着。确实,如果有人想一般地归纳出以往2000年中社会实验的特点,那么他就把这些社会实验称之为鲁莽的、不成熟的、无计划的,并说即使有时有计划也是根据某个民族、政治团体、派别或个人的利益,而不是在社会科学家的指导之下——假若存在社会科学家的话。除了可能在希腊(Grecian)历史的某些时期以外,我们从未拥有受过教育的统治阶级。今天,我们自己的国家是历史上最糟的罪犯之一,实际上是由一批职业政治家、劳工宣传家和宗教虐待者统治着。

我能否在这里提请你们注意这一事实。行为主义心理学用遗传学方法解决问题,从简单趋向于更加复杂,从刺激产生的反应中积累大量资料,并从特定反应引起的刺激中积累大量资料,这是否将证明对社会会产生不可估量的利益呢? 行为主义者相信,他们的科学对社会的结构和控制是基本的,因此他们希望社会学能接受它的原则,并以更加具体的方式重新正视它自己的问题。

通过常识性观察我们能够学到什么?

迄今为止,我们已经主要地谈论了技术方法问题,我们能否单单通过观察人们而完成有助于个人的常识心理学（commonsense psychology）呢？答案是肯定的。只要我们对人们进行系统的而且是足够长时期的观察，我们就能做到这一点。对任何一个人来说，不论他是否研究过心理学，他确实已经在心理学方面具有相当的结构（organization）。如果我们不能或多或少自信地预测反应并推测刺激可能产生的效应，我们在社会生活中又将处于何种地位呢？你越是对他人作更多的观察，你越有可能成为更优秀的心理学家——你也越能与其他人融洽相处——而更加合理调整的生活则来自与人们融洽相处的能力；具有这种能力，实际上完成了合理调整生活的一半。为了学会实践心理学，人们不必成为研究条件反应的学者，尽管这项研究是有益的。

上周末我会见了一个人，我曾答应向他提供一点有益的实践心理学。他一直处理不好自己的生活。由于上周末参加了运动量较大的健身活动，因此星期一早上起来，他感到浑身疼痛，昏昏欲睡。他大声地呻吟，抱怨假期中所有不满意的地方，并且正要准备刮脸和洗澡。我便对他说，"稍稍放松你的臂和腿，照常做你的例行工作，并且洗个温水澡，这将使你恢复健康"。这些言语刺激导致了行动。他便坐下来吃早餐，而且感到舒服了。不过他的鸡蛋煮得太老了。他正打算召唤女佣时，我注意到女佣的脸色不那么好看，似乎在说："无论如何我不喜欢周末那天来的客人，你们这样正是活该。"我便轻声地对他说："留神，这名爱尔兰女佣正烦躁得找碴儿发火呢，你最好在你妻子醒来时打电话通知她，让她来臭骂她一顿。"

我们赶去乘火车，就因为只差了 20 秒钟，结果没能赶上。他急得直跺脚，咒骂并大声地说："3 个月来，这是第一次火车准点。"他的反应在性质上是孩子气的。待他冷静下来后，我们乘下一班火车去上班，他的情绪低落，这是任何人都可以观察到的。他一天的生活从一开始就乱了套。作为一名行为主义者，以前进行过的常识性观察已经向我提供了大量数据可以预测，由于一开头就不顺利，也由于自身的气质（temperament），他这一天肯定会过得很糟。这种情况从我这里引发出明显的言语反应："你今天必须注意你和人们接触的态度，否则你会伤害他人的感情，并使原先开头没有开好的一天结束时也会很糟。"

这番话对他是个很好的提醒。当他的秘书递给他信件时，他面带笑容。他埋头工作，不久便沉醉于他特别适合的技术世界中了。午餐时间来到时，他放慢了工作节奏，和一位同事谈着话。我恰巧路过，听到他正在大声地提抗议。对他周末家庭生活的观察给我以许多启示。我能推测使他烦躁的原因大概是什么。我认为我能再次帮助他改变他的世界，于是我说："你没有邀请你妻子到镇上来和我们一起吃中饭真是太糟了。我听到她昨天没有赴琼斯先生与太太共进午餐的约会（他的妻子与琼斯先生特别友好，这使他很失望），当时你正在外面调试车子。"由于他是一名非心理学专业人员，他的轻松心情是显而易见的，从而使他下一小时处于最佳状态。

如果我有时间，我能把他的整个工作日接管过来，并在晚间回到他的家庭生活中去。无须叫他对自己进行内省或进行心理分析，我便可以测知他的弱点和优点，他在什么地方对孩子们的处理出了错，在什么地方和妻子的关系搞僵了。

如果我说行为主义者能在原则上和特殊性方面对他进行培训，从而在几个星期的时间里重新塑造这个十分聪明的人，你认为这样的说法离奇吗？如果我宣称，行为主义者认为他的心理学是有希望在每一点上都深深地进入每个人的生活中去的心理学，你会觉得这有点夸大吗？

但是，你也许会说，"我不是心理学家——我不能跟在人们的屁股后面，并告诉他们这里过得悠闲，那里过得痛苦"。这是真的，但是你对自己有把握吗？难道行为主义没有告诉你有关你自己的生活吗？我认为你将承认你有许多东西要学习，不过，你在学会如何砌砖头之前，是不会试着在你自己的屋子上砌砖头的。因此你必须日复一日地用个人心理学（personal psychology）观察他人——你必须将你的材料系统化并加以分类——将它们放到逻辑模型中去——并使你的研究结果用言语表示出来，例如"乔治·马歇尔是我认识的最冷静的人。他始终心平气和，并经常用低沉而平和的音调讲话。我怀疑自己能否学会像一名绅士那样讲话"。这种言语的阐述为你提供了一种刺激（含蓄的动觉词语刺激）。它可能引起变化了的反应；因为无论是他人讲的词语，还是在你自己喉咙里不出声地默诵的词语都是强烈的刺激。它能迅速引起行动，就像猛掷的石块、具有威胁性的大棒和尖利的刀子能迅速引起行动一样。

如果我是一个实验伦理学家（experimental ethicist），我会向你们指出格言的重要性——经过删节的和干巴巴的言语程式（verbal formulae）如何有力地充当了形成我们自己反应的刺激物。当这些言语程式由权威性人士——例如父母、老师、顾问——传达下来时，其结果尤其如此。此外，如果我们研究伦理学，我想向你们指出从你们自己充分的观察中得到这种言语程式的合理性，而不是盲目地接受第二手材料。但是，我认为，我会很快告诉你们不要拒绝这些集体社会实验的结果——现在已具体化为言语程式，并由父传子，母传女，直到你自己的试验和小规模的社会实验向你提供更有价值的程式为止。换言之，我在本次讲座中试图使你们相信行为主义者不是反动分子——不反对任何事也不为了任何事，直到它已进行过试验，并像其他科学程式那样被建立起来为止。

若要知道对人类有机体来说什么是"好的"或"坏的"——若要知道如何在实验的适宜路线上引导人类的行为，至少在目前是我们所力不能及的。我们对人体组成的了解实在太少，同时对人体在我们的规定和我们的戒律中所需要的教条也了解得十分不够。

第三讲　人体（Ⅰ）

人体各部分的结合及其运作：行为发生的结构

The human body（Part Ⅰ）

　　在本讲及下一讲中，我们将着手一项艰巨的任务——了解人体（human body）是如何构成和运作的。用一两个讲座来探讨这项任务是否会显得荒唐？那么，就让我们来看看有没有这个必要。你们也许会惊讶地发现，你们可以在短短的一个小时里准确地了解人体的图景。

42 岁时华生

37 岁时的玛丽·伊克斯

1919 年时的罗莎莉

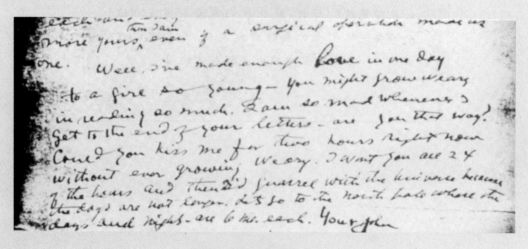

华生写给罗莎莉的情书

　　引言：在本讲及下一讲中，我们将着手一项艰巨的任务——了解人体（human body）是如何构成和运作的。用一两个讲座来探讨这项任务是否会显得荒唐？那么，就让我们来看看有没有这个必要。你们也许会惊讶地发现，你们可以在短短的一个小时里准确地了解人体的图景。

　　行为主义者对整个人体的运作方式感兴趣：如果你已了解生理学或解剖学的一些知识，你会发现人体是被分解开来进行研究的——消化系统、循环系统、呼吸系统、神经系统，等等。生理学家在从事器官实验研究时，必须一个器官一个器官地进行，先开展一项研究，然后再进行下一项研究。而对一名从事人类行为研究的学者来说，情况则恰恰相反，他是从行为角度在整体上对人体进行研究。对他来说，即使不了解人体分解部分方面的知识，无论如何也是可以从事这种研究工作的。当然，我们大可不必盲目地这样做。了解人体生理学知识对行为主义者是有益的。让我们尽可能地从生理学中借鉴对我们研究有益的知识。

　　人体可以从事许多工作，然而，其功能的可能性也受到一定的限制。这些限制主要取决于那些构成人体的物质，以及这些物质构成的方式。我所讲的这些限制包括：我们奔跑的速度是有限的；我们能举起负荷的重量是有限的；我们在不吃不喝不睡的情况下，存活的时间是有限的；人体需要特殊类型的食物——它只能在一定时间内维持一定的热量，或者在一定时间内耐受一定的寒冷；人体的存活还需要氧气和其他一些特殊的物质。花一个小时的研究，就能使你们确信，人体虽然可以巧妙地从事许多工作，但它决不是万能的宝库，而只是一架合乎常规的器官机器（organic machine）。所谓器官机器，我们意指比人类至今创造的一切要复杂数百万倍的某种东西。

　　那么，作为行为主义者，我们是否也应该对中枢神经系统抱有特殊的兴趣呢？由于行为主义者强调整个有机体的协调而不是人体局部的工作情况，因此，他们常常被指责没有在研究中对神经系统予以足够的重视。若要了解为什么行为主义者对大脑和脊髓（spinal cord）的重视程度要低于对人体横纹肌（striped muscles）、胃部平滑肌（plain muscles）、腺体的重视程度，从而使内省主义者（introspectionist）感到痛心，你们就必须记住，

◀玛丽用华生写给罗莎莉的情书作为证据，使得华生的离婚在当时成为轰动一时的事件。

神经系统对内省主义者来说永远是一件神秘的事物——尽管他们无法对塞进大脑中的"精神"术语作出解释。在许多我们称之为生理心理学的书籍中，充斥着有关大脑和脊髓的精美图解，而事实是，我们尚未足够了解大脑和脊髓的功能，所以就无法在图解上将这些功能反映出来。对行为主义者来说，神经系统是：第一，人体的一个组成部分——不再比肌肉和腺体更为神秘；第二，一种特殊的人体机制（mechanism），可以使它的主人反应得更为迅捷，使肌肉和腺体在对外界刺激作出反应时更为协调一致（比在没有神经系统参与的情况下更为协调一致）。有许多动物和浮游植物没有神经系统，它们的适应性范围是有限的，它们对触摸、声光等反应是很慢的。当你身体的任何部位被触碰到时，你几乎可以在瞬间用手作出反应。神经系统可以迅速地将来自感受器（sense organ）（也即受到刺激的部位）的信息［科学术语为"传播干扰"（propagated disturbance）］传送到反应器（reacting organ）（肌肉和腺体）。没有神经系统的部位仍可能传播信息，只不过很慢。

上述的讨论可以让大家明白行为主义者必须对神经系统引起关注，而不仅仅把它看做是整个人体的某一组成部分。

构成人体的不同类型的细胞和组织

人体是由什么构成的？如今几乎每个人都知道，人体是由细胞（cells）和细胞所产生的物质构成的。但是，细胞又是什么呢？细胞是构成生命物质的微小单位——大多数细胞只有在高倍显微镜下才能看见。它通常由细胞核包裹着。每个细胞作为一个单位，一般都含有一团细胞质（pro-toplasm）（一种非常复杂的化学物质），其中可以观察到许多不同类型的微粒（可能是细胞赖以为食或分泌的贮存物）。每个细胞含有一颗（或多颗）小型的椭圆状核。核里含有一个称做染色物质（chromatin material）［这是一种具有独特染色性质的物质，某些色素（dyes）是从它们中间提取的］的网络组织（network）。在某种程度上，细胞核管辖着整个细胞的活动。许多细胞在有机体的整个存活期中有着它们的独特表现。有些细胞则很快被它们的派生物（outgrowths）、突起（processes）或它们自己的分泌物所遮掩。

　　如果你在化学、物理学、生理学方面的知识技能已经达到了足够的水平，那么现在让你来构造一个人体，你会采用哪些不同种类的细胞？你会将这些细胞编成哪些种类的模式［基础组织（elementary tissues）］？

　　研究发现，有四种不同类型的细胞和它们的产物构成了人体四种基本的组织。这四种基本的组织经过不同的组合，形成了人体的各个器官，例如，皮肤、心脏、肺、大脑、肌肉、胃、腺体，等等。

　　（1）人体表层和所有开放部位的细胞：首先，你会需要一些细胞来组成覆盖于整个人体的表层膜——构成皮肤的表层。在有些部位，你需要更改这一组织中的细胞，以便构成手指、脚趾、头发和牙齿。在另一些部位，比如，眼球的水晶体（角膜），你需要更改这一组织中的细胞，以便它们能透光。然后，你需要一些细胞来构成所有的内管（inside tubes）和内腔，例如，整个消化道——嘴、舌、胃、小肠、大肠；你需要细胞来构成血管和脑内的通道（脑室和脊椎）。你还需要将这些组织组合成我们称为腺体的结构，并加以更改，以便它们能分泌体液——例如，眼泪、汗水、唾液和另外十几种人体所需排泄或分泌的体液和化学物质。让我们把上述用途的细胞命名为"上皮细胞"（epithelial cells），它们构成"上皮组织"。我们进一步来看看，我们将需要一些高度特殊的上皮细胞，来为我们每个感觉器官配置敏感的成分。图 3-1 表示的是几个单一的上皮细胞，图 3-2 是由它们构成的腺体。

图 3-1　两种类型的上皮细胞　　　　图 3-2　上皮细胞组成一个小型腺体

　　（2）为支持和联结人体各部分而构成的组织细胞：你不能只用一种类型的细胞和由这类细胞构成的组织来构造人体。你需要坚固的组织来联结人体各部分。你需要有高度弹性的腱（tendons）来维系肌肉。你需要牢固的软骨来构成你的鼻子，使你的鼻孔张开。当你的婴儿还处在胚胎期(子宫内)时,你需要一个强健的框架(framework),它能够存放矿物盐(mineral salts)以形成骨骼[在这些寄存物形成骨骼后,原先的结缔组织(connective tissue)的框架就消失了]。你需要坚韧的纤维"外套"[骨膜(periosteum)]包裹骨头,在骨骼连接处安上缓冲物(buffers)。你需要非常坚韧牢固的纤维[白色的纤维软骨(fibro-cartilage)]来维系可以移动的骨头。所有这些支持联结的框架是由结缔组织细胞构成的。这些组织本身被称做结缔组织(软骨和骨骼、肌腱、纤维、网眼状结构)。图 3-3 所示是两个构成骨骼结构的结缔组织细胞。

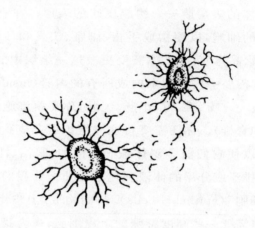

图 3-3　结缔组织细胞

　　(3) 形成肌肉组织的细胞:我们需要为自己构造能自由行动的人体;有心跳、能呼吸;我们的胃能收缩和扩张,我们的血管能伸展和收缩——换言之,我们需要为整个人体和许多中空的内部器官的形状和大小的变化(例如,胃必须在大小方面有相当大的变化;血管也必须在大小方面有一定的变化)提供运动能力。若要体现所有不同的人体肌肉功能,我们需要两种肌肉细胞和两种组织。

　　(a)横纹肌或骨骼肌细胞和横纹状肌肉组织:横纹肌细胞的直径平均为 1/500 英寸,一般长度为一英寸或更长一些。这些细胞的长度是一致的,没有分支(branching)。[①] 细胞由纵贯整个细胞的黑白相间的条纹构成,从而使细胞有了这样的名称——横纹细胞。像其他细胞一样,肌肉细

---

　　① 在我们的心脏,有着稍微不同的横纹肌。个别细胞较短,并呈现出相互联系的分支。由于这类肌肉仅仅在心脏里被发现,而且它们主司心脏的节律,所以我们不准备进一步去讨论它。我在各次讲座中也许经常会提到横纹肌,但仅指上述(a)提及的内容。

胞也有细胞核——通常有几个细胞核。覆盖于每个细胞表面的是一层坚韧的结缔组织膜。一般情况下，由成百上千个这样的细胞构成一条肌肉（横纹肌组织）。作为一个整体，肌肉也有结缔组织的保护鞘包裹［称为肌外膜（epimysium）］。肌肉之间交叉纵横着血管。在人体中，手臂的二头肌、大腿和躯干的肌肉、舌头、控制眼睛的六大肌肉等大肌肉的构成情况就是这样的，当我们进行快速运动或大幅度运动时，横纹肌就会发挥作用。图 3-4 所示是两个横纹肌细胞和运动神经纤维在其中的分布。

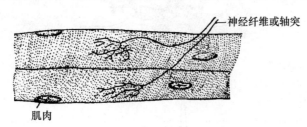

神经纤维或轴突

肌肉

图 3-4　两个横纹肌细胞的部分图示（其中可见运动神经末梢）

　　（b）非横纹肌或平滑肌细胞（unstriped or smooth muscle cells）和平滑肌组织：构成非横纹的平滑肌细胞是细长的，就像头发丝的形状。请看图 3-5，这些细胞组织成层（layers），构成肌肉层（muscular coats）。非横纹肌组织构成胃、肠、膀胱、性器官、眼球的虹膜（控制瞳孔的开合）、通向腺体的导管管壁，以及动脉和静脉的主要肌肉层。

图 3-5　具有神经纤维的平滑肌细胞

（中间暗色部分为细胞核）

　　（4）神经细胞和神经组织：我们还需要另外一类细胞和这类细胞构成的组织，以便我们人体更加完善。人类（与所有其他高等脊椎动物一样）必须能够对刺激作出迅速而又复杂的反应。我们知道，刺激只有作用于相应的器官才会有效。我们知道，动物必须用横纹肌或非横纹肌，腺体，或者肌肉与腺体的结合来作出反应。通常，敏感的刺激点与反应发生点会有一段距离。比如，我们走路时也会有荆棘刺到脚上。这时，我们会立即停下，弯下腰用手抓住荆棘把它拉出来。如果我们没有特异的高度发展的神经细胞及其反应过程，这一反应就不可能发生——也即从脚上的皮肤传递到脊髓,从脊髓上行到大脑,再从大脑返回到脊髓,从脊髓传递到躯干肌肉、手和手指,形成一条神经通路。神经细胞及其反应过程只是用肌肉快速联结感官的身体结构。

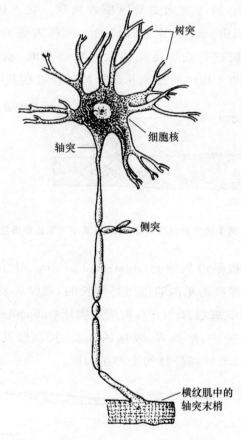

图 3-6 一种类型的神经原——低级运动神经原

就一般的身体构造来看,神经细胞与人体的其他细胞并没有什么不同。每个神经细胞含有一个细胞体及其旁枝或突起——有时这些突起的数量很少,有时则很多。让我们以脊髓(所谓低级运动神经)(见图 3-6)上的某个细胞为例,它有一个内含细胞核的细胞体。在细胞体四周,我们可以发现有许多短小的旁枝从主体四周密密匝匝地生出来。我们把这些旁枝称做树突(dendrites),因为它们看起来就像树干上的枝枝丫丫。从细胞体上的某处会有一条细长的纤维延伸出来,所涉距离或长或短(有短到零点几英寸的,也有长到几英尺的)。这一细长的旁枝称做轴突(axis-cylinder)。在轴突上往往还会长出一些旁枝,称做侧突(collaterals)。在整个轴突（包括它的侧突）表面有一层脂肪保护层［称做髓鞘（medullary sheath）］（轴突的细节参见图 3-7），而树突上是没有这种脂肪层的。以上所描述的是细胞及其突起，它们通常称做神经原（neurone）。这些细胞有多种形状，有些只有一个突起，例如，脊髓的传入神经原（afferent neurons）（这些细胞有着通过脊髓联系感官的作用——其细节可参见图 3-8）。神经原是一切神经组织的基本单位（unit）。正如我们所发现的那样，神经原构成了大脑和脊髓。

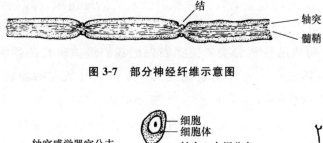

图 3-7　部分神经纤维示意图

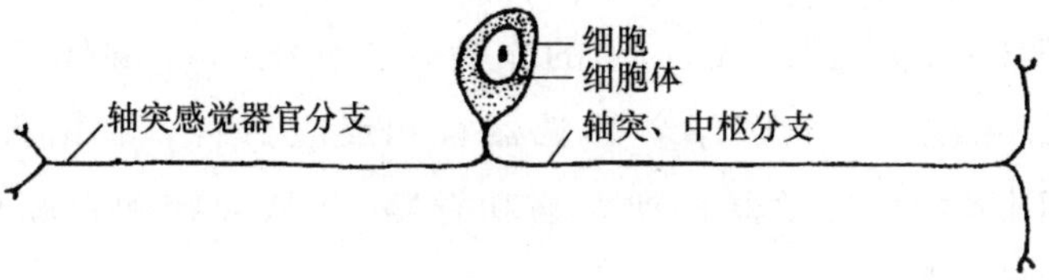

图 3-8　一种称做感觉或传入神经原的神经细胞

　　树突起着收容站的作用，接受各种神经冲动。神经冲动经过细胞体进入轴突和侧突。一个神经原的轴突末梢与另一个神经原的树突相接触。由此，神经冲动从一个细胞体通向轴突，并由轴突传递至下一个神经原的树突。所以，在神经系统中总是存在着趋性传导（forward conduction）。

人体的主要器官

　　上述这些基本的组织组合在一起构成了各种人体器官。到目前为止，我们仅仅谈论了细胞及其由细胞构成的基本组织。现在，我们必须探讨由这些组织组成器官的问题。鉴于我们的目的，我们只考虑：（1）感觉器官（sense organs）——由于感觉器官，各种刺激才能在人体上产生它们的效应；（2）反应器官（reacting organs）——整个肌肉系统和腺体系统；（3）神经的或传导的器官，也即联结感觉器官和反应器官的器官——它们是大脑、脊髓和外周神经（peripheral nerves）。所谓外周神经，我们意指从感觉器官到达大脑和脊髓，以及从大脑和脊髓直接到达横纹肌和间接到达平滑肌与腺体的神经，它们分布在身体四周。

你们关于基本组织的研究已经为你们了解这些器官开辟了通途。它们是由你们已经研究过的四类细胞及其组织的结合所构成的。例如，在肌肉系统中，你们会发现包含着每一种肌肉细胞的结缔组织，你们会发现上皮组织和神经组织。让我们花些时间来探讨一下每类器官的一般特征。

器官或构造的一般分类：让我们先把我们最需研究的器官分一下类：

1. 感觉器官——各种刺激能在人体上产生其效应的器官。

2. 反应器官——它由下述三个部分组成：（1）使骨骼（和心脏）运动的横纹肌系统；（2）内脏（viscera）的非横纹肌系统；（3）腺体。

3. 神经系统——它联结着感觉器官和反应器官。它由大脑、脊髓和外周神经（围绕着从感觉器官到大脑和脊髓，并从大脑和脊髓到肌肉和腺体的神经）所组成。

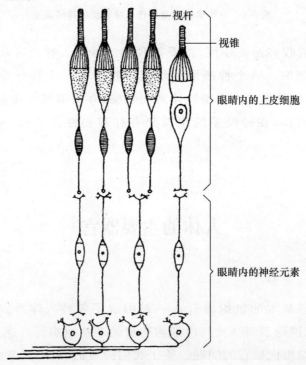

图 3-9　眼睛中的上皮细胞和神经元素

感觉器官的概况为：一个感觉器官的一般活动情况可以说相当简单，而且几乎划一。当然，所有的感觉器官都包含使它们得以构成的结缔组织——为它们提供滋养的血管，协调它们接受刺激的横纹肌纤维和非横纹肌纤维。所有这些，除了肌肉和腱中的感觉神经末梢，都包含上皮组织。所有这些都包含神经组织。

感觉器官中的上皮细胞是最令人惊讶的结构，也是整个人体中最有趣的结构。一般来说，它们只对某种形式的刺激具有感受性［选择性感受（selectively sensitive）］。例如，在眼中有两类上皮元素（elements）对光具有感受性，它们是视杆细胞（rods）和视锥细胞（cones），如图 3-9 所示。视神经的联结成分终端于视杆和视锥。在耳中，有一组独特的上皮细胞——（1）一种细胞纵贯内耳的骨腔（bony cavity），称做基底膜纤维（basilar membrane fibre）；（2）在此上面有一对细胞，它们构成弓形，称做科蒂氏弓（arches of Corti）；（3）在科蒂氏弓的另一面有着一组上皮细胞，称做毛发细胞（hair cells），里外成排。围绕着这些毛发细胞的是神经元素的终端（听觉神经）。当某种波长的音调发出声响时，这组结构作为一个整体而振动（现在就想探讨听觉功能的理论尚非上策）。肌梭（muscle spindles）（肌肉中的感觉器官，见图 3-10）只在肌肉被运动神经压缩或拉长时才会起作用；只有与液体（有味道的物质）接触时，味蕾才会起作用；只有在气味颗粒传入时，嗅觉细胞才起作用；半规管（semicircular canals）只有在头部运动时才会干扰内耳的液体；皮肤细胞则是选择性地对某些类型的刺激发生感应——有些是由轻触引起的，有些是由尖厉的刺、割、电击（这时，神经末梢当然也有可能直接受到刺激）引起的，有些是由热的物体引起的，有些是由冷的物体引起的，还有可能是由光线照射（称为"痒"等等）引起的。

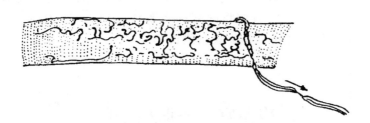

图 3-10　横纹肌细胞中的感觉神经末梢

让我们将上述情况合理归纳一下：

感觉器官		所感受的刺激
（视觉）	眼睛	——以太的振动（ether vibration）
（听觉）	耳朵（耳蜗）	——空气的传播
（嗅觉）	鼻子	——气态物质的颗粒
（味觉）	舌头	——有味的液体物质
（肤觉）	皮肤	——
a)	温度觉	暖、热物体
		冷、寒物体
b)	压觉	与任何物体接触
c)	痛觉	刺割、灼烧
（动觉）	肌肉	——肌肉位置的改变
	肌腱	——肌腱位置的改变
（平衡觉）	耳朵（半规管）	——头部位置的改变

当适当的刺激作用于相应的感官时,会发生什么呢? 上皮细胞会发生某种物理和化学的变化。让我们把这些构成感官的细胞看做是物理—化学的制造工厂。在你的亲身经历中,有许多简单的事情可以使你对这个问题看得更加清晰:当光线照射在胶卷平面上时,它(银盐)就会变黑。当你取掉钢琴的制音器,演唱中度 C 调时,无须你按键,中度 C 调弦就开始发出乐声[所谓共振(sympathetic)]。

在感官中,由刺激引起的这一物理—化学过程会引发下一个过程的活动。在与上皮细胞有联系的神经末梢中,它建立起一种神经冲动;这一神经冲动经过一系列神经原的传导,到达中枢神经系统(大脑和脊髓),然后由大脑和脊髓到达肌肉或腺体。

我们已经讨论了刺激在人体上产生其效应的器官(感觉器官或感受器)。现在,让我们回到肌肉和腺体器官,它们对感官的活动作出相应的反应。然后,我们在介绍完人体反应器官[肌肉和腺体——所谓效应器官(effector organs)]之后,我们将回到神经系统的讨论,因为神经系统在感觉器官和效应器官之间架起了联系的桥梁。

反应器官——肌肉和腺体

引言:我将试着把反应的重要器官按序排列。它们是:(1) 横纹的或骨骼的肌肉系统；（2）非横纹的肌肉系统；（3）腺体系统。如果没有这些结构，人体将不可能做任何事情——甚至不可能满足自身的需要。

骨骼肌：横纹肌或骨骼肌系统构成了我们人体的主体部分。剥去手臂、大腿或躯干上的皮肤，你马上可以看到一层层的横纹肌。肌肉的排列错综复杂，看上去显得杂乱无章，然而系统中的每一块肌肉都有其特定的任务。你已经习惯于称它们为"随意肌"（voluntary muscles）——受你的"意愿"支配，但是，如果你研究一下它们的活动，就很快会发现，你想做的是举起手臂，弯曲手指，跳跃，奔跑或弯腰。现在，当那些动作出现时，整个肌肉系统就会发生反应。肌肉总是成群运作的。例如，你也许会伸手去拉下窗帘。你认为要完成这一动作需要手臂和手指的参与，但是实际上，人体全身的肌肉都会参与活动。在你从事这一简单动作之前，整个身体必须呈现一种新的状态或姿势。接下来，你弯腰去拾地上的一枚针，这时人体的每一块肌肉又会迅速发生变化。

若要详尽论述骨骼肌，还必须提到与之联系密切的人体骨骼。在我们的人体中，大约有200块骨头。有些骨头彼此紧密相连，固定不动——例如，头盖骨。另外一些骨头构成能进行少许运动的半运动（semi-mobile）状态，例如，内含脊髓的脊椎骨和肋骨。还有一些骨头，像肘关节、膝关节、肩关节、髋关节等，它们可以朝一个方向或几个方向灵活运动。我们的横纹肌通过结缔组织（以上我们已作过论述）与这些骨头相连。大多数肌肉一端连接着骨头，另一端（直接或通过肌腱）连接着相邻的骨头。我们的有些运动需要整个身体慢慢伸直，例如，当我们站在足球上时，我们需要挺直身子。有些弧形运动需要很大的速度，例如，拳击中手臂的运动。

如果我们朝着一个特定的方向运动我们的肢体——例如，弯曲肘关节，那么这个活动所需的每一块肌肉或肌肉群（屈肌）会相应地有与之相反的肌肉（伸肌）作伸展手臂或使手臂伸直的运动。通常肌肉在接受来自大脑或脊髓的运动冲动时，会保持一定程度的肌紧张。可以用这样的事实证明：当腹部的静态肌肉被切断，断开的肌肉会向两端收缩。肌肉及其对抗肌（antagonist）的紧张使我们的动作匀称精细、自然流畅。当来自大脑或脊髓的运动神经冲动使我们举起手臂，这时屈肌会发生收缩；但与此同时，对抗肌则出现紧张减轻的情况。当特定的肌肉收缩发生时，肌肉会逐渐恢复其正常的大小和形状（放松状态）。

当我们的肌肉像一架机器那样运作时，它的效率如何呢？——认真的测试表明，当肌肉系统像一架机器那样进行运作时，它的效率相当于蒸汽机。由卡耐基学院营养实验室（Nutrition Laboratory of the Carnegie Institution）测定的净功率（net efficiency）为略高于 21％，而一架蒸汽机的净功率在 15％～25％之间。

肌肉所需的营养：营养状况良好的肌肉含有一定数量的由血液循环带来的贮存食物。在血液中，这些食物以血糖（blood sugar）的形式存在着。肌肉组织能将这些血糖转化成糖原[（glycogen），这种糖原称为动物淀粉（animal starch）]。以糖原形式在肌肉中贮存的食物，在肌肉进行运动时，会被逐渐消耗。当原先贮存的食物被完全耗尽时，肌肉就会依赖由进一步的血液循环带来的血糖。无管腺（ductless glands）帮助肌肉增加食物供给，以下我将为大家作介绍。

肌肉产生的废物和疲劳：当肌肉进行工作时，在肌肉内会发生化学变化，结果产生二氧化碳（carbon dioxide）、乳酸（lactic acid）和其他一些酸性物质，还会带来许多"疲劳引起的副产品"。最后，肌肉无法继续工作。这时无管腺会抵消疲劳产生的副产品，以便援助肌肉（并给处在工作状态的肌肉增加血液供应，加速清除疲劳产生的副产品）。肌肉工作中最重要的过程就是消耗所贮食物的过程。

肌紧张——已经收缩的肌肉在短暂休息后可以再次收缩（除非它不再继续工作）。休息为消除疲劳并使血液带来新鲜的营养供给提供了时间。如果肌肉过度运动——过度肌紧张——那么恢复的时间就会很慢。然而，肌肉本身很少会因为过度运动而受到伤害，至少，在恢复能够产生的意义上来说是如此。

练习的效应：肌肉如果不被运用，其作用就会很快消退，甚至发生萎缩。缺乏锻炼意味着缺乏良好的循环，缺乏良好的循环意味着营养供给不足、废物排除不尽。如今，所有卫生学都认识到了为使肌肉保持良好状态而进行运动锻炼的重要性。对于繁忙的人们来说，卫生学家会建议他们进行简单的训练活动：而对于其他人来说，则建议他们加大运动量。有些人具有较多的空闲时间，卫生学家建议他们进行户外运动，而对那些长期使用某些特定的肌肉来从事活动的人们，则建议每天进行一定的活动以锻炼其他一些肌肉。一些社会机构，例如人身保险公司和商业组织，为正规的健美锻炼提供了方便。现在，人们已经达成一种共识：通过锻炼提高肌肉的健康，特别是使体内所有重要的内部器官健康。我们相信，经常性的合理锻炼可以使老人们长期保持青春，使他们比实际年龄看上去年轻；而年轻人则会显得更加青春美丽。

行为主义者特别重视这样的事实：强调运动的作用，能使肌肉柔和滋润，延长生命——总之，使你青春长驻、更加年轻。

平滑肌或非横纹肌系统：平滑肌主要参与人体内部器官的构成——相对于横纹肌来说，你可能不大熟悉。在讨论平滑肌之前，让我们先来看看人体"内脏"（viscera）的示意图——"内脏"是一个在行为主义心理学中应用很广的术语，这一术语之所以应用广泛，是因为我们逐渐认识到内脏器官的变化是引起人体许多主要反应的刺激。我们常常对某种反应无法说出其所以然。这时，引起反应的刺激可能是来自内脏的（形状或大小的变化，或者化学条件的变化）。

让我们在内脏的一般含义上扩大其外延，它包括：嘴、咽喉、食道、胃、小肠、大肠、心脏、肺、膈、动脉和静脉、膀胱、输尿管；性器官；肝脏、脾脏、胰脏、肾脏和人体的所有其他腺体。这样的扩展并不符合严格的科学分类，但是我们需要一个包括我们人体所有内部器官的心理学术语。

除了腺体（我们将在下文中讨论①）之外，平滑肌组织在以上提及的这些内部器官的构成上占有主要地位。

许多内脏器官是中空的［我们有时称之为中空器官（hollow organs）］，这些中空器官一般都是充满的或部分充满的：胃（食物），肺（空气），心脏、动脉和血管（血液），小肠（经过消化处于吸收过程的食物），大肠（排泄前的废物），膀胱（尿和其他一些液体），等等。中空器官的重要性还在于——它们会因为填塞得太满或空空如也而"提出抗议"——它们的内含物不停地运动，不断地改变。因此，它们不断地作出反应，而每个反应又形成一个能引起整个人体作出反应的内脏刺激。让我来具体描述一下。胃壁是由几层平滑肌构成的。当食物处于胃囊中时，胃壁是正常舒展的，肌肉也是舒展的。几小时之后，体内的食物开始进入小肠，这时胃就空了。于是，胃立即开始有节奏地收缩。这种有节奏的收缩作用［称为饥收缩（hunger contractions）］会使我们去寻找食物——有人甚至会因为饥饿而去偷盗、杀人。图 3-11 所示的是整个消化系统——嘴、胃、大肠和小肠。图 3-12 所示的是胃的一个横截剖面图。在膀胱和结肠中，情况则恰巧相反。当这些中空器官装得太满时，器官壁会膨胀，产生强有力的刺激，从

---

① 请不要忘记，在内脏里我们还有结缔组织、上皮组织和神经组织。平滑肌组织至少在数量上决定了这些器官。

而带来明显的反应——使我们去找地方排泄。输精管的膨胀会引起男性的性行为。①

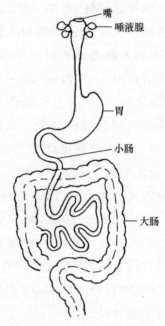

图 3-11　消化系统示意图

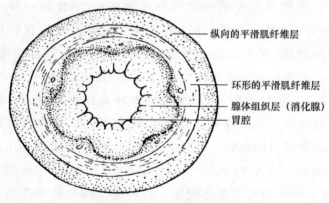

图 3-12　胃的横截剖面图

---

①　在女性身上，看来没有导致性活动的压力，或者说缺乏这方面的压力。但是，我们知道，在某些雌性哺乳类动物身上，有着季节性发情；在人类女性身上，有着每月一次的月经。也许，女性在怀孕时，会出现某些腺体的分泌(可能是无管腺的分泌)。怀孕在平滑肌内产生周期性或节律性的变化，而这些变化可能充当着性活动的刺激。我提出这些事实用以表明，在女性身上，对性活动的无条件刺激要比男性少得多。从生理学角度看，也许这是解释男女之间性水平差异的一个理由。这种差异过去尚未探明，现在也不是十分清楚。

心颤、心悸、心动过速等会导致一些明显的症状——缺氧、发热、发冷等等，也会导致我们膈和肺的活动发生显著变化。

我认为，有关平滑肌器官我们已经谈了很多。我们知道，在这些器官中，每秒钟都会发生数千次的反应，而内脏的每次反应都会作为一种刺激（因为内脏也与感官结构相连）唤起一般的身体活动——例如，它们能唤起横纹肌的运动。

我们的"环境"——我们的刺激世界——不仅有外部的对象，包括视觉的物体、听觉的物体和嗅觉的物体，而且还有内部的对象——饥收缩、膀胱膨胀、心悸、急促呼吸、肌肉变化等等。[①]

你们也许会认为我已经偏离了主题——我们讨论的是平滑肌。我已经有意地避免赘述。关于平滑肌是如何参与所有这些器官活动的，对我们来说实在是一个很大的主题，很难用简短的篇幅叙述清楚。但愿我已经就平滑肌在人体中的作用或多或少给予大家简洁而又如实的叙述。我还想补充一点——我们发现皮肤中有平滑肌——这就是皮肤起"鸡皮疙瘩"的原因；眼睛中有平滑肌，可以改变瞳孔的直径；甚至在人类的毛发中也有平滑肌。此外，在人体的其他许多部位也有平滑肌存在。

从生理学上说，平滑肌与横纹肌在许多特征上存在不同之处。但主要事实是相似的，都有收缩、舒展、潜伏期和恢复现象。

在下面一讲中，我们将讨论大家都感兴趣的问题——腺体的结构。

---

① 这些有力的内脏刺激被许多心理学家称做"内驱力"（drives）。为了使其更具戏剧性，它会成为活力论（vitalistic）。哥伦比亚大学（Columbia University）的伍德沃斯（R. S. Woodworth）教授在这方面犯有特别的过失。

巴甫洛夫的讲座很受欢迎。

威廉·冯特 (Wilhelm Wundt) 在讲课。

第四讲　人体(Ⅱ)

人体各部分的结合及其运作：
腺体在日常行为中所起的作用

· *The human body（Part Ⅱ）* ·

　　本讲的内容可以部分解释下面一些为什么：为什么心理病理上的行为障碍是由于长期处于一连串不幸的条件刺激侵袭的环境中造成的；为什么我们一旦脱离这种环境就会重新恢复健康。有时，我们通过言语组织将旧环境带入新环境中去。当我们到了一个新环境，要用新的语言和建立新的活动时，最好的方法就是通过废弃（disuse）来消除旧环境中显著的活动，使旧的言语失去其支配作用。许多年轻的精神病患者和许多年轻的罪犯通过这种方法得以治疗和改造——甚至当我们为希冀之事缺乏明确的计划而盲目工作时，也可以采用这种方法。我认为，沿着这些线索更加明确地进行研究工作，目前已成为可能，尤其是在儿童领域中——困难儿童、低龄犯罪者。

华生与罗莎莉

华生与罗莎莉的两个儿子

华生与他的爱马"shadow"

作为反应器官（reacting organs）的腺体：你原先也许并不认为腺体像反应器官一样具有特别重要的作用。如果我在你面前剥洋葱或释放催泪性气体，你可能不会逃跑，但你的眼睛却开始掉泪。同样，如果疼痛的刺激十分强烈，眼泪也会掉下来。掉泪的反应可以被条件化——悲伤的消息会引发一连串的眼泪——3 岁小孩只要一见到医生就会哭鼻子。这类反应，不管是真是假，确实让我们中的许多人从父母的棍棒底下屡屡得以逃脱，或是填满了乞丐手里的钱钵，或是为政客们赢得了大量的选票。女性的眼泪还不止一次地改变了王国的命运。

如果我把你带到一个闷热的房间里，你的皮肤里的汗腺就开始活动；你的嘴巴开始湿润或干渴；这是由于唾液腺的过度分泌或分泌不足造成的。现在，你至少可以明白腺体是我们行为的器官——它们是重要的反应器官。它们与内脏（viscera）密切相关——形成内脏系统的一个组成部分。它们基本上不是肌肉器官[尽管也存在一定的平滑肌纤维（smooth muscle fibres）]。你们也许还记得，在上一讲里，我已经提到过腺体实际上是由高度特殊化的上皮组织（epithelial tissue）构成的。当它们作出反应时，不会像横纹肌（striped muscles）或平滑肌那样发生收缩，而是分泌液体。

管状腺（duct glands）：如果想把每一种腺体具体化，阐述它们的构成情况，以及它们如何起作用，那势必会扯得太远。我们还是把它们划分为管状腺和无管腺（ductless glands）两大类型。管状腺有一根小管从腺体一直通到体外（例如，汗腺）或通到内腔（例如，唾液腺）。它们一般分泌一定数量的这种或那种液体或固体（例如，内耳中的耳垢）。整个消化道排列着一些小腺体——一切具有黏液（mucous）的器官，例如，鼻孔、口腔、舌、性器官等等，都因为黏液腺作用而保持湿润。

有许多管状腺有助于我们消化食物。口腔内的唾液腺分泌出唾液，有助于消化过程的开始。胃囊中几种不同类型的腺体有助于消化过程的继续。然后，在小肠内或附近的腺体，分泌出液体来帮助消化过程的完成。在这些腺体中，主要有胰腺（分泌胰液），肠壁上的腺体（图 4-1 呈示了排列在肠壁上的腺体细胞），肝脏（分泌胆汁）。人体的大腺体之一是分泌

◀华生的第二段婚姻虽然短暂，但很幸福。妻子病逝后，他最喜欢在农场与动物为伴。

尿液的肾脏。

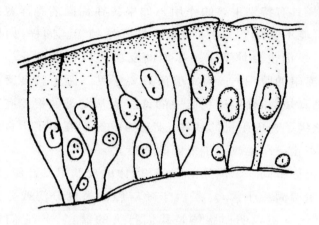

图 4-1　上皮细胞组合成肠壁组织

　　诱发腺体反应的无条件刺激来自感觉器官（sense organ）。换言之，分泌反应（secretion responses）像运动反应（motor responses）被唤起的方式一样（通过感官刺激）被唤起。

　　通过上述管状腺的简短说明，你们还会坚持腺体分泌与人类高级行为形式没有多大关系的看法吗？你们会同意我关于"低级分泌反应可怕地控制着我们所谓的高级行为形式，尤其是当它们中的一种或几种失调时"的说法吗？有时，唾液腺分泌过度或分泌不足；如当我们着凉时鼻腔中的小黏液腺会过度分泌；消化道分泌失调或分泌不足使喉咙干燥过敏；肾脏过度分泌，膀胱充盈，性器官分泌物过多——所有这些都会改变我们的整个行为。甚至我们的社会行为也与之相关。如果位于内脏各壁腔的腺体出了差错，我们可能会伤害朋友的感情，糟蹋一份好的工作，甚至失业，并且还可能更加糟糕，而我们却无法解释造成这些差错的原因。我将重申我们不能用言语来描述内脏和腺体的反应。

　　无管腺［有时称做内分泌器官（endocrine organs）］：近年来，生理学界和医学界集中了大量精力探讨令人难以捉摸却又不断引起人们兴趣的无管腺构造。正如我们所看到的那样，管状腺通过管道开口分泌液体。这些分泌反应主要取决于它们的活动。再者，分泌的数量可以测量。

　　无管腺的情况就与此不同了。尽管腺体也有可能很大，例如，甲状腺，但其分泌物是微量的——由于数量过少，以至于无法用已知的生物方法采集或直接测量。

　　而且，这些腺体没有外部开口。那么，它们的分泌物是怎样释放进入人体的呢？答案可能已经给你们了。把这些（封闭的或无管的）腺体看做一个化学实验室——每一个腺体都在制造微量的但却有力的化合物或化学物体（有些是我们现在才知道的）。当血液流经这些腺体细胞，会把化学物质带走，并运送到其他器官；有时，则是间接地从发生分泌的腺体中将其带走。这些微量化学物体能够唤起人体许多其他器官内的活动。我们给这些无管腺的分泌物取一个名称——激素（hormones）——其含义是指能够激发或唤起活动的物质。激素是腺体激发或抑制人体另一部位（通常是被唤起或被抑制的另一种无管腺）的活动的化学递质（chemical messengers）。我们对无管腺分泌的了解主要集中在它们像药物作用于人体那样的活动上。无论在人体基本营养还是人体生长方面，它们都起到了非常重要的作用。同样，它们在人类一般行为方面也起到了十分重要的作用，正如我们下面将要看到的那样。

最重要的内分泌腺（endocrine glands）：最重要的无管腺是（1）甲状腺（thyroids）和甲状旁腺（parathyroid）；（2）肾上腺体（adrenal bodies）；（3）脑垂体（pituitary bodies）；（4）松果体（pineal body）；（5）所谓的发身腺（puberty gland）。此外，像外分泌（external secretions）一样，还有另外一些腺体，例如，胰腺、肝腺、胸腺等等，但是上述五种是比较重要的。

甲状腺：男子在喉结以下顺着气管摸，就可以感觉到甲状腺的存在。女人没有喉结，但她们可以在相应的部位感觉到甲状腺的存在。这是一种相当大的腺体。腺上有两叶通过横跨于气管之前的桥梁般结构而联结。它主要由特殊的上皮细胞构成，无管，在它上面有着众多的直接通往腺体细胞的血管与神经纤维。

这一腺体可以分泌一种极为有力的化学物质。这一化学物质已经通过实验被提取，并能在实验室中制造。我们称之为甲状腺素（thyroxin），它含有 60％的碘（iodine）。

甲状腺素对生长发育的作用：如果一个孩子生下来就伴有甲状腺素不足或缺乏，他将是一个呆小病患者（cretin，又称愚侏）——生长停止，骨骼无法坚固（不完全骨化），皮肤干燥，头发干枯而无光泽，生殖器官无法发育。正常行为明显受到影响，只能学会最简单的事情。随着年龄增长，这种情况无法得到改善，其反应保持婴儿状态。

如果成人由于疾病而导致甲状腺素缺乏，那么，他们在身高体形上不会受影响，但会出现其他一些破坏性症状——皮肤苍白湿冷，头发干枯脱落，体重下降，一般性活动能力降低。

感谢现代生理科学的发展,使成人和儿童因此获得信心。儿童确实可以通过摄入绵羊甲状腺或定期摄入小量的甲状腺素来重新恢复正常生长。在这两种摄入情形里,摄入的过程必须持续终生。

有时,甲状腺会亢进(over developed),释放过量的分泌液。这时人体活动水平提高,所有机体活动过程加速(格雷夫斯病,Grave's disease),血压升高,心跳加快。个体表现为活动过度,容易激动,经常失眠。在这种情况下,一般采用外科手术治疗——即切除部分甲状腺。现在,更多采用的方法是"特殊摄入疗法"。碘——令人轻松的处方——使人从传统的手术治疗中解脱出来,获得安宁和自由。

一般来说,甲状腺的作用好比整个人体的统帅。如果分泌过度,人体每个细胞的活动性会提高;如果分泌不足,人体每个细胞的活动性会降低。

一切行为主义者对生理学家就腺体问题所能告诉我们的每件事情都感兴趣,是不是有些奇怪?

甲状旁腺:在甲状腺每叶附近(有时置于小叶内),有两个如豌豆大小的结构(总共有 4 个)。这些结构是由特殊的上皮细胞构成的固体块结构。甲状旁腺的确切作用尚待证实,但我们清楚切除甲状旁腺会有什么样的后果。偶尔,在切除有病的甲状腺时,甲状旁腺会因故而被切除。如果被完全切除,会导致死亡,无论在人类还是在其他哺乳类动物身上都是如此。随着甲状旁腺的切除,动物表现出肌肉震颤——痉挛,收缩不协调,体温升高,呼吸急促,呕吐腹泻,最后导致死亡。现在可以确认,甲状旁腺的分泌物具有监督和抑制神经系统活动过度的作用(抑制神经细胞活动)。看来它的分泌物对骨骼组织和牙齿构造所需钙的存积也具有一定的影响。在少数病例中,有些小动物在切除甲状旁腺后尚能生存几周。这些动物表现出骨质疏松,牙齿松动。甲状旁腺素(从绵羊甲状旁腺上提取)的摄入可以使这些因切除甲状旁腺而遭痛苦折磨的动物生存下来,但尚未找到令人满意的方法来使这些动物长期存活。至今还不能分离从甲状旁腺中提取的化学物质。

肾上腺:肾上腺位于肾脏附近,左右各一。切除肾上腺,会导致死亡。切除左右肾上腺,动物会出现肌无力症状,体温下降,心跳减慢,一般在 3 天后死亡。

肾上腺所分泌的物质[来自它的一个部分——髓质(medulla)]已经由约翰·霍普金斯医院(Johns Hopkins Hospital)的埃贝尔(Abel)和其他一

些人提炼成功。我们称之为肾上腺素（epinephrin）。

在情绪激动的情况下，会有相当数量的肾上腺素释放出来并进入血管。在强烈的情绪兴奋状态下（例如，"恐惧"、"愤怒"、"悲痛"），会出现持续强烈的肌肉作用。

在兴奋性刺激情况下，肌肉作用增强的原因主要有以下几个因素：我刚刚提到在肝脏里贮存着一种食物，称做糖原（glycogen）。我们已经知道，在情绪激动的情况下，血液中的肾上腺素含量会增加，而肾上腺素能分解肝脏中的糖原，并以血糖（blood sugar）形式释放进血液中，血糖作为备用的食物被输送给正在工作的肌肉。血液中的肾上腺素还会引起动脉血管扩张，并使处于工作状态的肌肉中的血流量加大，流速加快。此外，它还能迅速清除因肌肉活动而快速累积起来的废物。哈佛大学（Harvard University）的坎农（Cannon）教授发现了肾上腺机制（adrenal gland mechanism），这种机制能使动物奔跑起来更为迅速，争斗起来更为剧烈、持续时间更长。对人类来讲，这种机制在充满敌意的环境里是激发争斗的生物因素。

脑垂体：这一很小的组织位于大脑的后下方。如果在口腔上腭的后部打开一个小口，你首先可以看到的是脑垂体，然后是大脑。它的构成可以分为前部（anterior division）和后部（posterior division），每一部分都可看做是一个独立的腺体，分别释放一种（或几种）特殊的激素。

脑垂体前部或前叶：如果切除前部或前叶，人会在几天之内死亡。体温下降，步履不稳，憔悴，腹泻。当年轻时由于疾病而使前叶部分分泌过量时，整个人体会生长过度，造成巨大畸形（你可能在马戏场里见过这种生长过度的巨人）；当成年后出现分泌过度时，脸和四肢的骨骼会出现肥大症状。

至今还没有人成功地提炼出此类激素。从脑垂体前叶提取垂体部分看来效果甚微。目前，我们所能掌握的医学证据表明，脑垂体前叶的分泌物对人体的骨骼和结缔组织的生长会产生深刻的影响，这一点是毋庸置疑的。

脑垂体后部或后叶：切除后叶不会引起死亡，但在新陈代谢（人体吸收食物的途径）方面会发生显著变化。人体会大量吸收糖类，这样很快就出现肥胖。切除小动物的脑垂体后叶，性腺的生长发育会受阻，行为上恰似太监或阉人（eunuch）。

尽管后叶所释放的化学分泌物尚未得到提炼，但是提取干的腺体提取物能产生显著的效果。心跳减慢，血压升高（效果与肾上腺素有些相似）。主要效果在于所有非横纹肌活动增强。另一特殊效果在于引起子宫肌肉的收缩（通常用于妊娠生产时）。这一部分的提取物对肾脏和乳腺会产生独特的刺激作用。像肾上腺素一样，提取物能加速分解肝脏中所贮存的糖原，并以血糖形式供肌肉活动之用。

松果体：一个位于大脑之中的微小腺体。在人出生后第七年它达到最为积极的发展阶段，而后开始萎缩，腺体组织逐渐消失。据推测，这一腺体在生命早期能分泌化学物质以控制性器官的发育，直至青春期。另一个位于颈部的无管腺——胸腺（thymus）与其共同发挥这一作用。胸腺在青春期左右甚至更早会逐渐消失。

发身腺：性腺除了提供用于生殖的外分泌物外，同时也提供无管腺分泌物或激素。提供外分泌物的细胞称为生殖腺（gonads）（是真正的生殖细胞）。位于这些性腺细胞或生殖细胞之间的是许多称之为间质细胞（interstitial cells）的小细胞。后者向血液释放激素或无管腺分泌物，并通过血液循环到达身体各个部分。这组间质细胞成了所谓的发身腺。

这一腺体一直受到医学界和公众的普遍关注。所有称做"复壮的手术"（rejuvenation operations）都与之相关。

如果切除青年男性的这一腺体（或这组间质细胞），他们会长得很高，脸上无胡须，声音不会变得浑厚。这种情形就像被阉割了一样，没有性攻击行为。而对女性来说，切除这一腺体的影响没有男性来得显著。

更多的证据表明，切除发身腺比切除生殖腺更能有效地控制个体的性攻击和各种形式的性行为。

换言之，来自发身腺的激素能活跃男性和女性的性活动。缺乏这种激素，我们就会缺乏性活力和性生活中我们称之为激情的东西。

最近几年，人们认识到可以通过手术方法恢复老年男性和女性的性生活。巴黎（Paris）的塞奇·沃罗诺夫（Serge Voronoff）博士采用了一种方法，为老年雄性动物嫁接同种系（或相邻种系）年轻强壮雄性的睾丸。他认为，嫁接上的睾丸可以向血液释放激素，以恢复性活力和性生活。你们可以看到，无论腺体组织被嫁接到身体的哪一部分，它都能向血液释放分泌物，并为身体的必要组织提供性动力。但是，恢复活力后的老年男性能否使妇女怀孕，还要看睾丸和生殖细胞是否仍具有生殖功能——即睾丸能否提供有活力的精子。至少要有勃起，并达到性高潮（男子性行为的本质特征），这样性生活才能得以延续。

另一项利用生殖腺激素以增强生殖力的手术是由维也纳（Viennese）外科医生斯坦纳赫（Steinach）进行的。他发现，如果输精管被结扎以阻止精子的释放，那么这些性细胞便会在体内萎缩①——而间质细胞却不会。这些细胞在大小和数量上有明显增加——从而引起它们的活动的增强。通过这种手术，业已失去活力的男子能显著恢复他们的性生活。当然，他们失去生育能力，因为精子无法产生，即使能产生也无法释放。

关于延长性生活年限的尝试，若要预示其社会效应还为时过早。对妇女来说，这些手术的效果尚不清楚。在男性手术案例中，我们还不知道其永久效果如何。如果构成激素的化学物质能够通过实验加以提炼，如果它能像甲状腺素一样通过嘴巴来产生效应，那么这也许能够极大地缓和中老年人的自卑和焦虑。

无管腺的活动能否被条件化？我们在研究其他一些反应器官，如横纹肌和非横纹肌，以及管状腺时发现，它们的活动是能够被条件化的——例如，可以在它们中间建立习惯。目前，尚没有明确的证据表明无管腺能够被条件化。既然这些激素的作用类似强效的药物——既然它们控制着人体的生长、发育及其速度——那么了解它们是否能够被条件化是极其重要的。它们可以被条件化，那么社会就有责任认真关注婴儿和儿童的早期家庭训练。这是前所未有的事。这些分泌物的过量或不足，或者分泌失去平衡，都将使儿童的生长发育偏离正常的行为路线。

虽然缺乏实验的证据，但我个人确信这些腺体是可以被条件化的。我们知道，引起反应的无条件刺激，例如害怕、愤怒等等（例如，猫被一条狂吠的狗所钳制、撕咬和蹂躏）能引起肾上腺的分泌。现在，我们知道，害怕和愤怒的行为是可以被条件化的。我们同样有理由认为，发身腺可以在无条件性刺激的作用下直接发生活动。由于我们知道积极的性行为是可以被条件化的，因此我们就有充分的理由坚持发身腺活动是可以被条件化的。有证据表明，在我们称之为条件反射的整个身体过程中，无管腺始终与之密切相关——条件刺激可以引起无管腺的分泌过量或分泌不足。

也许上述内容可以部分解释下面一些为什么：为什么心理病理上的行为障碍是由于长期处于一连串不幸的条件刺激侵袭的环境中造成的；为什么我们一旦脱离这种环境就会重新恢复健康。有时，我们通过言语

---

① 有些生理学家声称，当生殖腺（性细胞）被结扎时，它们并不会萎缩。

组织将旧环境带入新环境中去。当我们到了一个新环境,要用新的语言和建立新的活动时,最好的方法就是通过废弃(disuse)来消除旧环境中显著的活动,使旧的言语失去其支配作用。许多年轻的精神病患者和许多年轻的罪犯通过这种方法得以治疗和改造——甚至当我们为希冀之事缺乏明确的计划而盲目工作时,也可以采用这种方法。我认为,沿着这些线索更加明确地进行研究工作,目前已成为可能,尤其是在儿童领域中——困难儿童、低龄犯罪者。

小结:请不要对这篇冗长的讲稿感到不知所云。让我们来简要地回顾一下,我们一开始对基础细胞和它们所构成的基础组织进行了探讨,然后,我们又谈了由这些组织构成的器官。其中有感觉器官,即刺激作用的地方。对此,我们已经加以研究。还有反应器官——横纹肌、非横纹肌、管状腺和无管腺——所有这些我们也已进行了探讨。另外还有一种器官——传导器官(conducting organs)——也即神经系统。它的作用就是将神经冲动由感觉器官传导到反应器官——肌肉和腺体。为了完成这一工作,它必须具备一系列神经细胞(及其纤维),从每一感官到达中枢神经系统(大脑和脊髓),再由中枢神经系统到达肌肉和腺体。今晚,在结束我们关于人体的探讨之前,让我们来看一看人体中这一极其重要的组成部分。

神经系统是如何构成的:我已经向你们介绍了单个的神经细胞及其纤维,并向大家展示了有关它们的一些图片。现在,整个神经系统就是由这些神经原按照从感觉器官到达反应器官这样的排列组合构成的——大脑和脊髓这些中枢器官也不例外,因此我们必须把它们看做由感觉器官到反应器官这条道路的一部分。自然,在作为整体的神经系统中,尤其是在大脑和脊髓中,存在着支持性结构——结缔组织膜(connective-tissue membranes)——血管,等等。

由感觉器官到反应器官的最简单通路——短反射弧(short reflex arc):由感觉器官到反应器官的最简单的功能性通路称为短反射弧。试想我的指尖一碰到带有电流的铁板就会有灼痛感。在我还没来得及喊出"哦"的一声,手已缩回来了——这就是我们所说的反射。在这一动作中(从理论上说)只有三个神经原参与活动——一个由皮肤到脊髓,称做传入神经原(afferent neurone);一个在脊髓内(并不伸展到脊髓外),称为中枢神经原(central neurone);一个由脊髓到手的肌肉,称为运动神经原(motor neurone)。请试着考虑一下成百上千个连接皮肤和反应器官的短反射弧。这些短反射弧为对危险刺激作出迅速反应提供了一个直接的联系——弧形排列（segmental arrangement）。

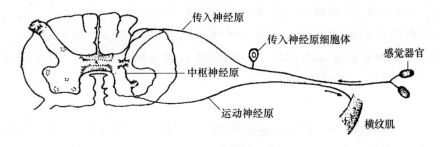

图 4-2　短反射弧图解

　　长反射弧通路：无论神经冲动的通路有多么复杂，上面描述的短反射弧的两个基本要素是必备的——也即由感觉器官到脊髓或大脑的传入神经原（现在请注意，大脑通过这些短反射弧与某些反应器官连接，例如，眼睛、耳朵、鼻子、舌头、半规管、头脑的皮肤，以及一些内脏和横纹肌中的反应器官结构）；由脊髓或大脑通往肌肉和腺体的运动神经原。无论我们何时对刺激作出反应，反射弧的这两个基本要素是必备的。

　　现在，由于有些反射弧中包含有一个或更多的中枢神经原，从而使神经通路变得更长、更复杂。有时，脊髓和大脑中的通路非常复杂。试想，现在我们要求进行这样一个反应：我下楼在黑暗中找一支铅笔。我刚才把它放在书房桌子上的，我伸出手，触到一个圆圆的滑滑的东西。我触摸它的尖端，不是的。我大声嚷嚷："是我大儿子的玩具！"我扔下它，继续找。我又碰到另一个圆东西，它有一个尖尖头。我触摸它的另一端，上面并没有橡皮头。我又说："原来是一根婴儿车上的棒棒。"我扔下它，再继续找。最后，我摸到一根圆圆的东西。它的一端是尖的，另一端有一个橡皮头。我抓住它，站起身，然后上楼继续写字。请注意，这类反应涉及一系列调节：手部肌肉、腿、躯干都参与活动；需要一个以上的身体部分参与；许多身体部分必须共同合作参与，共同完成动作。这是一个整合（integration）过程——也即将身体各部分组合起来。要完成整合过程，我们需要有中枢神经系统——不仅仅在某个感觉器官和单组肌肉之间建立一个开放性联结——我们需要一个复杂的神经通路系统——需要大脑和脊髓。

　　神经冲动的性质：神经通路传递的是什么？是产生于感官"化学工厂"的神经冲动。本质上，它是一种类似于一系列局部电流的物质〔有人将它科学地描述为本质上类似于电流的化学分解波（wave of chemical decomposition)的快速传递]。我们知道,它以每秒 125 米的速度传递。我们进一步了解到,如果神经原缺氧,它们将无法传递神经冲动——我们知道,神经原在积极活动状态下要比在休息状态下释放出更多的 CO_2(二氧化碳)。虽然我们并未全面地了解神经冲动的本质特性,但我们已足以确信它是一个普通的物理化学过程,在实验控制下会很快失去其神秘感。

我们在本讲中所说的内容涉及面很广,但你们有没有发现你们现在对人体已有了全面的了解?你们是否发现,尽管你们还不能完全掌握,但至少对它的主要功能已有所了解?不知这篇概述对建立你们的心理学基础是否有所帮助?

现在,让我们用百来个字概括一下我们的主要结论:人体是由细胞及其产物构成的。这些细胞构成基础组织,这些组织再构成更大的结构,也即器官,每一器官都有特定的统一性(unity),并表现出特定的功能。这样的一组组器官有:(1)感觉器官——皮肤、眼睛、耳朵、鼻子等等(不要忘记,有些感觉器官是无法直接从体表观察到的——例如,隐藏于肌肉、肌腱、内脏中的感官);(2)反应器官——横纹肌或骨骼肌;非横纹肌和腺体(主要构成内脏);(3)联结器官,称为神经系统,包括从感官到大脑或脊髓、从大脑或脊髓到反应器官的通路——请不要忘记,在大脑和脊髓里有着极其复杂但并不神秘的通路。

整个人体的构成可以概括为迅速地(如果需要的话,还有复杂)对简单和复杂刺激作出反应。

在下一讲中,我们将探讨人类的一些非习得的胚胎式反应(unlearned embryological reactions)——一些在训练之前获得的行为。我们通常称这些反应为本能(instincts)。现在,我们怀疑它们是"天生的"和"遗传的"反应。它们显然是胎儿生活所提供的复杂刺激的结果(它们在逐步形成时改变着结构,正如锻炼造就了铁匠般的手臂和身躯)。

第五讲　是否存在人类的本能？（Ⅰ）

论天才、倾向，以及一切"所谓"心理特质的遗传

Are there any human instincts? (Part Ⅰ) ·

在本次讲座里，我将利用另一事实，它是最近刚刚由行为主义者和其他一些动物心理学家发现的。也就是说，习惯形成可能从胎儿期就开始了，环境对人的影响从很早起就开始了，这一事实使得哪些行为是遗传的，哪些行为是习得的旧观念不攻自破。出生时就有巨大的结构差异，以及出生后习惯的迅速形成，所有这些，可供你用来解释许多所谓的"心理"特征的遗传。

1930 年，华生与克拉伦斯（Clarence Darrow）

1928 年华生出版了他最畅销的图书

1935 年的华生

引言：在接下来的几讲里，我将探讨人出生时的行为能力——这是人类心理学的一个核心问题。

根据人类的本性，在需要确认的事实并不充分时，会先设定一个主题（thesis），然后再试图通过逻辑论证来证明它。对于所谓的人类本能（instincts），我没有充分的事实依据；所以，下面几讲既是已有事实的逻辑呈现，又是一个我试图予以探讨的主题。

提 出 主 题

人是生来具有特定结构的动物。由于这种结构，人生来便能用某种方式（例如，呼吸、心跳等等。我可以给你们列出一大串）对刺激作出反应。一般来说，这类反应对我们中的每个人来说都是一样的。然而，也存在某些变异（variation），特别是结构上的变异（当然，包括化学构造上的结构）。当人类在几百万年之前第一次出现时，已经有了现今的这类反应及其变异。让我们把这类反应称做"非习得的行为"（unlearned behavior）。

在这些相对简单的人类反应中间，并不存在与当今心理学家和生理学家称之为"本能"的反应相一致的东西。这样一来，由于对我们来说不存在本能，所以我们并不需要这个心理学术语。今日，我们习惯上称之为"本能"的东西大多是训练的结果——属于人类的"习得行为"（learned behavior）。

因此，我倾向于认为并不存在所谓能力（capacity）、才能（talent）、气质（temperament）、心理构造（mental constitution）和性格（characteristics）的遗传。这些都是摇篮时期训练的结果。行为主义者不会说："他继承了父亲的剑客能力或才能。"他会说："这孩子有他父亲一样的体格，眼睛长得也很像。太像他父亲了。——他父亲很爱他。在他 1 岁时，他父亲就给了他一把小剑，在指导他学步时就教他剑术的语言，如何攻击如何防守，等

◀华生在汤普森公司时是一位出色的广告商，《纽约客》杂志称其为"该公司最好的名片"。

等。"因此,成人行为样式的原因在于早期训练。

支持这一观点的论据

让我们把人作为一个整体的动物来开始我们的探讨。当他反应时,他是用身体的每一部分在反应。有时,他身上某个肌群、腺体群活动较多。这时我们说他在做某事。我们对这些活动有着许多称呼,比如呼吸、睡眠、爬行、走路、跑步、打斗、哭叫等等。但是,请不要忘记上述活动都需要整个身体参与。

我们还必须指出,人是哺乳类动物——灵长类——有两条腿,两条臂,两只灵巧的手。有 9 个月的胎儿期,婴儿期很长,童年期发展缓慢,少年期约有 8 年,整个生命进程大约历时 70 年。

我们发现,生活在热带的这种动物,裸身于露天,吃易于抓获的动物、野生水果和杂草。我们发现在温带,他们则住在豪华的有暖气的房子里。我们发现,男性总是头戴帽子,女性总是身着鲜艳的服装。我们发现男性热衷于工作(女性则很少干活),干活的范围很广,从挖地洞打井到建筑水泥、钢筋构成的高层建筑。我们还发现,在北极地区,人们穿着皮毛服装,吃油性食物,住在冰雪做成的房子里。

我们发现,不同地区的人做着不同的事情,有着不同的风俗习惯。在非洲(Africa)黑人之间有时互相蚕食;在中国(China),人们主食大米,使用筷子。在其他一些国家,人们用刀叉吃饭。对澳洲(Australian)丛林中的土著人来说,其行为与中国内陆居民的行为相差千里,而两者又都异于有教养的英国人的行为。无论哪个种族成员,刚生下时是否有着同一组反应,而这组反应又是由同一组刺激引发的? 换句话说,非洲人或波士顿人(Boston),600 万年前的人和公元 1925 年的人,是否都有同样的"本能"习惯? 无论他是出生在南方的棉花地里,或五月花号(Mayflower)上,还是出生在欧洲皇室华贵典雅的卧室里,他是否具有同样的"非习得资质"(unlearned equipment)?

发生心理学家的回答

发生心理学家（genetic psychologist）——是回答这一问题的最佳学者——也不愿意面对这个问题，因为他们所掌握的资料太少了。他们只能老实地说："确实如此，在考虑到个人差异的前提下，人出生时确实有一些特定的相同的反应（我们暂时先不称之为本能），而不管他父母有什么社会地位，他出生地的历史有多悠久，以及他出生在哪个地区。"

但是你会说："是否丝毫没有遗传的影响呢——优生学（eugenics）是否不值一提呢——出生时没有任何优势可言吗——在人类的进化过程中没有丝毫进步吗？"现在，让我们更详细地考察一些问题。

当然，黑人父母会生出黑人孩子（不排除百万年间会有一例白、黄或红种孩子出生的可能性）。当然，黄皮肤的中国人会生出黄皮肤的后代。白种人会生出白种孩子。但这些差异相对来说是很微小的差异。它们多少跟皮肤中的色素有关。你可以找些新生婴儿来研究其行为，指出黑、白、黄种孩子之间的差异。他们的行为会有差异，但是你必须宣称种族差异大于个体差异，这样才能证明你的观点。

这时你又会说："如果父母有形体上的异常，那么出生的孩子会怎么样？这能够证明他们的孩子会遗传其父母形体结构上的特异处吗？"我们的回答是：对，许多变异都会沿着族系下传，会在后代身上出现。除了你所举的例子外，还有比如头发的颜色、眼睛的颜色、皮肤的质地、白化病（Albinism）（有些个体的头发和眼睛很少或甚至没有色素——视觉通常有缺陷），等等。知道父母或祖父母有这些特征，可以预示其后代有同样的特征。

我们承认，确实存在形式上、结构上的遗传差异。有些人生来手指纤长，嗓音尖细；有些人生来高大像斗士；还有些人皮肤细腻，眼睛的颜色很柔和。这些差异在于种质（germ plasm），而且是父母的杰作。但是，头发先后变灰，早期秃发，寿命长短，是否生双胞胎，等等，这些东西是否是遗传的呢？诸如此类的问题有些已由生物学家作出了回答，还有许多问题尚在寻求答案的过程中。但是别让这些毋庸置疑的遗传事实搅乱了你的思维。遗传的许多结构特征可能永远都不表现出来，除非后代被置于特定的环境之中，给予特定的刺激，或加以特殊的训练。我们的遗传结构可以有成百上千种表现方式——取决于孩子在什么环境中长大。不信，你就看看铁匠的胳膊，再看看健美杂志上刊载的那些人的肌肉，或者去看看老派簿记员的驼背。这些人的形体结构上的特征（在一定范围内）是由他们的生活导致的。

"心理"特质是遗传的吗？

关于骨骼、腱和肌肉的遗传问题，大家都是承认的。"现在，我们要探讨的问题是，心理特质（mental traits）是遗传的吗？伟大的天才难道不是遗传的吗？犯罪的倾向难道不是遗传的吗？当然，我们可以证明它们是能够被遗传的"。这是一种旧观念，现在，我们知道是纵贯婴儿期的早期生活造成了这些差异。人们常这么说："瞧，那些音乐家的儿子也是音乐家，而韦斯利·史密斯（Wesley Smith）是大经济学家约翰·史密斯（John Smith）的儿子——老子是什么样人，儿子当然也会是那样"。你早就知道行为主义者会如何回答这些问题。他们不会承认诸如心理特质、气质或倾向等东西。对他们来说，不存在才能遗传问题。

韦斯利·史密斯从小就生活在一个与经济、政治等问题有关的环境里。他与其父的接触很频繁。所以，他会自然地走上这条道路。这跟你儿子可能成为律师、医生或政治家是一回事。如果父亲是鞋匠，或扫大街的工人，或是干任何一种不被社会认可的职业，那么儿子不会那么轻易地步父亲之后尘，不过这又另当别论了。有许多儿子都有出名的父亲，但为什么只有韦斯利·史密斯出名了呢？难道是因为只有此人遗传或承袭了其父的才能吗？除了这个原因，可能还有无数的理由。假设约翰·史密斯有 3 个儿子，每个儿子都有同样的生理学上和解剖学上的躯体结构，表现出与其他两个相同的组织（习惯）。再进一步假设，所有 3 个儿子都从出生后 6 个月起就致力于经济学研究。① 其中一个受其父亲宠爱。他跟着

---

① 我们这么说，并不意味着他们的发生结构（genetic constitution）是相同的。

父亲亦步亦趋，在父亲的教导下，赶上并最终超过了父亲。韦斯利·史密斯出生两年后，第二个儿子出生了；但父亲仍喜欢大儿子。二儿子没法亦步亦趋地学习父亲；他自然就受到母亲的影响，很早就放弃了对经济学的兴趣，踏上了社会。又过了两年，第三个儿子也出世了，但没人关心他。父亲喜欢大儿子，母亲则爱二儿子。第三个儿子也学经济，但没有父母的照顾，每日与仆人们为伴。12岁时，一个司机把他变成了同性恋者（homesexual）。后来他与邻居为伍当小偷，最后吸毒上瘾，死于疯病。假设3个儿子彼此之间没有遗传上的差异，出生时都机会均等。如果他们分别娶了家世优越的妻子，他们每个人都会成为健康的儿子的父亲[除非第三个儿子后来患上梅毒（syphilis）]。

你可能会说，我是在优生学和实验进展的已知事实面前老生常谈——发生学已经证实，父母的许多行为特征传给后代——比如数学能力、音乐能力和其他许多能力。我的回答是，这种观点是在旧的"官能"心理学（faculty psychology）的旗帜底下得出的。没有必要过于看重这些结论。在本次讲座结束之前，我将会向你们证明，并不存在可以称做"才能"或"本能"的行为"官能"的"定型模式"（stereotyped patterns）。

结构差异与早期训练差异将
导致后来行为的差异

我刚才说过，在承认个体结构变异的前提下，我们没有确切的证据可以证明，人的非习得的行为随年代发生变化，或者说他比在1925年更擅长某种复杂的训练。由于生物学的问世，人们已经知道人类中间存在着结构上显著的个体差异。但是，我们从来没有充分利用这一知识去分析人类的行为。在本次讲座里，我将利用另一事实，它是最近刚刚由行为主义者和其他一些动物心理学家发现的。也就是说，习惯形成可能从胎儿期就开始了，环境对人的影响从很早起就开始了，这一事实使得哪些行为是遗传的，哪些行为是习得的旧观念不攻自破。出生时就有巨大的结构差异，以及出生后习惯的迅速形成，所有这些，可供你用来解释许多所谓的"心理"特征的遗传。让我们提出两点：

1. 人的群分。我在上一讲里阐释了人体物质结构的复杂性。如此复杂的组织在组合上有差异也是很正常的。我们也阐述过这样一个事实，有些人生来手指长，有些人则生来手指短；有些人生来长臂，有些人则生来短臂；有些人骨头硬，有些人则骨头软；有些人腺体特别发达，有些则特别不发达。我们还可以根据指纹判别不同的人。没有两个人的指纹是相同的，人的掌印与动物的掌印也有明显的区别。没有两个人的骨骼是完全相同的，人们无法从其他哺乳类动物身上找到人类的骨头。婴儿之间爬、哭、尿、叫、吃、动的行为方式都有个体差异，即使双胞胎也不一样，因为他们在化学结构上存在差别。在感觉器官、大脑和脊髓结构、心脏和循环系统的机制、横纹肌系统（striped muscular systems）的厚密度和弯曲度等方面也有差别。

虽然存在这些结构差别，但是，人还是人，他是由同样的物质构成的；虽然个人的习惯有所不同，但构筑的基本方式是相同的。

2. 早期训练的差异造成更大的个体差异。人与人之间在结构上存在微小的但是重要的差异。早期训练的差异更为显著。这里，我将不中止对这一问题的论证——下面几讲还会充分展开。我们知道，条件反射（conditioned reflexes）在孩子出生时就已开始（可能更早些）——即使是同一家庭的孩子，也不可能得到完全相同的早期训练。例如，一对夫妇有双胞胎孩子——一男一女——两个孩子的穿戴也一样，喂食也一样。但父亲喜欢女儿；母亲喜爱儿子；可是，父亲却要求儿子步他的后尘；母亲要求女儿谦恭如淑女。这些孩子很快就会表现出很大的行为差异。从婴儿期起，他们的教育就不同。后来，又生了第三个孩子。现在父亲的工作更忙了。母亲参加了许多社会活动。家里雇了仆人。年幼的孩子有哥哥姐姐；他们的成长环境与大孩子不一样。生病的孩子得到特殊照顾，严格的训练因此放弃了，因为对生病的孩子来说没有规则可言。此外，一个孩子出现了恐惧——对恐惧形成条件反射——胆小怕事。我们可以举出实际的案例，两个 9 岁女孩住在相邻的房子里。母亲教养她们的方式相同（提供同样的温情，根据同样的规则教养她们）。一天，她们一起去散步。左边的女孩注视着街道，并且只观看街道的情形；右边的女孩只注视街上的房屋，并且观看一个男人暴露他的性器官。此后的日子里，右边的女孩显得相当烦躁，情绪紊乱，在同她父母讨论了几个月后情绪才得以平静。

我将在后面再次列举这些事实，用以说明训练和条件反射的早期差异。

我们的结论

在有关才能或心理特征的遗传问题上，怎样看待上述两点解释呢？让我们来假设一种情形：有两个男孩，一个 7 岁，一个 6 岁。父亲是颇具才能的钢琴家，母亲画油画，专画肖像。父亲有着一双大手，手指长而灵活（这是一种关于所有艺术家都有细长手指的神话），大儿子有着和父亲一样的大手。父亲喜欢长子，母亲喜欢次子。结果大儿子成了出色的钢琴家，小儿子则成了另一种类型的艺术家。小儿子由于经历不同的训练，或不同的倾向，加之他的手指不长也不灵活，所以成为不了钢琴家。请注意，钢琴这种乐器需要手指长，手型好，有腕力。但是，假定父亲喜欢小儿子，对他说："我要你成为钢琴家，我想尝试一下。你的手指不长，也不灵活，但我会为你造一架钢琴。我把键变窄，以便适合你的手指，再改变键的形状，使你按键时无须特别用力。"谁又会知道，小儿子在这样的条件下，不会成为全世界最伟大的钢琴家呢？

在遗传研究中，这类训练方面的因素完全被忽视了。我们尚无事实去建立有关特定行为遗传的统计资料，除非这些事实为人类幼儿的研究所证实，否则对人类行为和优生学的各种形式的进展资料都应慎重对待。

我们的结论是，没有确切的证据可以证实特质的遗传。如果把一个健康的小孩放到不良的环境里，他也一定会变成小偷。每年，有成千上万个生活在好家庭里的小孩沦为失足少年。之所以出现成千上万个不良少年，是因为他们在这样的环境里没有开辟其他的道路。有些人喜欢用下述例子来说明道德卑劣和犯罪倾向的遗传：即祖辈行为不端的子孙，在被他人领养以后仍干坏事。事实上，在我们的文明社会里，并不存在认真对待的记录，以便我们作出这样的结论——尽管心理测验学家和其他一些犯罪研究学家持有相反的结论。事实上，领养的小孩从来没能享受到像亲生孩子一样的待遇。不能把来自慈善院、孤儿院的观察数据作为证据。你可以亲自去那里看看，了解一下真实情况，当然我并非有意与这些机构为难。

现在我将进一步说：给我一打健康的婴儿，并在我自己设定的特殊环境中养育他们,那么我愿意担保,可以随便挑选其中一个婴儿,把他训练成为我所选定的任何一种专家——医生、律师、艺术家等,而不管他的才能、嗜好、倾向、能力、天资和他祖先的种族。不过,请注意,当我从事这一实验时,我要亲自决定这些孩子的培养方法和环境。

如果在结构上存在遗传的缺陷,例如有着明显的腺体疾病,有着"智力"缺陷,有着像梅毒和淋病(gonorrhea)一样的宫内感染(intra uterine infection),那么就会在很早并且很迅速地表现出行为上的困难。这些孩子在结构上没有接受训练的可能——正如大脑与身体缺乏基本的联结一样。再者,如果结构上的缺陷像多指或截指等畸形或残疾那样很容易被观察到,那么就有可能出现社会自卑(social inferiority)——拒绝平等基础上的竞争。同样,当"下等种族"(inferior races)和"上等种族"(superior races)放在一起培养时,也会出现这种情况。我们没有关于黑人自卑的确凿证据。然而,在同样的学校里教育黑人孩子和白人孩子,或者在同样的家庭里养育黑人孩子和白人孩子,当社会开始发挥其决定性影响时,黑人的孩子可能跟不上。

事实是社会不愿面对事实。种族的自豪感太强,因此有了我们的五月花号祖先。我们喜欢吹嘘自己的祖先。我们喜欢认为,一个绅士的背后至少有三代人的努力,而我们的背后还不止三代人。此外,关于倾向和特质的可遗传观念又帮助我们解脱自己在教育孩子方面的失误。母亲会在儿子犯错时说:"瞧瞧他父亲",或"瞧瞧他爷爷"(或她所不喜欢的其他一些人)。"在他父亲那儿有着这样一位长辈,怎么可能期望这个孩子有出息呢?"同样,父亲也会这样说:"你能指望她什么?她妈妈老是想让每个她所接触到的男子爱上她。""如果这些倾向是遗传的,那么我们就没什么好说了。在旧心理学中,心理特质是上帝赐予的,如果我孩子出了问题,作为家长,我不该受到责备。"

你们也许会说,行为主义者如此阐释自己的观点是否另有企图?是的,行为主义者有着他们的企图——我们在婴儿心理学的研究中花了许多钱,浪费了许多年华,但仍为那些前提和假设所禁锢。看来,唯有废除这些前提和假设,我们才能建立一种真正的人类心理。

到底有无本能?

让我们永远忘掉能力的遗传、"心理"特征的遗传、特殊能力的遗传（并不包括那些以结构上的特定优势为基础的能力,比如歌唱能力需要一副好嗓子,弹琴能力需要特别的手型和结构上健康的眼睛和耳朵,等等）,专门来讨论一下为什么世界上会有称做本能的习惯。

这个问题不易回答。反对行为主义的人认为,人是一种有着许多复杂本能的生物。一些早期的学者,在达尔文（Darwin）倡导的理论影响下,相信人类和动物都有完善的本能。威廉·詹姆斯（William James）精心选择了一些本能,并列表如下:爬行、模仿、竞赛、好斗、愤怒、愤恨、同情、搜索、恐惧、占有、渴望、盗窃、建造、游戏、好奇、社交、害羞、清洁、谦虚、惭愧、爱、嫉妒、父爱和母爱。詹姆斯声称,除了人类之外,任何动物都没有如此丰富的本能。

行为主义者显然不能同意詹姆斯的观点,也不能同意其他一些心理学家所谓人类具有复杂的非习得行为的观点。但是,你们也许是读着他们的著述长大的。你们会说,詹姆斯把本能看做"一种行为倾向,这种行为倾向能在未预见到结果的情况下带来某些后果"。当然,这一阐释适合于人类儿童和动物幼仔的许多早期行为。你们可能认为这个说法很令人信服。但是。如果根据你们自己对儿童和动物的观察去检验,你们会发现这一阐释并非是科学定义,而只是一种形而上学的假设（metaphysical assumption）。你们是被"预见"（foresight）和"结果"（end）等字眼弄糊涂了。

我不会因为这种混乱而责备你们。在过去的 3 年里,就有 100 多篇文章专述本能。这些文章的作者从未观察过动物和人类幼儿早期的生活史。哲学不会回答本能问题。这些问题是一些实际问题,唯有通过对发生的观察才能解答。让我再仓促地补充一下,行为主义者关于本能的知识也缺乏观察的事实,但是你们不能指责他的推理超越了自然科学。在试图回答"本能是什么"的问题之前,让我们作一次小小的机械旅行。也许,通过下面的讨论,你会发现根本不需要本能这个术语。

得自飞镖的教训

我手里有一根硬木棍。如果我把木棍向前和向上扔，它会飞一段距离，然后掉在地上。于是，我把它捡回来，放进热水里，将它弯成一定的程度，再把它扔出去——它向外飞去，经过一小段距离后又折回来，向右转，然后再次掉到地上。我再度把它捡回来，复又弯曲一点，使它变成一个凸形。我称之为飞镖（boomerang）。我再次把它向前和向上扔出去，它又会转着向前。突然，它转向了，飞回来，慢悠悠地飞回到我的脚边。它仍只是根木棍，由同一种材料制成，但形状不同了。这飞镖有飞回投掷者手中的本能吗？没有？那它为什么会转回来呢？因为它是以这样一种方式来制成的：一旦把它向前和向上扔出去，它必然会飞回来。事实上，只要做得好，扔得对，所有的飞镖都会回到或接近投掷者的脚边，但没有两个飞镖会飞行完全相同的路线，即便用力的方法相同也不行，但它们都叫飞镖。这个例子对你们也许有点异常。那就再举个简单的例子。我们大多数人扔过骰子。把骰子拿起来，用特定的方式来旋转它，有"六"的一面总会向上。为什么？因为骰子被构造出来就是以这种方式滚动的。再举个玩具兵的例子。把它按在一块半圆的橡皮基座上，不管你怎么扔，它总是竖直向上，以垂直方式站立。难道这个玩具兵有站立的本能？

请注意，除非飞镖、骰子、玩具兵被掷向空间，否则它们便不会表现出特定的运动特征。改变它们的形状或它们的结构，或大大改变制作它们的材料，那么它们的运动特征也会大大改变。人是由特殊材料做成的——以特定的方式组合起来。如果他被投入到某一活动之中（作为刺激的结果），难道他不会表现出像飞镖一样（但不会比飞镖更神秘）独特的运动（以训练为前提）吗？

心理学中不再需要本能的概念

　　这个问题把我们带到了我们的中心思想。如果飞镖没有本能（能力、倾向、特质，等等）而能回到其投掷者身边，如果我们无须神秘的解释即可说明飞镖的运动，如果物理规律可以解释飞镖运动——那么难道心理学家不能从中得到一个简单的教训？难道不能免除本能的概念？难道我们不能说，人是由特定物质按特定方式组合起来的，作为这样一种组合，在学习使他得到重新组合之前，他不该这样行动吗？

　　但是，你们会说："这正好说明你的论证不对——你承认人在出生时已有许多行为，那只是他的结构使然——这正是我想说的本能啊。"我的回答是，现在我们必须面对事实。我们应该立即走到育儿室去。我想你们在婴幼儿的研究中将会发现，事实会促使你们不再相信詹姆斯的本能理论。在下一讲里，我们将研究人类后代出生时的行为。

奥斯滕(Herr von Osten)(4个站立者之右一)有一匹著名的马名叫"汉斯",能够回答有关时事、数学等问题。

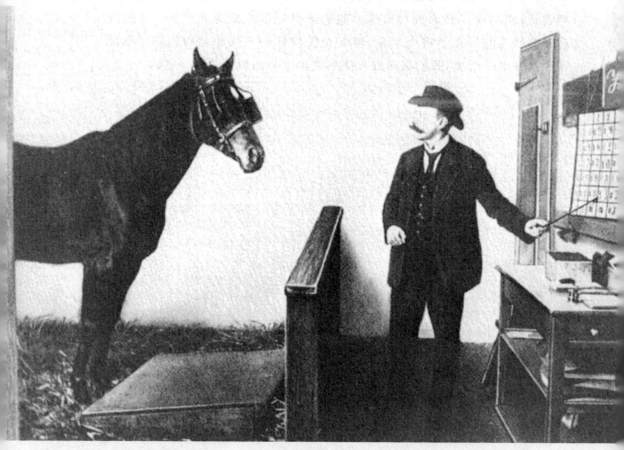

卡尔·克拉尔(Kral Krall,1863—1929)是奥斯滕的崇拜者,因不服气于奥斯卡·芬特格斯(Oskar Pfungst)的反驳,正在训练一匹马学习数学。

第六讲　是否存在人类的本能？（Ⅱ）

对幼儿的研究告诉我们什么

Are there any human instincts?（Part Ⅱ）

实际的观察使我们不可能再容纳本能的概念。我们已经看到，每种行为均有一种发生史（genetic history）。难道这不是用来找出疑问中的无论什么行为并观察和记录其生活史的唯一正确的科学程序吗？

华生在康涅狄格的房产

华生在康涅狄格的农场

握着酒杯的华生

华生和他的快艇"Utopia"

引言：我在上一篇演讲中指出，有关人类"非习得的资质"（unlearned equipment）的问题只有通过研究人类的生活史方可解决。这意味着我们需要从人类新生儿开始研究。但是，我有责任告诉你们，比起我们对人类幼儿的了解来，我们对其他物种幼仔的了解要多得多。在过去的 25 年里，研究动物行为的学者们已经收集了差不多每种动物幼仔的大量事实，只有人类幼儿的事实不在其中。我们曾与幼猴生活在一起，我们也观察了幼鼠、幼兔、幼豚鼠（guinea pigs）和各种幼鸟的生长。我们在实验室中，从它们的出生到成熟，几乎每天看着它们成长。为了核查我们的实验研究结果，我们也曾观察其中的许多动物在我们自己的栖息地———一种自然环境中的成长历程。

这些研究使我们对于许多种动物非习得的资质和习得的资质（learned equipment）有了相当程度的了解。这些研究也已经告诉我们，没有人能够单凭观察成人的表现便可决定一系列复杂的行为中哪个部分属于非习得的范畴，哪个部分属于习得的范畴，幸好，这些研究已经为我们提供了我们可以用来研究人类幼儿的方法。关于动物的研究终于使我们知道，若想从一种动物中收集到的资料来概括另外一种动物，认为它们也适用于另外一种动物，这是靠不住的。例如，豚鼠生下来就有一身厚毛，并且具有一组十分完整的运动反应（motor responses）。出生后 3 天，幼豚鼠实际上不再依赖母豚鼠了。可是，另一方面，白鼠（white rat）生下来时处于十分不成熟的状态，它有一个相当长时间的幼儿期；只有到了第 30 天结束时，幼白鼠才开始不依赖母白鼠。两种关系如此接近的动物〔都属啮齿动物（rodents）〕，在出生的资质上却有如此明显的差异，证明了根据低于人类的动物研究而想推论人类的非习得资质是什么，将是多么的不可靠。

人类幼儿研究的阻力

直到最近，我们对于人类在婴儿期和儿童期的最初几年中发生什么

◀华生常常在自己的农场里约见朋友，一边喝酒一边聊天。

情况仍然没有可靠的资料。确实,在研究人类幼儿行为的过程中曾经存在巨大的阻力。社会习惯于看着儿童们成百上千地挨饿,习惯于看着他们在下等娱乐场所和贫民窟里成长起来,对此情况熟视无睹而毫不愤怒。但是,要是让果断的行为主义者尝试进行婴儿的实验研究,甚至开始系统的观察,那么种种批判便会接踵而至。当一位行为主义者在医院的产科病房开展实验和观察时,人们对他的目的会自然地产生相当程度的误解。婴儿并未生病,而这位行为主义者也不在推行一种临床的研究方法——因此,进行这类研究有何好处呢?还有,当这些被观察的孩子的父母知道这件事以后,他们会变得激动起来。他们对你正在做的事一无所知,而且你要使他们了解你正在做的事也是困难重重。当我们在约翰·霍普金斯医院(Johns Hopkins Hospital)进行研究工作时,这些困难首先让我们碰上了。不过,由于约翰·霍普金斯医院院长威特里奇·威廉斯(J. Whitridge Williams)博士的宽宏大量,以及哈里特·兰恩医院(Harriet Lane Hospital)内科主任医师约翰·霍兰(John Howland)的宽宏大量,最后终于提供了令人满意的研究条件。研究以这样一种方式来安排,即对婴儿的心理考察成为在该医院出生的一切婴儿护理的日常常规工作。我提及这一情况的原因是,如果你们中间也有人试图进行这类研究的话,你们同样会面临类似的一些困难,直到你们的工作被普遍接受为止。

研究婴儿的行为

一个人在生理学和动物心理学方面尚未接受相当多的训练之前,是不该试图对婴儿开展研究工作的。他应当在研究工作即将进行的那所医院的育儿室里接受实际的训练。通过这种方式,才能了解与婴儿有关的什么东西是安全的,什么东西是不安全的。在对所作的观察进行记录之前,他必须观察一些分娩过程。通过这种观察,他会迅速地明白,婴儿能够忍受相当多的必不可少的磨难,而不会在拉扯下丧生!

我们了解哪些宫内行为

我们对人类幼体的宫内生活（intra-uterine life）的了解确实是十分缺乏的。宫内生活始于卵子的受精。最近，M. 闵科夫斯基（M. Minkowski）在苏黎世大学（University of Zurich）的观察表明，2～2.5 个月的胎儿在头部、躯干和四肢部分表现出相当多的运动。这些运动是缓慢的、不对称的、无节律的和不协调的。这些运动的幅度不大。对皮肤刺激的反应是存在的，对四肢位置变化的反应也是同样存在的。胎儿的心跳很早就开始出现，往往早到才 3 个星期的胎儿就有心跳现象。也有一些证据表明，在第 5 个月末，胃腺开始发挥作用。

胎儿在宫内的位置不是无关紧要的，因为它在婴儿出生以后相当长一段时间里仍然对婴儿的运动和姿态发生影响。J. W. 威廉斯在描述胎儿宫内位置的问题时说道："暂且不论胎儿与母亲可能具有的关系，在妊娠期后来的几个月，胎儿采取了一种独特的姿势，人们把这种姿势描述成胎儿的态度（attitude）或习惯（habitus）；作为一个一般的规律，可以说胎儿形成了一种卵圆形团块（ovoid mass），其形状大致上与子宫腔的形状相一致。因此，胎儿以这样一种方式合拢或弯曲，结果使背部呈明显的凸圆形，头部也屈曲得很厉害，以至于下巴差不多可以接触胸部了，大腿也屈向腹部，双腿在膝关节处弯曲，而双足的足弓部也置于双腿的前部表面。双臂通常交叉置于胸前或平行放在体侧，而脐带则位于双臂和下肢之间的空间。这种姿势在整个妊娠期一直保持着，尽管通过四肢的运动这种姿势常会有改变，而且在例外的情况下头部会伸展，这时便采取了一种完全不同的姿势。这种颇具特征的姿势部分地由于胎儿生长的方式，而部分地来自胎儿与子宫腔轮廓之间的适应过程。"[《产科学》（Obstetrics）p. 180]。胎儿在宫内位置的轻微差异是否会影响甚至决定个体后来惯用右手或左手，这一点尚不清楚。人们注意到这一事实，在所观察到的大约 80% 的个案中，肝脏位于右边。这个大型器官是否会使胎儿轻微摆动（swing），以便使胎儿在右侧比起左侧来更不受约束，这一点也不清楚。如果确是如此的话，那么肝脏位于身体右侧的婴儿，出生后应该惯用右手。可是,我对数百名婴儿的记录表明情况并非如此。

一般说来,通过对早产儿的研究,我们可以获得胎儿结构(foetal structures)所起作用的最佳信息。6 个月的早产儿会发生痉挛式的呼吸,并作出一些发育不全的运动。可是,这类婴儿难以存活。从第 7 个月开始,一直到妊娠期满,期间出生的婴儿可能存活。出生时,他们表现出常见的出生资质(birth equipment)。这就证实了从第 7 个月开始存在于胎儿身上的许多结构:一旦接受合适的刺激便准备发挥作用,例如,一旦空气冲入肺内便开始呼吸;一旦脐带被割断,完整而独立的血液循环和净化活动也开始了;独立的新陈代谢作用也表明内脏系统准备发挥作用,等等。

幼儿的出生资质

对数百名婴儿从出生起到第一个 30 天为止的日常观察,以及对少量婴儿第一年生活的观察,都为我们提供了以下一组关于非习得反应(un-learned responses)的粗略事实[①]:

打喷嚏:这种现象从出生开始便以充分成熟的方式出现。有时,甚至在所谓出生时的啼哭之前就出现了。这是一生中所保持的积极活动的许多反应之一;确实,习惯因素(habit factors)对它的影响显然很小。迄今为止,尚未进行过任何试验,来了解在经过充分的条件反射(conditioning)实验之后,是否还会一看到胡椒盒子就引起喷嚏。正常的机体内刺激(intra-organic stimulus)引起打喷嚏的情况还未得到很充分的解释。有时,喷嚏发生在婴儿从较凉的房间被送进过热的房间之时。有些婴儿,当被抱到室外阳光下时,也很明显地会发生打喷嚏的情况。

打嗝:这种现象通常并不发生于出生之时,可以在出生后 7 天起毫不费力地注意到婴儿的这种情况。我们对 50 多个个案进行了仔细观察。最早被注意到的打嗝现象发生在出生后 6 小时。迄今为止所能了解到的是,

---

① 在约翰·霍普金斯医院心理学实验室里工作的玛格丽特·格莱·布兰顿(Margaret Gray Blanton)夫人为我们提供了关于这一课题的最佳资料[《心理学评论》(*Psychological Review*)第 24 卷,p. 456]。

这种反应在通常的生活环境里极少能形成条件反射。引起打嗝的最普遍的刺激显然是胃部充满食物而对横膈膜产生了压力。

啼哭：所谓的出生啼哭（birth cry）发生在呼吸作用（respiration）建立之时。除非受到空气的刺激，否则双肺不会充气而膨胀起来。随着空气冲击两肺和上消化道的黏膜，呼吸机制便逐步建立起来。为了建立呼吸作用，有时必须把婴儿浸入冰水中。在浸入冰水的同时，出现了啼哭。这种啼哭也发生在对婴儿的背部和臀部不断予以摩擦和拍打之时——这是一种为建立呼吸作用而经常使用的方法。出生啼哭现象在不同的婴儿中显著地不同。

饥饿会引起啼哭。有害的刺激，例如粗暴地触摸，对婴儿施行包皮环割术（circumcision），或者用柳叶刀割开疖子并对之进行护理等，都会引起啼哭，甚至在极其年幼的婴儿中也会引起这种现象。当婴儿抓住成人的手指被吊起来时也会引起啼哭。

这类情况的啼哭很快会形成条件反射。孩子迅速知道他可以通过啼哭来控制护士、父母和侍者的反应，并在日后把啼哭作为一种武器。婴儿的啼哭并不总是伴随着眼泪，尽管眼泪有时可以在出生以后的 10 分钟就观察到。由于现在普遍在孩子出生后不久便向双眼滴入硝酸银（silver nitrate），因此眼泪正常出现的时间便难以断定了。可是，孩子出生 4 天以后，在许多婴儿身上已经可以观察到流泪现象。由于眼泪比之干哭在控制护士和父母的行为方面是一种更加有效的手段，因此眼泪在一切可能的方面，也是十分迅速地形成条件反射的。

已经实施了为数众多的实验，目的是为了了解育儿室里一名婴儿的啼哭是否会成为育儿室里引发其他婴儿啼哭的一种刺激。我们的调查结果完全是否定的。为了更加彻底地控制这些条件，我们制作了一名爱啼哭婴儿的留声机唱片。然后，我们将这种声音以接近耳朵的方式先放给一睡着的婴儿听，接下来又放给一名醒着的但很安静的婴儿听。实验结果再次得出否定结论。饥饿和有害刺激（还有大声，参见本书第七讲）毫无疑问都是引发啼哭的无条件刺激。我将在后面的演讲中再对啼哭进行论述。

腹痛带来了一组有害的刺激，可能并经常引发啼哭，而且这种啼哭显然稍稍不同于其他类型的啼哭。这是由于腹腔中气体的形成而对腹腔造成压力。因此，在饥饿引起啼哭中使用的一组肌肉无法为腹痛引起的啼哭所利用。婴儿的啼哭是如此的不同，以至于晚间有 25 名婴儿的育儿室里,无须花费很长时间便能举出正在啼哭的婴儿的名字,而不用考虑该婴儿在育儿室里的位置。

阴茎勃起:这种情况可以发生于出生之时,并从那时起贯串整个一生。引起这种反应的一组刺激尚不清楚。显而易见的是,孩子出生时的辐射热、热水、对生殖器的抚摸、来自尿液的可能压力等,都是引起阴茎勃起的主要刺激。当然,这种情况在以后一生中通过视觉刺激及其相似的东西而形成了条件反射。对于后来显露的情欲高潮(orgasm)来说,刺激可能有所不同。在婴儿身上,正如在性交中和在手淫中那样,短暂的有节奏的接触导致情欲高潮的产生(在青春期以后则导致射精现象)。也许,有机体本身,不论男人还是女人,都可以通过刺激替换物(stimulus substitutions)(通过词语、声音等等——这是极其重要的社会因素)来促进或减缓情欲高潮。

至于在哪个年龄勃起成为一种条件反应(conditioned response)尚不清楚。手淫[对婴儿来说一个更好的术语是自己操弄(manipulation)阴茎或阴道]几乎可以发生于任何年龄。就我个人而言,我观察到的实施手淫的最小年龄大约为 1 岁的女孩(实际上往往发生得比这更早)。这名女婴当时坐在澡盆里,在她伸手抓肥皂时,偶然用手指接触到阴道的外部开口处。于是,抓肥皂的动作停止了,开始出现抚弄阴道的动作,而且女婴的脸上露出了笑容。在这种情况下,我从未见过男婴或女婴把手淫进行到发生情欲高潮的那种程度(必须记住,在男子未达到青春期以前,可以发生情欲高潮而不射精)。显然,后来用于性交活动的大量肌肉反应,例如推、爬、抚弄等,在男性方面至少比我们通常认为的年龄更早一些准备发挥作用。在去诊所求诊的病例中,我观察到一名 3.5 岁的男孩会骑在母亲或保姆身上,不管哪一个,要是碰巧和他共眠的话。这时,阴茎将会勃起,而男孩则会抚弄和吮咬母亲或保姆的乳房,接下来就会发生类似成人性活动那样的拥抱和性交动作。在这种情况下,男孩的母亲由于和丈夫分居,实际上是故意地在孩子身上逐步建立起这种反应。

撒尿:这种情况从出生起便开始了。这种无条件刺激(unconditioned stimulus)无疑来自机体内部,由于膀胱中尿液产生压力的缘故,撒尿动作形成条件反射始于婴儿出生后的第 2 个星期。但是,要在这样幼小的年龄形成条件反射需要无限的耐心。不过,从出生以后的第 3 个月起,只要稍稍用心一点便可轻易地使婴儿形成条件反射。如果在每隔半小时左右的时间里密切观察婴儿的情况,有时碰巧会发现尿布是干燥的。当这种情况发生时，就把孩子放在便壶上。如果膀胱十分充盈的话，那么由于孩子处于坐姿而产生增加的压力将会形成足够的刺激以引发撒尿动作。在重复尝试以后，条件反应便完成了。幼童们能够以这种动作如此彻底地形成条件反射，以至于无须提醒便可引起反应。

排便：这一机制似乎从出生开始便完善了，而且该机制多半在出生前几个星期便完善了。排便的刺激大多是降低结肠里的压力，将一只医用体温表塞进肛门往往会引起排便。

排便能在十分幼小的年龄形成条件反射。形成条件反射过程的方法之一，是把婴儿放在便壶上，插入一种甘油或肥皂栓塞剂，经过多次重复，与便壶的接触就足以成为引起反应的刺激。

早期眼球运动：出生后的婴儿，当背朝下仰面平躺在暗室中，而且头部保持水平状态时，他们的双眼将转向模糊的光线。刚出生时，眼球的运动不能很好地协调，但是，"内斜视"（cross eyes，俗称"斗鸡眼"）并不像大多数人认为的那样普遍。双眼的左右协调运动最先出现，而眼球的上下运动则在稍后时期出现。再过一段时间后，当在婴儿面前用一盏灯绕圈儿晃动时，婴儿的眼睛会跟着转圈儿。

众所周知，习惯因素几乎立即开始进入注视和其他眼球反应中。我已经清楚地表明了这一事实，即眼睑和瞳孔的运动也能形成条件反射。

微笑：微笑很可能首先由于出现动觉刺激（kinaesthetic stimuli）和触觉刺激（tactual stimuli）。它可以早在出生第 4 天就出现，经常可在喂饱食物以后看到。而且，轻触婴儿身体的一些部位，或向身体吹气，或触摸性器官和皮肤敏感区，都会产生微笑的无条件刺激。在婴儿的下巴下面搔痒，并轻轻摇动他，也往往会引起微笑。

微笑是一种反应，其中条件反射的因素早在出生第 30 天便开始出现。玛丽·科佛·琼斯（Mary Cover Jones）夫人已经对微笑进行了广泛的研究。她在一大批婴儿中发现了条件反射的微笑——也就是当实验者微笑时，或者对婴儿讲些孩子气的话时（既有听觉又有视觉因素），婴儿便微笑——这种情况大约在第 30 天时开始出现。在她对 185 例个案的全部研究中，条件反射的微笑首次出现的最晚年龄是第 80 天。

动作反应：在这些演讲中，动作反应（Manual responses）指的是头部、颈部、腿部、躯干、足趾，还有双臂、双手和手指的不同运动。

转头：许多婴儿在出生时，如果把它们脸朝下，下巴搁在床垫上，它们便能将头部转向右或左，而且从床垫上把头抬起。我们从出生 30 分钟以后的婴儿身上已经注意到这些反应。在某种场合,每次测试 1 名婴儿,连续测试 15 名婴儿。所有婴儿中除 1 名以外都能作出这种头部的动作。

当婴儿被直抱时,能支撑头部:这种情况看来随着头部和颈部肌肉的发展而变化。有些新生儿能够支撑其头部达几秒钟。把婴儿抱在实验者的膝上,腹背部受到支撑。看来这种反应能得到迅速改进,显然是由于结构的发展而不是由于训练的因素。大多数婴儿从第 6 个月以后头部能支撑起来。

出生时的手部运动:许多婴儿甚至在出生时便能观察到明显的手部运动,例如将双手合拢、放开,或伸展一只手的手指,或同时伸展双手的手指。通常,在这些手部运动中,拇指总是合拢在手掌之内,而且不参与手的反应。拇指并不一开始便参与手的运动,直到相当长的一段时间以后才开始参与——大约第 100 天左右。后面,我将谈到抓握动作,该动作也出现在出生之时。

手臂动作:在皮肤的任何地方,对皮肤进行最轻微的刺激,通常会引起明显的手臂、手腕、手和肩部的反应。显然,动觉的和机体的刺激可以像触觉、听觉和视觉刺激一样能引起这些反应。婴儿的双臂可以举到脸部,甚至能达到头顶,并下垂到腿部。然而,通常情况下,手臂的第一批动作往往朝着胸部和头部,而不管刺激发生在何处(大概这也是子宫内习惯的一种残余吧)。使双臂和双手产生激烈运动的独特方式之一是捏住鼻子。在短短的几秒钟里,一只手臂或另一只手臂或者两只手臂急剧上举,直到婴儿的手实际上开始接触实验者的手为止。如果抓住其中一只手,另一只手也同样上举。

腿和足的运动:踢是婴儿出生时可以见到的最显著的动作之一。踢的动作可以通过接触脚底,用热空气或冷空气加以刺激,或者通过对皮肤的接触,以及直接通过动觉刺激而引起。使腿部和足部产生运动的一个独特方式是拧膝盖上面的皮肤。如果将左腿提起伸直,然后拧一下膝盖,右脚就会踢起,并且接触实验者的手指。当右腿膝盖的内侧被拧时,左腿会向上踢起并击中实验者的手指。这种情况将在出生时完美地产生。有时候,只要花上几秒钟,婴儿的脚便能踢到实验者的手指。

躯干、腿部、足和趾的运动:当一名婴儿用右手或者用左手抓住物体将自己悬挂起来时,可以看到躯干和臂部具有明显的"爬"的运动。看来,有着一阵将躯干和腿部拉向上方的收缩运动,接着便是一个放松的时期,然后又一阵收缩开始。给脚搔痒,用热水刺激脚,将在脚和足趾部产生明显的动作。一般说来。如果用一根火柴棒刺激足底，在几乎所有婴儿身上都出现具有巴宾斯基（Babinski）反射的特征。这是一种可变的反射（variable reflex）。通常的表现方式是大脚趾向上翘（外伸），以及其他脚趾向下缩（屈曲）。偶尔巴宾斯基反射只采用"扇形展开"（fanning）形式，也即展开所有的脚趾。巴宾斯基反射通常在1岁结束时消失，当然它可能在有些儿童身上持续较长时间。婴儿不能用脚趾勾住物体将自己悬吊起来。把一根金属线或者其他小而圆的物体放在脚趾下面，将会经常产生蜷曲，也即脚趾的合拢，不过，最轻微的压力将会使其摆脱圆棒或金属线。

当许多婴儿刚出生时，将他们脸朝下放在坚硬的平面上，他们差不多都能脸朝上背朝下翻过身去。布兰顿夫人描述其中一个例子如下：被试T在出生7天时，当光着身子，没有衣服阻挡时，能一次又一次地脸朝上背朝下地翻身。如果将女婴脸朝下放在坚硬的平面上，并使她的双臂和身体保持一致，那么她便立即啼哭。腿部、手臂、腹部和背部肌肉的放松和收缩是伴随着啼哭而发生的现象。在进行这一动作时，她把压在身下的双膝提拉，并普遍地收缩肌肉，然后又使肌肉放松。逐渐地，由于身体两侧不相等的活动，她最终将逐渐接近于身体侧躺———一阵最后的肌肉痉挛将使她翻转。在这个例子中，只花了10分钟时间便实现翻转，期间有9次分离的痉挛。

这里，想象一下在一般的翻身行为中所引起的数百次部分的反应吧。可以看到，习惯又一次迅速地参与进来，随着许多部分反应一个接一个地退出，这一反应越来越明显起来。一名婴儿要花上几个星期和几个月的时间才能学会用最少的肌肉力量迅速地翻身。

喂食反应：触摸一名饥饿婴儿的嘴角或面颊或下巴，将会引起迅速的痉挛般的头部运动，结果使口腔靠近刺激源。这种现象从婴儿出生5小时后便已经可以观察到了。嘴唇或吮吸反射是另一种独特的反应。用指尖在睡着的婴儿嘴角下面或上面轻轻触动，可以使嘴唇和舌头立即进入喂奶的姿势。诸如此类的哺乳动作在幼儿中间差别很大。实际上，每名婴儿在出生后第一小时内都可以表现出这种情况。偶尔，在出生时发生明显的伤害，哺乳行为会受到阻碍。这种喂食反应包括吮吸，舌头、嘴唇和面颊的运动，以及吞咽动作。对于大多数新生儿来说，这种机制是相当完善的。除非在出生时受了伤[或者可能当父母是"低能"（feeble-minded）时]。

整组喂食反应可以轻易地形成条件反射。在用奶瓶喂食的婴儿身上,可以十分容易地观察到条件反射情况。甚至在伸手拿奶瓶以前(大约在第 120 天左右发生),若向婴儿出示奶瓶,婴儿将会在身体上显示出特别的"躁动不安"。在已经发展到伸手拿奶瓶以后,单单看到奶瓶就会引发强烈的身体运动,而且随后就立即开始啼哭。婴儿对奶瓶的视觉刺激如此敏感,以至于在 12～15 尺以外出示奶瓶的话,反应便开始出现。存在着许多与喂食相联系的其他条件反射因素,我希望有时间探究这些因素——对食物的消极反应,对食物发脾气,以及诸如此类的事。在这些反应中,就我能判断的而言,大多数反应纯粹是条件反应。

爬行:爬行是一种非决定的(indeterminate)反应。许多婴儿并不时时爬行,而且他们全都在爬行中表现出不同的行为。经过多次实验以后,我倾向于认为,爬行主要作为一种习惯形成的结果。当婴儿脸朝下时,触摸和动觉刺激产生一般的身体活动。婴儿的身体一侧比另一侧更加活跃,结果产生绕圈运动(circular motions)。在一个 9 个月的婴儿身上,绕着圈儿运动已有好几天,可是再也观察不到任何进步。在这种身体的逐渐扭转和翻动中,婴儿有时朝右面运动,有时朝左面运动,有时朝前运动,有时朝后运动。如果在这些运动中,婴儿设法伸手抓握并操纵某种物体,那么我们实际上具有了像迷宫中(迷宫中央置有食物)饥饿的老鼠那样的情境(situation),结果产生了朝着物体爬行的习惯。如果教会婴儿将爬行与作为刺激物的奶瓶建立关系,那么爬行便是被教会的了。我们的日常试验是按下述方式实行的。把光着身子的婴儿放在地毯上,让其腿伸展着,在脚趾到达的最远处做一个记号。然后把一只奶瓶或者一块糖(原先已用糖果对他形成条件反射,以使他为得到糖果而奋斗)放在他的双手达不到的地方。花 5 分钟时间就可以进行这项试验了。有时,在试验结束时,如果爬行还不发生,这时可以在他身后几尺处放一只电热器,以促进一般身体活动的发生。

站立和走路:直立的整个复杂机制先是靠支撑,然后不靠支撑,接下来是走路,再后是奔跑和跳跃。奔跑和跳跃是一种发展得十分缓慢的机制。整个机制的起始看来在于所谓"伸肌延伸"(extensor thrust)的发展之中。在婴儿期的头几个月里,伸肌的延伸通常并不呈现出来。出生几个月以后,如果婴儿被大人用手臂举到差不多站立的位置,它的双脚的一部分始终接触地板,那么,由于身体重量落在双脚上,双腿的肌肉便僵硬。在这种反射出现以后不久,婴儿开始尝试着使自己站立。在 7～8 个月的时候,许多婴儿能够在很少的帮助下自己站直,并在抓住某种物体的情况下，短时间内支撑他们自己，使自己处于站立状态。在取得了这一成绩以后，该过程的下一阶段便是抓住一个物体而到处走路了。最后阶段是单独走第一步。单独走第一步因人而异，其发生的时间各有不同，这要视婴儿的体重、健康状况、他在跌跤（条件反射）时有没有产生过严重的灾祸等等而定。通常，婴儿在 1 岁时走出第一步，有时还会稍稍早一些。在我的记录中，最完整的观察事例表明，第一步是在婴儿出生后第十一个月零三天结束时跨出的。在第一步跨出以后，其余的行为都必须学会，就像青年人在骑自行车、游泳、滑冰，以及在绷索上走路时必须学会使自己"平衡"一样。看来，在发展这一机制的过程中，有两个因素齐头并进。一个因素是体内组织的实际成长，另一个因素是习惯的形成。行为可以通过训练［积极的条件反射（positive conditioning）］而加以促进；然而，它也可以在这些阶段的任何一个阶段明显地停滞，如果婴儿跌跤并受伤的话［消极的条件反射（negative conditioning）］。

言语行为：婴儿早期发出的声音以及使这些声音形成条件反射并组织成词语和言语习惯，将在第 10 篇演讲中详细讨论。

游泳：游泳主要是一种学习过程。在孩子第一次尝试游泳时，他使用手臂、腿、手和躯干的组织良好的习惯已经充分地确立起来。"平衡"、呼吸、消除恐惧等等，则是余下来的重要因素。

当把新生儿放入与体温相同的水中，他的头部露出水面，几乎不发生任何一般的反应。但是，如果把新生儿放入冷水中，激烈的身体反应就产生了，但是，并不出现任何一种类似游泳的动作。

抓物：刚出生的婴儿能用右手或者左手支撑其全部体重，只有极少例外。我们用于测试的方法是把直径相当于一支铅笔的小棒放在婴儿一只手中，然后将他的手指合拢。这会促使抓物反射（grasping reflex）的产生。与此同时，还开始了啼哭。接着，婴儿的手便紧抓小棒。在该反应期间，婴儿可以用他抓住的棒头将自己整个身体从枕头上提起来。一名助手将双手放在婴儿下面，以便当他掉到枕头上时可以接住他。婴儿抓住棒头将身体悬挂起来的时间长短不等，从短暂的一瞬间到 1 分钟以上。在特定的情况下，在不同的日子里持续时间可能有相当大的变化。

上述反应从出生起几乎是不变的，直到在大约第 120 天时消失。这种反应的消失，其时间变化幅度颇大——根据所观察的一些例子，从 80 天到超过 150 天。在一些有缺陷的婴儿中间，看来在这种反应正常消失时期以后很久还会继续存在这种反应。

只有 7 个月和 8 个月妊娠期的早产儿,以一种正常方式表现出这种反应。生来就没有大脑两半球的婴儿,表现出同样的反应:一个观察到的例子是从出生到 18 天后死亡为止,对这种反应进行的测试。

除了婴儿自身的体重以外,婴儿还能够支撑多少额外的重量,这一情况从未进行过测试,但是,我们在婴儿穿上衣服时,以及给予负重时,进行过这些测试。

这一原始反应过程最终从一系列活动中消失,而且永不重现。我们将会说明,它让位于掌握和操纵物体的习惯。

眨眼:当新生儿的眼睛(角膜)被触及,或者当一股气流冲击眼睛时,新生儿会闭起眼睑。但是,当一支铅笔或一张纸迅速穿越整个视野而造成一团阴影晃过眼睛时,新生儿却不会"眨眼"。我注意到的最早的眨眼反应发生在第 65 天。玛丽·科弗·琼斯夫人在一名出生 40 天的婴儿身上注意到了这种反应。

显而易见,这种情况出现得相当突然——它首先容易"疲劳",而且十分易变。甚至在婴儿第 80 天时,有些孩子对实施的刺激也不会眨眼。通常在第 100 天时,无论何时,每当实施的刺激呈现,婴儿就会眨眼,只要刺激之间至少相隔 1 分钟时间。这种眨眼反应一直保持在活动流(activity stream)中,直到老死。尽管我们无法证明它,但是这种反应在我们看来很像一种条件化的视觉眼睑反应(conditioned visual eyelid response),其情形如下:

(无条件)刺激(U)S ——————————(无条件)反应(U)R

　　接触角膜　　　　　　　　　　　　　　眨眼

但是,接触眼睛的物体往往投下阴影,因此

(条件)刺激(C)S ——————————(无条件)反应(U)R

　　阴影　　　　　　　　　　　　　　　眨眼

如果这种推理是正确的,那么对于阴影产生的眨眼便不是一种先天的反应了。

手的惯用性:我们已经指出,手的惯用(handedness)的可能性是由于胎儿长期所处的宫内位置(实际上是一种习惯)。对手的惯用性的研究可以通过几种不同的方式从出生时就开始进行。

1. 测量右手或者左手的解剖学结构,例如右手手腕和左手手腕的宽度，手掌的宽度，以及前臂的长度等等。我们已经利用特别设计的仪器对数百名儿童作了这种测量。结果表明，在右手和左手的测量方面不存在重要差异。测量中发生的平均误差（average error）要大于每一种观察到的差异。

2.记录用左手和右手悬吊的持续时间（参见"抓物"）。在进行这些测试中特别应该注意，先让婴儿用右手悬吊身体，然后第二天让他用左手悬吊。表1（左边两栏）表明从一天到另一天的悬吊时间方面不存在恒定的情况。

表 6-1　表明两只手每天操作的结果记录（被试 J）

| 年龄 | 悬吊时间（秒） | | 相加器上的操作（寸） | |
天数	左手	右手	左手	右手
1	1.2	5.6	16.16	13.75
2	2.2	3.0	25.00	15.00
3	0.6	1.4	37.50	36.25
4	0.6	0.4	12.00	15.00
5	1.2	1.0	15.00	27.00
6	1.0	1.6	17.16	16.00
7	0.6	3.2	21.25	29.37
8	1.0	2.2	24.16	18.37
9	1.8	1.8	17.25	13.00
10	1.4	0.6	28.00	9.00
平均	1.16	2.08	21.34	19.27

右手比左手悬吊时间更长——3 次　　右手比左手更多操作——7 次

左手比右手悬吊时间更长——6 次　　左手比右手更多操作——3 次

左手和右手悬吊时间相等——1 次　　左手和右手操作相等——0 次

3.记录在一个特定的时间段内用右手和左手进行操作的总量。我们使用一种特别设计的操作相加器（work adder）进行此项研究。这种操作相加器原则上是一只摆轮，它以这样一种方式工作：不论婴儿如何挥动他的小手臂，总是使摆轮朝一个方向转动。随着摆轮转动，便可通过一根带子把一小块附在轮子上的铅锤绞上去。当然，每一只手都分别使用仪器。在操作开始时，将两块重物放下来，直到它们刚刚接触到台子顶部。于是，把婴儿的双手缚在带子上。婴儿的挥舞动作开始把重物绞上去。通常，婴儿光着身子仰面躺着，不受观察者的任何刺激。在 5 分钟结束时，把婴儿从测试装置中取出，然后对两个重物离开桌面高度的时数进行测量。

根据这种方法取得的记录,我们再次发现两只手所作的操作之间极少存在显著差异。

表 6-1(右边两栏)提供了一名婴儿在出生头 10 天里的记录。总的说来,这张表格表明了从操作相加器和悬吊中获得的数据结果。请注意,被试 J 的悬吊平均时间为右手 1.16 秒,左手 2.08 秒。平均操作(绞起的平均高度重量)右手为 21.34 寸,左手为 19.27 寸。有 3 天时间婴儿用右手悬吊的时间较长;有 6 天时间则用左手悬吊的时间较长;有 1 天时间左右手悬吊时间相等。还请注意,有 7 天时间他用右手较快地绞起重物,而且左手较快地绞起重物则只有 3 天。

因此,我们可以看到,在婴儿期的开头几天中,手的惯用性是如何变化的。但是,仅凭一名婴儿的记录说明不了什么问题。我们在这里提供了一名婴儿的记录,不过是想表明所期望的调查结果所属的类型。当我们通过诸如此类的大量记录绘制分配曲线,无论是把悬吊时间制成图表,还是把操作相加器上所做的全部操作制成图表都一样。显然,习惯(或者迄今为止某种未确定的结构因素)肯定参与其中,以便使之稳定下来。

4. 在伸手取物动作建立以后,用呈现物体的方式测试手的惯用性:我们将在第 9 篇演讲中讨论儿童如何学习伸手取物以及操纵小物件的问题。在这篇演讲中,我要你们想象一名出生为 150~175 天的婴儿。在大约 120 天时,你们可以开始让婴儿伸手去取一块上面装饰着漂亮条纹的薄荷糖。你必须首先积极地使他对糖果形成条件反射。这种条件反射活动可以在伸手取物的习惯建立之前就得以完成,方法是通过用一根棒头糖从视觉上刺激婴儿,然后把糖果放在口中,或者把糖果放在婴儿手里。如果把糖果放在婴儿手里,婴儿便将糖果放入口中。通常到了第 160 天时,一旦糖果出现,婴儿便会伸手去取糖果。然后,就可以对这名婴儿进行手的惯用性测试。

在这段有趣的时间里,我总共与大约 20 名婴儿一起工作。在做测试时,婴儿被母亲抱在膝上,以便双手获得同样的自由。实验者站在婴儿面前,将糖果保持在与婴儿双眼平行的水平面上并缓慢地朝婴儿送去,但是须小心保持在两手间的位置上。当糖果到达婴儿够得着的地方时,婴儿的双手便开始活跃起来,然后一只手或另一只手或者双手举起,朝糖果伸去。于是,首先触及糖果的那只手被注意到了。

属于这种性质的所有实验结果表明,从孩子出生 150 天到 1 周岁之间,没有证据确定稳定的和一致的手的惯用性。有些日子右手用得较频繁,而有些日子则左手用得较频繁。

我们得出的结论

我们关于手的惯用性的整组研究结果使我们相信，直到社交用途开始确立手的惯用性时，方才在两手中产生反应的固定分化。此后，社会很快介入，并说"你应该使用你的右手"，压力也就立即开始了。"用你的右手握手，威利。"我们抱婴儿的姿势也是让他能用右手和人家挥手告别。我们强使他用右手取食。这种情况本身就是足够有力的条件反射因素，可以用来说明手的惯用性的原因。不过，倘若你问："为什么社会是惯用右手的呢？"这大概要追溯到原始时代了。一个经常得到引证的古老理论也许可以视作真正的原因。心脏位于人体左侧。对于我们原始的祖先来说，了解以下情况是十分容易的，即人们用左手举着盾牌并用他们的右手把矛刺向对方或猛掷出去，这些人归来也往往拿着盾牌而不是被放在盾牌上抬回来的。如果在这一理论中有什么真理的话，那么可以十分容易地了解我们的祖先为什么开始教会青年一代惯用右手了。

在盾牌被搁在一边之前很久，手稿和书籍的时代已经开始；而在手稿和书籍来到之前很久，古代流浪的吟游诗人也已经在口头上将这种惯用右手的传统加以具体化。强大的右臂成为我们神话中英雄的一部分。我们的一切工具——蜡烛熄灭器、剪刀以及类似的物品，过去曾是，现在还是为惯用右手的人们制作的。

如果手的惯用性是一种由社会灌输的习惯，那么我们该不该改变左手惯用者——那些抗拒社会压力的顽固分子呢？我坚持认为，如果这项工作完成得早且十分明智的话，那么就不会产生哪怕是最轻微的损害。我想应当在语言十分发展以前做这项工作。在后面的演讲中，我将试图向你们证实，从一开始我们便用词语表达我们的行为——也就是将行为翻译成言语以及将言语翻译成行为。现在把一名惯用左手的会讲话的孩子突然改变成惯用右手的孩子，很可能使孩子降低到只有出生 6 个月的水平。由于经常不断地干扰孩子的行为，你就打破了他的用手习惯，从而可能同时干扰了他的言语（因为言语和用手行为是同时形成条件反射的）。换言之，当孩子正在重新学习时，他不仅要用手摸索，还要用语言摸索。这样，孩子便重新退回到婴儿期。对身体予以无组织的（情绪的）内脏控制又会作为一个整体重新占据支配地位。比起一般的父母或教师准备给予的处理来,要转变处于这种年龄的儿童需要更加明智的处理。

我认为,主要问题已经解决了:手的惯用性不是一种"本能",甚至很可能不是在结构上已经被决定了的。它是社会地形成了的条件反射。但是,为什么人群中仍拥有 5％完全意义上的惯用左手者,以及 10％～15％的混合型者(左右手均用者)——例如,用右手掷球、写字或吃东西,而用左手操作斧头或锄头等等——这就不得而知了。①

再者,处于站立阶段的婴儿有时会用一只手或另一只手抓住东西不放——那只手往往是训练有素的更强有力的手!在此期间另一只手则空着。使用的手可能取代甚至超过那只因不用而功能减退的手。对成人进行问卷调查和统计研究不会使这一问题更清楚地显示出来。

非习得性资质的小结

尽管我们对人类非习得性资质的研究还刚刚开始,可是从我已经对你们讲的内容中,可以对即将见到的那种活动类型以及研究这种资质的方法获得一个完整的印象。

婴儿出生时或出生后不久,我们几乎能发现所有这些业已建立的所谓临床神经病学(clinical neurological)的信号或反射,例如瞳孔对光的反应,膝盖反射和其他许多信号或反射。

我们发现,出生啼哭后接着发生呼吸,以及心跳和所有的循环现象,例如血管舒缩中的收缩(血管直径减少)和舒张,脉搏等等。从消化道开始,我们发现吮吸、舌部运动以及吞咽;发现饥饿痉挛,消化,在整个消化道中必要的腺体反应,以及排泄(排便、撒尿、出汗)。微笑、打喷嚏和打嗝行为至少部分地属于消化道系统。我们还发现阴茎勃起。

我们发现,当婴儿用双手将自己悬吊起来时,就躯干而言,可以观察到躯干的一般运动,以及头部和颈部的一般运动。然后,出现了有节奏的

---

① 有些因素必须注意,并予以追踪。吮吸大拇指、手指头和手在许多婴儿身上都有所表现,而且往往持续到儿童期后期,除非对这种习惯很明智地加以处理,否则它将存在。十分稳定地使用一只手或另一只手,这是通常发生的情况,但不是始终发生的情况。任何人都会期望未被吮吸大拇指的手在操作物体方面会迅速地变得更加灵活。

"爬行"运动。我们可以见到婴儿呼吸时躯干的活动，以及婴儿在啼哭时、排便和撒尿时、翻身时、头部抬起或转动时躯干的活动。

我们还发现手臂、手腕、手和手指差不多处于无休止的活动之中（大拇指直到后来才参与进来）。在这种活动中，尤其值得注意的是抓物，反复地张开和合拢双手，整个手臂乱动，把手或手指放进口中，当鼻子被捏住时将手臂和手指投向脸部等等。

我们发现除了睡着的时间以外，双腿、脚踝、足和手指几乎处于不停顿的运动之中；如果出现外部的（和内部的）刺激，甚至睡着时也会发生运动。膝盖可以弯曲，腿部移向臀部，踝骨转动，足趾展开等等。如果接触婴儿足底，便会产生具有特征性的足趾运动（巴宾斯基反射）；如果左膝部被拧一下，右脚就会提升到刺激点，反之亦然。

其他活动则出现在稍后阶段——例如眨眼，伸手取物，拿和把弄，手的惯用性，爬行，站立，坐直，走路，奔跑，跳跃。在这些后来出现的大量活动中，很难说有多少动作是由于训练或条件反射而产生的。毫无疑问，大部分是由于结构方面生长的变化，其余部分则是由于训练和条件反射的缘故。

本能变成了什么

难道我们不准备承认整个本能的概念是学术性的和无意义的吗？甚至从最早时刻起我们就发现习惯因素存在着——甚至在许多显然简单的动作中存在着，以至于我们习惯地把这些简单的动作称为生理反射（physiological reflexes）。现在让我们回到詹姆斯的"本能表"（list of instincts）或者回到其他一些本能表中去。就詹姆斯描述的行为——例如模仿、竞争、清洁，以及他所列举的其他一些形式——能被观察到的那一时刻而言，婴儿实际上是习得反应（learned responses）这门学科上的一名研究生（graduate student）。

因此，实际的观察使我们不可能再容纳本能的概念。我们已经看到，每种行为均有一种发生史（genetic history）。难道这不是用来找出疑问中的无论什么行为并观察和记录其生活史的唯一正确的科学程序吗？

就拿微笑来说，它在出生时便开始出现——是由机体内的刺激引发的，也是由接触引发的。很快，它形成了条件反射，只要一见到母亲便会引发微笑；接下来是声音的刺激，最终是图片的刺激，都会引发微笑；再接着是词语，然后是看到的、听到的或读到的生活情境都可能引发微笑。很自然，我们笑什么，我们笑谁，以及我们和谁一起笑，都是由我们特定的条件反射的整个生活决定的。不需要什么理论来解释它——只需要对遗传事实的系统观察。弗洛伊德派的（Freudian）信徒们精心编造的关于幽默和笑话的一派胡言不过是一些无用的谷壳。一旦观察挑明了事实，它们就会被风吹到一边去。

让我们再提一下操作问题。它开始于第 120 天，到婴儿 6 个月时，这种行为变得稳定、明显和熟练。它可用千百种方式建立起来，主要有赖于容许它发展的时间，婴儿玩的玩具，婴儿是否被其玩具伤害过，婴儿玩玩具时是否被玩具发出的声音惊吓过，等等，脱离了早期的训练因素而侈谈什么"建设性的本能"（constructive building instinct）是违背事实的。

再有，在教育宣传中存在一种类似的毫无意义的口号——采取像"让儿童发展其内在的天性"之类的形式。表述这些癖好和本能的神秘的内在生活的其他短语有"自我实现"（seif-realization）、"自我表现"（self-expression）、"未受教育的生活"（untutored life）（例如，未开化民族的生活）、"野性"（brute instincts）、"人的卑劣自我"（man's base self）、"基本的事实"（elemental facts）等等。这些作者如阿尔伯特·佩森·特荷恩（Albert Payson Terhune）、杰克·伦敦（Jack London）、雷克斯·比奇（Rex Beach），以及埃德加·拉斯·波罗斯（Edgar-Rice Burroughs），把他们从一批读者中引发出的反应归之于由社会传统（尤其是通过性的禁忌）所奠定的结构，这些由社会传统所奠定的结构受到了这些心理学家本人的误解的支持。

为了使你们更加容易地掌握行为主义的一个中心原则——也即一切复杂的行为均来自简单反应的成长或发展，我想在这里介绍"活动流"（activity stream）的概念。

活动流取代詹姆斯的"意识流"

你们中间的大多数人一定对威廉·詹姆斯关于意识流（stream of consciousness）的那一经典章节十分熟悉了。我们都十分喜欢那一章。不过，今天看来，像旧式的公共马车已经不适应现代的纽约第五大道一样，詹姆斯的这种提法也已经和现代心理学大大脱节了。旧式的公共马车固然是别致的，但是它已经让位于更加有效的交通工具。在这篇演讲里，我想给你们一些替代詹姆斯经典贡献的东西；尽管不很别致，却更符合事实。

我们已经回顾了关于婴儿早期行为的许多广为人知的事实。让我们用一幅图解来描绘人类结构日益复杂的整体。由于某些原因，这种描绘将是十分不完整的。首先，我们在图解上只能显示那些活动中的一些活动。其次，即使图解上有足够的空间，由于我们的研究还不够完整，我们也无法描绘一幅合适的图解。最后一点，我们在这几篇演讲中还没有讨论人类内脏的和情绪的资质，他的操作习惯和语言习惯。

可是，暂且不管以上这些缺陷，让我们想象一下一个完整的生活图解吧——永无休止的活动流，开始于卵子的受精，随着时间的流逝变得更加复杂。我们实施的有些非习得性行为是短命的——这些非习得性行为在活动流中只占一点点时间——例如吮吸和非习得的抓握动作（与习得的抓握和操作动作相对而言），大脚趾的伸展动作（巴宾斯基反射）等等，然后便从活动流中永远地消失了。设想一下在生命的长河中较晚出现的其他一些行为，例如眨眼、月经、射精等等，它们在活动流中保持下去——眨眼动作保持到死亡；月经维持到大约 45～55 岁，然后消失；男性的射精行为可以保持到 70～80 岁，甚至更长。

但是，最为艰难的是设想一下每一种非习得的行为在出生以后不久便形成条件反射——甚至包括我们的呼吸和循环。设法记住，手臂、手、躯干、腿、脚和脚趾的非习得性运动迅速地组织到我们稳定的习惯中去，其中有些行为终生保持在活动流中，其他一些行为只保持一个短暂时间，然后更永远地消失了。例如，我们 2 岁时的习惯必须让位于 3 岁和 4 岁的习惯。

我想花整整一个晚上谈论一下人类活动的这幅图解（见下页）。它可以借图解形式迅速地为你们提供心理学的整个范畴。行为主义者研究的每个问题，在这明确的、实质性的、可以实际观察到的事件流中均有某种形式的定位。它还为你们提供了行为主义者的基本观点——也就是说，为了了解人类，你必须了解他的生活史。它还最有说服力地表明了心理学是一门自然科学——生物学的一个明确部分。

在我们的以下两篇演讲中，我们将会看到，在行为主义者的手里，人类情绪的遭遇是否会比本能的遭遇更加好一些。

简略的图解表明了某些人类活动体系（action systems）日益增长的复杂性。黑色的实线表示每一活动体系非习得的开始。虚线表示每一体系如何通过条件反射而变得复杂起来。

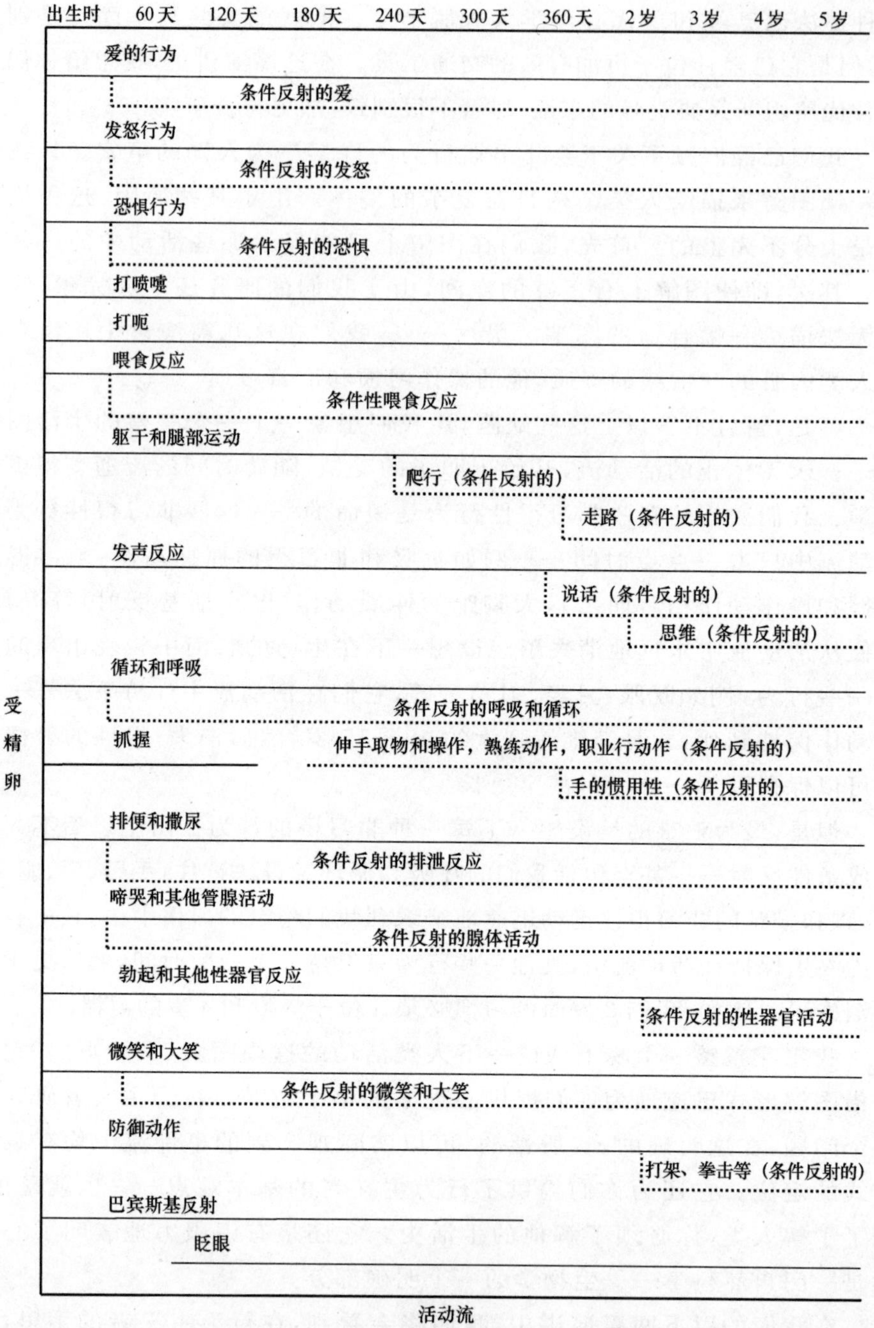

图 6-1 的内容（横轴时间刻度：出生时　60天　120天　180天　240天　300天　360天　2岁　3岁　4岁　5岁；纵轴左侧标注：受精卵　活动流）：

- 爱的行为
  - 条件反射的爱
- 发怒行为
  - 条件反射的发怒
- 恐惧行为
  - 条件反射的恐惧
- 打喷嚏
- 打呃
- 喂食反应
  - 条件性喂食反应
- 躯干和腿部运动
  - 爬行（条件反射的）
  - 走路（条件反射的）
- 发声反应
  - 说话（条件反射的）
  - 思维（条件反射的）
- 循环和呼吸
  - 条件反射的呼吸和循环
- 抓握
  - 伸手取物和操作，熟练动作，职业行动作（条件反射的）
  - 手的惯用性（条件反射的）
- 排便和撒尿
  - 条件反射的排泄反应
- 啼哭和其他管腺活动
  - 条件反射的腺体活动
- 勃起和其他性器官反应
  - 条件反射的性器官活动
- 微笑和大笑
  - 条件反射的微笑和大笑
- 防御动作
  - 打架、拳击等（条件反射的）
- 巴宾斯基反射
- 眨眼

图 6-1　人类活动日益增长的复杂性图解

有些体系显然没有改变。它们终生存在于活动流中，而不增加其复杂性。

上述图解既不完整又不正确。唯有达到彻底的发生学研究，该图解才能作为对不同年龄婴儿的行为予以期望的衡量尺度。

◀ 行为主义的历史可追溯到笛卡儿（R.Descartes，1596—1650），他曾声称动物是无意识的，否定了动物的意识，试图对身心作机械主义的解释。

▶ 这张笛卡儿的手绘稿意在说明人类松果腺指导下的意识反射。

▶ 拉美特利（J.O. LaMettrie，1709—1751）则更进一步，认为人类行为的自动化与动物的相同。

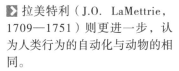

▼ 罗意德·摩根（C. Lloyd Morgan，1852—1936），是早期行为主义者的主要人物之一，认为在研究中不能直接地形容动物的心理过程。图为罗意德·摩根的狗（名叫托尼）正在学习开门栓。

▲ 孔德（A.Comte，1798—1857）认为唯一有效的知识是那种具有社会性，而且是可以客观观察的知识。这种倾向波及到心理学，促成一种新心理学的产生。它拒绝谈论"意识"、"心理"等心灵主义概念，而只注重那些看得见、听得到和摸得着的东西。它既反对心理学的研究对象是意识，也反对研究意识的手段是内省。

 动物心理学直接导致了行为主义的产生。动物学家和生理学家雅克·洛布提出向性运动概念，用以说明动物行为。按照向性理论，动物反应是对刺激的直接作用的反应，没有必要用意识的术语来解释它。拥护洛布的学者甚至撰文建议放弃一切心理学名词，如感觉、记忆、学习等。而代之以客观的名词。洛布的大部分动物生理实验是在伍兹霍尔的海洋生物实验室（Marine Biological Laboratory in Woods Hole，如上图）完成的。

◀ 桑代克（E.L.Thorndike，1874—1949）发展了一种机械的学习理论。他只注意外显的行为，而极少参照意识或心理过程。他坚信心理学必须研究行为，而不应研究心理元素或意识经验。由此，他在研究动物的学习现象时避免使用"观念"等术语，而用"刺激"、"反应"等术语来解释学习。

◀ 以卡特尔（J.M.Cattell，1860—1944）为代表的机能主义者主张心理学应把注意力集中于行为而不是意识。例如，卡特尔在1904年世界博览会上发言时说道："我不相信心理学应该只限于研究意识。在我看来，我或我的实验里所做的大多数研究工作几乎都与内省无关。"华生曾在该会上听到过这个发言，他后来的主张与卡特尔这个发言之间具有很多相似性。

一些早期的学者，在达尔文（C.Darwin，1809—1882）倡导的理论影响下，相信人类和动物都有完善的本能。华生在本书中说："我读了达尔文的若干文章。这些文章对成人的恐惧行为给予了很好的描绘。在他的描述中，我们看到大量先天的和后天的因素构成了有机体的恐惧行为。"

巴甫洛夫（I.Pavlov，1849—1936）证实了能用生理学术语来表述动物的高级心理过程，从而使心理学在研究方法上具有更大的客观性。这种影响反映在行为主义发展上，主要表现为把条件反射作为行为的基本元素，为行为研究提供了可以操作的具体单元。行为主义者抓住了行为这个单元，并使它成为研究的核心。

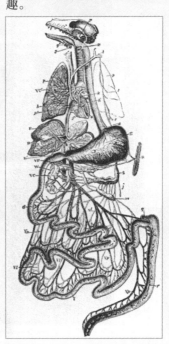

生理学家刘易斯（C. H. Lewes）书中的这幅消化系统图，吸引了巴甫洛夫的研究兴趣。

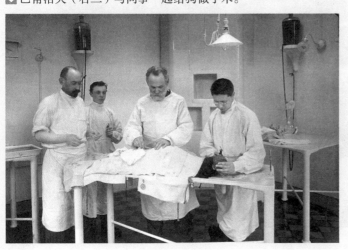

巴甫洛夫（右二）与同事一起给狗做手术。

华生的行为主义心理学思想的形成在很大程度上受到巴甫洛夫条件反射学说的影响。华生认为，狗可以通过训练建立条件反射，人也有类似的情况。只要找到不同事物之间的联系，再根据条件反射原理加以强化，使刺激和反应之间建立起牢固的关系，就可以预测、控制和改变人的行为。

1920年，华生及其助手罗莎莉在约翰·霍普金斯大学进行了后来成为心理学史上著名的实验——小阿尔伯特实验（The Little Albert experiment）。这个不朽的实验最初发表在《实验心理学》（the Journal of Experimental Psychology）上，成为心理学中最具争议的实验之一，被记载在许多教科书中。

该实验揭示了恐惧可以通过刺激而产生。当阿尔伯特9个月大时，可以毫不惧怕地玩弄一只大白鼠（见图①）。可是，有一天正当阿尔伯特伸手去触摸那只大白鼠时，华生在一旁用锤子猛敲钢棍，发出巨响。阿尔伯特被吓得猛然跳了起来，跌倒在床上，但并没有哭叫。此后每当孩子伸手触摸大白鼠时，华生便敲击钢棍，孩子便猛然跳起然后跌倒，继而哭泣（见图②）。一周之后华生又让阿尔伯特玩弄大白鼠，这时阿尔伯特对它还有胆怯，不敢上前去接近大白鼠（见图③）。当大白鼠用鼻子嗅他的左手时，他立刻把左手缩了回去。后来他伸手去摸大白鼠的头，可还没有碰到，便又把手缩了回来（见图④）。此后，阿尔伯特不但惧怕大白鼠，而且对其他毛乎乎的东西也产生了恐惧：兔子、狗、皮大衣、绒毛玩具娃娃，还有用海豹皮做的衣服外套和棉花（见图⑤），哪怕并没有任何钢棍敲击的声音。

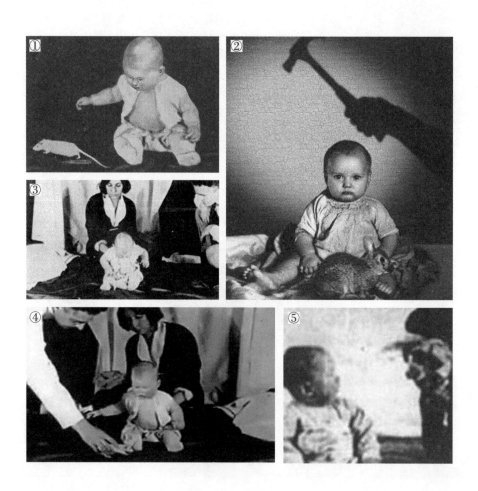

华生在本书中写道："阿尔伯特是哈瑞特·莱恩（Harriet Lane）医院一个护理人员的儿子。他从出生起就一直住在医院里，而且是一个妙极了的'好孩子'。在与他相处的几个月中，我们从来没有看见他哭过，直到我们做了实验以后！"

1930年华生有一段著名的言论（即"一打婴儿"的名言）：

给我一打健全的婴儿，把他们带到我独特的世界中，我可以保证，在其中随机选出一个，训练成为我所选定的任何类型的人物——医生、律师、艺术家、商人，或者乞丐、窃贼，不用考虑他的天赋、倾向、能力、祖先的职业与种族。

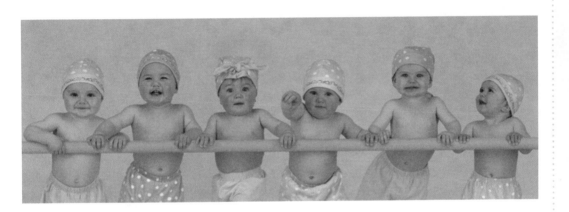

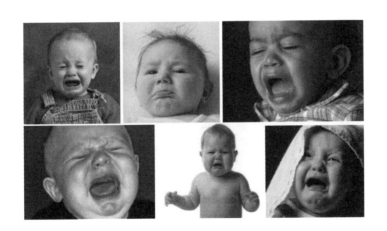

　　华生认为，行为是可以通过学习和训练加以控制的，只要确定了刺激和反应之间的关系，就可以通过控制环境而任意地塑造人的心理和行为。他是典型的"环境决定论"。根据这一理论，犯罪心理和行为的形成与发展，是人在不良的环境中不断学习、训练的结果。但这一理论过分夸大了环境的作用，而忽视了人的主观能动性。华生因此也遭到了许多人的反对。

❯ 早在1908年任约翰·霍普金斯大学教授期间，华生就为动物心理学界定了一个纯客观的、非心理主义的研究方法，他开始用行为主义的方法来取代当时的心理学，他的观点很快受到了学术界的欢迎。1915年，华生当选为美国心理学会（American Psychological Association）主席。

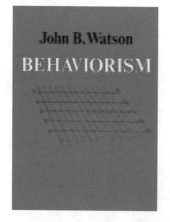

◀ 1925年，华生出版了其代表作《行为主义》（*Behaviorism*），深入浅出地向读者宣传他的行为主义观点。华生在本书中对本能、情绪、思维等，都用客观的刺激—反应术语进行讨论。其主要观点是：心理学的研究对象是行为而不是意识，心理学的研究方法是客观观察而不是自我内省，心理学的任务在于预测和控制行为。华生藐视传统，破旧立新，反对心灵主义心理学和机能主义心理学，创立了行为主义心理学。《行为主义》一书就是行为主义的最好概括。

◀ 华生离开科学界后，并没有完全中断学术研究。除了出版数本心理学普及读物外，华生获得劳拉·斯皮尔曼·洛克菲勒纪念馆（Laura Spearman Rockefeller Memorial）的一笔研究基金，其中部分用于继续进行儿童情绪生活的研究。图为劳拉·斯皮尔曼·洛克菲勒的墓地。

❯ 华生找到赫克希尔基金会（Heckscher Foundation，如图）作为施展研究的场所。那儿大约有70名年龄在3个月到7岁的儿童。因为该基金会不允许完全控制这些孩子，而且由于常发生无法避免的传染病，华生的研究经常不得不停下来。

行为主义心理学派的主体思想是从詹姆斯（William James，1842—1910）的机能主义学派的观点进一步发展而来的。华生在《行为主义》一书中就多次引用詹姆斯的言论。

在华生之后，行为主义的主要代表人物有斯金纳（Burrhus Frederic Skinner，1904—1990）等。斯金纳被称为"彻底的行为主义者"。

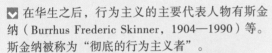

著名的斯金纳箱。斯金纳的思想在当代的教育心理治疗中被广泛应用。

继斯金纳之后，行为主义则以班杜拉（Albert Bandura，1925— ）为代表。他的"波波玩偶实验"最为著名。

华生的行为主义心理学理论体系在20世纪20年代风行一时，且深刻地影响了心理学的进程。美国心理学界公认，自行为主义心理学问世后，有很长时间，美国心理学家很少不是实际上的行为主义者。例如，爱德华·托尔曼（Edward C. Tolman, 1886—1959），克拉克·赫尔（Clark L. Hull），坎特（J. R. Kantor），吉伯特·赖尔（Gilbert Ryle）等人皆是行为主义者。

⬆ 1905年麻省理工学院物理化学实验室的师生合影，后排站立者左起第四个为爱德华·托尔曼）。

▶ 郭任远（1898—1970）中国现代心理学家。1918年留学美国加利福尼亚大学攻读心理学，曾得到爱德华·托尔曼教授的赏识。1921年发表《心理学应放弃"本能"说》(Giving up instincts in psychology)，此文锋芒不仅直指心理学权威麦独孤，而且也触及行为主义的创始人——华生。

◀ 1923年，年仅25岁的郭任远回国任上海复旦大学副校长，1925年创办心理学系（如图）。他在校内外演讲，介绍行为主义心理学理论，经上海各报刊发表，广为人知晓。

以华生为代表的行为主义是美国现代心理学的主要流派之一，也是对西方心理学影响最大的流派之一。它直接促进了对心理学的应用。心理学应用范围之广、涉及领域之多不胜枚举。从政府机关到学校，从工厂到实验室，尤其在医院的应用更是不计其数。

第七讲　情绪(Ⅰ)

情绪领域及其某些实验研究的概况

· Emotions (Part Ⅰ) ·

　　事实上,在过去的20年中,弗洛伊德派和后弗洛伊德派(post-Freudian)所发表的数量惊人的著述足够装满一个大房间。但是,行为主义者在如此大量的文献中找不到任何中心的科学观点。差不多十多年前,行为主义者开创了他们自己的研究。当他们的研究开始产生结果时,他们才明白可以简化情绪问题,并且应用客观的实验方法来解决它。既然大多数人掌握的是詹姆斯的情绪"理论",那么就让我们从他开始。一旦指出詹氏观点的缺陷,将很容易使你相信,行为主义者在该领域的研究方法和研究结果等方面都作出了真正的贡献。

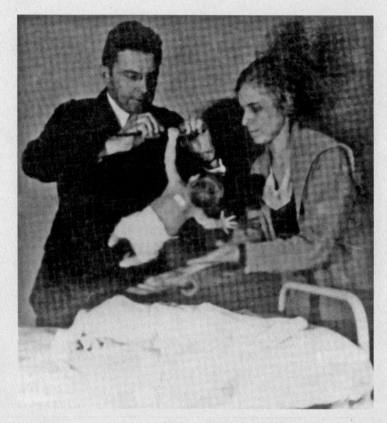

1916 年华生的"新生儿抓握反应"实验

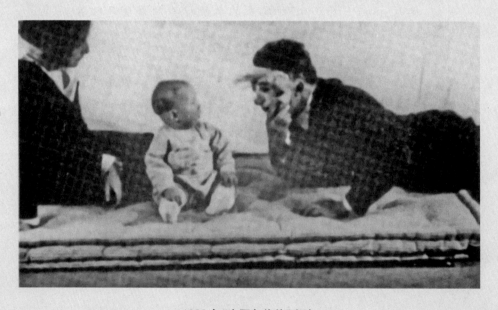

1920 年"小阿尔伯特"实验

哪些情绪是我们与生俱来的？

我们如何习得新的情绪？

我们如何失去旧的情绪？

前两讲表明，现时的本能心理学观点与行为主义者的实验结果是不一致的。那么能否更好地澄清现时的情绪（emotions）概念呢？一个课题，除非它与本能有关，否则就不会比情绪获提更多的笔墨。事实上，在过去的 20 年中，弗洛伊德派和后弗洛伊德派（post-Freudian）所发表的数量惊人的著述足够装满一个大房间。但是，行为主义者在如此大量的文献中找不到任何中心的科学观点。差不多十多年前，行为主义者开创了他们自己的研究。当他们的研究开始产生结果时，他们才明白可以简化情绪问题，并且应用客观的实验方法来解决它。既然大多数人掌握的是詹姆斯的情绪"理论"，那么就让我们从他开始。一旦指出詹氏观点的缺陷，将很容易使你相信，行为主义者在该领域的研究方法和研究结果等方面都作出了真正的贡献。

詹姆斯关于情绪的内省观点

大约在 40 年之前，詹姆斯使情绪心理学遭受了一次挫折，直到现在它才刚刚开始恢复元气。在詹姆斯时代之前，达尔文（Darwin）有一个更合情合理的观点。生理学家兰格（Lange）也接近了正确的道路。这里，我引用了一段兰格关于"悲伤"的著名话语：

> 这个伤心的人是如此显露其外表特征的：他行动迟缓，步履蹒跚，拖着腿，垂着手。由于喉部和呼吸肌群的无力，他的声音微弱，毫无共鸣。他一直坐着，沉浸于自我和沉默之中。肌肉的正常张力或

◀华生的实验对象主要是新生儿。他后来的畅销书《行为主义的幼儿教育》应该得益于这些实验。

潜在的神经支配显著地被削弱了。颈部弯曲,垂着头(因伤心而垂下),腮部和颌部肌肉松弛,使脸看上去又窄又长。下巴垂着,嘴张着。眼睛看上去很大,这是眼部括约肌麻木的结果。但是,眼睛部分地被垂下的上眼皮所遮盖,这是因为上眼皮的提肌不中用的结果……然而,整个自主运动器官(voluntary motor apparatus)的虚弱(所谓的动物生命之器官)仅仅是悲伤生理学的一个方面;另一方面,几乎差不多重要,并且从结果来说甚至更为重要的是属于运动器官的另一分支,也就是非自主的或器官的肌肉(involuntary or organic muscles),特别是那些在血管的内壁上发现的肌肉,它们的作用是通过收缩来减小血管的内径。这些肌肉和它们的神经一起组成了血管运动器官(vaso-motor apparatus);在悲伤中,扮演着与自主运动器官相反的角色。血管肌肉不像麻木的自主运动器官那样,而是比往常更强烈地收缩,导致身体的组织与器官贫血。这种缺血的直接后果是脸色苍白和身体蜷缩,并且苍白的脸色和扭曲的面貌等特征与面部的松弛联系在一起,成为悲伤的受害者的独特容貌。而紧接着表现出来的憔悴模样来得太快,不能归因于营养失调和损耗后未经补偿。皮肤缺血的另一个常见结果是感觉寒冷,并且身体发抖。悲伤的固有症状是对冷敏感,难以保持温暖。处于悲伤之中,内部器官毫无疑问与皮肤一样贫血。这当然不能直接看到,但是许多现象证明了这一点,它就是各种分泌液的减少,至少这类现象是可以观察到的:嘴发干,舌头发黏,有苦味感等,这些都是舌头干燥的结果[苦悲(bitter sorrow)一词很可能源出于此]。这类事件发生在哺乳期妇女身上,造成奶水减少或者彻底枯竭。有一种最常规的表现,它明显地与其他生理现象相反,那就是哭泣。哭泣伴随着大量的泪水,红肿的眼睛,还有鼻黏膜分泌的增加。

考虑到兰格是在行为主义产生之前进行研究的,我们认为他的理论朝着正确的方向;至少这是一个观察的结果。它产生了对组成一组反应的不同反应部分的客观描述,总体上我们称之为"悲伤"。

再者,让我们引用一下达尔文对恐惧的描述:

> 这个被吓着的男人首先像一座塑像般站着,一动不动,屏住呼吸,或者蜷缩着,似乎本能地不想被人看到。心跳快速而猛烈,它突突跳着,敲打着肋骨。但是,它是否能比往常更有效地工作,以便传

送大量的血液到身体的各个部分，着实令人怀疑；因为皮肤在早期的衰弱中变得苍白，这种表皮的苍白，不管怎样，很可能大部分地或者全部地归因于血管运动中枢受到诸如促使皮肤小动脉收缩之类方式的影响。皮肤在一个人感到巨大恐惧时会受到明显影响。我们看到一种奇异的现象，汗水随即从皮肤中涌出。这种汗水的流出是极为明显的，然后皮肤表面冷却下来，最后变成一身冷汗；而当汗腺处于活动的正常兴奋状态时，表皮是热的。皮上毛发也竖起，表层肌肉颤抖。与受到干扰的心脏活动相联系的是呼吸的加快。唾液腺出了问题，嘴巴变得干燥，而且经常一张一合。我也注意到，在轻微的恐惧下，有强烈的张口趋势。最显著的症状之一是身体的每一部分肌肉都发抖。这首先表现在嘴唇上，由于这个原因，也由于嘴巴的干燥，声音变得沙哑或不同或可能完全失声。当害怕增强到极度的恐惧时，我们看到在所有强烈情绪下都会产生的各种现象：心脏狂跳，或者几乎停跳，接下去是昏厥；脸色死般地苍白；呼吸沉重；鼻翼张得很大；嘴唇抽搐；深陷的面颊在颤抖，喉部不停地吞咽；眼睛睁着，眼珠突出，盯着恐怖的目标，或者眼珠不停地转动。瞳孔据说放到极大，身体的所有肌肉可能变得僵硬或发生痉挛。手交替地松开和握紧，常常伴随着哆嗦。手臂伸出，像是要挡住骇人的危险，或者尽力伸过头顶。哈根诺尔（Hagenauer）先生曾经在一个感到恐惧的澳大利亚人身上看到了后一种行为。在另外的情形下，存在一种突然的、无法控制的、轻率的想逃跑的倾向；它是如此强烈，以至于最勇敢的士兵也会突然地惊慌失措。

引述门特加扎（Mantegazza）对恨的描绘：

> 脑袋向后缩，躯体向后退；手向前伸，像是要去抵挡所恨的对象；眼睛眯起或紧闭；上唇提起，鼻子收紧——这些都是基本的回避动作。然后，威胁的动作，诸如：紧皱双眉，怒目圆睁，龇牙咧嘴，咬牙切齿，张嘴吐舌，握紧拳头，挥动手臂，用力跺脚，气喘吁吁，咆哮叫喊，结结巴巴，声音颤抖，吐唾沫。最后是，不同的混合反应和血管运动症状，全身发抖，嘴唇、面部肌肉、肢体和躯干等部分痉挛，自虐行为（如咬拳头或指甲），冷笑，脸色一阵红一阵白，鼻翼张大，怒发冲冠。

你可以在所有这些描述中看到一个对情绪反应中发生之事的系统观察。这里，我需要说清楚的是：我并不希望通过引用这些作者的话语来暗示我同意他们的理论观点。我之所以引用它们，仅仅是想表明，他们意欲客观地观察处在情绪状态中的人们。

老一辈的生物学家的方法是接近真理的，但是詹姆斯却完全不一样，他在这些摘录上注解说："所有这些描述的结果使得情绪的描述性文字成为心理学中最为冗长乏味的部分之一。它不仅是冗长的，而且令你感到它的细分出来的部分在很大程度上是杜撰的，或者是不重要的。它那自命正确的样子是在欺骗。"他寻求一个公式（formula）——一个词语的容器，在这个容器中，他可以投入每一种独立的情绪。用他的比喻来说，他想捕捉一只下金蛋的鹅，"然后"，他说，"对每只鹅所下的蛋的描述则是一件小事"。

詹姆斯的下金蛋的鹅

詹姆斯发现了这样一个公式，即："我的理论恰恰相反，身体的变化直接伴随着对现存事物的知觉（perception）而产生，当它们发生时，我们对这一变化的感受（feeling）即是情绪。"他如何来证明他的公式呢？仅仅内省（introspection）便使他对他所说的整个理论中最重要的观点作了进一步的论述。"如果我们假设某种强烈的情绪，然后试图从我们对身体的所有感受的意识中提炼，我们发现我们将一无所获。没有一种心理原料（mind stuff）可以组成情绪，剩下的只是一种冷静的、中性的状态。"我们看到，根据詹姆斯的理论，研究情绪的最好方法是，一动不动地站着，直到有一种情绪，并开始内省。你的内省结果可能采取以下的形式：我有了一个心跳减慢的"感觉"（sensation）——一个嘴巴干燥的"感觉"——一组来自于我的腿部的"感觉"，等等。这组"感觉"——意识状态——是恐惧的情绪。每个人不得不从事他自己的内省。没有一种实验的方法能够予以证明，观察的验证也是不可能的，换句话说，对情绪进行科学的客观的研究是不可能的。

很显然，詹姆斯和他的追随者从来没有想到过对反应的情绪形式（emotional forms of response）的起源问题进行非实验的思索。在他看来，它们是纯粹从我们祖先那儿继承来的。借助这个空洞的、词语的公式，詹姆斯使心理学失去了也许是它最美丽最有趣的研究领域。他给情绪的研究加上了沉重的负担，使其难以恢复元气，因为他的公式被这个国家所有领头的心理学家所接受，他们会在很长的一段时间里讲授它们，而我却无此耐心。

情绪的流行分类

　　除了内省之外，詹姆斯没有采用其他的方法。他给了我们一个他称之为情绪的粗略名单——痛苦、恐惧、愤怒、爱，以及一份他认为可以按道德感、理智感和美感（moral，intellectual and aesthetic fellings）分类的精细情绪表。后者过于庞大，难以单独列出。

　　麦独孤（McDougall）进行过一个不同的分类。他发现，每个主要的本能都伴随着一种原始的情绪。例如，恐惧的情绪伴随着逃跑的本能；厌恶的情绪伴随着排斥的本能；惊奇的情绪伴随着好奇的本能；愤怒的情绪伴随着好斗的本能；服从和得意的情绪伴随着自卑和自主的本能；温柔的情绪伴随着父母的本能（parental instincts）。此外，存在着一组在性格中难以标志的情绪倾向。我们已经指出，麦独孤关于本能的精细分组是不存在的（本能亦如此），所以，我们没有必要去进一步考虑它，也不会花时间去检查列在流行的心理学教科书里的一系列情绪。它们是无价值的，因为无法用客观的方法来验证它们。

行为主义者对情绪问题的研究

　　在过去的 8 年中，行为主义者从一个崭新的角度探讨了情绪问题。根据行为主义者的习惯程序，他在开始自己的研究之前，决定把他的前辈的工作扔进废纸篓，重起炉灶。他对成人的观察告诉他，成熟的个性（包括男人和女人）表现出在一般的情绪名义下发生的广泛反应。南部的黑人对着日落后的黑暗哀鸣和颤抖，常常跪地不起，并连哭带叫，祈求上帝饶恕他的罪恶。同样是这些黑人，晚上不愿穿过墓地。当魔力和圣物出现时，他们畏缩了。他们不会去烧曾被闪电击中过的木头。在乡村，当夜幕降临时，成人和孩子便聚集在住宅周围。他们常把这种举动合理地解释为他们会从夜空中遭遇"苦痛"。按照我们较为世俗的立场来判断，那种习以为常的情境在他们中唤起了最为强烈的情绪反应。

　　让我们更加具体地来论证一下。下面是纽约（New York）的一个 3 岁幼儿所害怕的东西的清单：黑暗、所有的兔子、小老鼠、狗、鱼、青蛙、昆虫、机器动物玩具。当这个幼儿正在兴奋地玩积木时，把一只兔子或其他动物拿近他，于是他那所有的建设性行为均停顿了，马上爬向围栏的角落，嘴里开始哭喊："拿走它。""拿走它。"同一天受测试的另一个孩子则对不同的一组东西表现出害怕反应，而另外一些孩子可能没有害怕的反应。

　　行为主义者越是检验成人的各组反应，就越是发现人周围的客体和情绪世界所引发的反应要比物体或情境的有效使用或操纵所要求的反应更为复杂。换句话说，客体似乎被"充电"（charged）了，产生了有效习惯并未要求的千百种附属的身体反应。我可以用黑人收藏兔子脚的例子来加以说明。就我们而言，兔脚是从动物尸体上切割下来并予以扔掉的东西；有人也许会把它扔给自己喂养的狗作为狗食。但是，对许多黑人来说，兔脚并不是可以用如此简单的方式加以对待的东西。他们把兔脚晒干、磨亮、放进口袋里，关注着并小心保护着。他们不时地检查；每当遇到麻烦时，便祈求它的指导和帮助。一般而言，对它的反应并不仅仅是对一只兔脚的反应，同时也是一个信仰宗教的人对上帝的反应。

　　在某种程度上说，文明剥夺了人们对物体和情境的反应。但是，正如我在第一讲中所指出的，很多人仍然对宗教信仰有着特殊的执著。面包是饥饿时候吃的，葡萄酒是人们在正餐或宴会时喝的。但是，这些简单的、平常的、非情绪的东西，当在教堂里以圣餐的形式提供给个人食用时，就引起了跪拜、祈祷、低头、闭眼和其他一些言语的和身体的混合反应。圣徒的骨头和遗骸在虔诚的宗教信仰者中间唤起的一系列反应，虽不同于兔脚在黑人中间唤起的反应，但是两者是完全对等的（从起源的观点来看）。行为主义者甚至更进一步地调查了他的同事们每天的行为。他发现晚上地下室内发出的响声可以使他的隔壁邻居变得非常的孩子气；当上帝的名字被"亵渎"时，他们中的许多人非常震惊，理所当然地认为这是无礼的，有这种不尊重行为的个体必会受到惩罚。他发现，他们中有许多人在走路时总是离狗和马远远的，甚至不得不转过身或者穿过马路来避免碰到它们；他发现男人和女人在抛弃他们所讨厌的伴侣时，一点也不能使其行为合理化。换句话说，如果我们能够把所有这些生活中的物体和情境都放到实验室中去，如果我们能够制定出一个从生理学角度说完全科学地对它们起作用的方法［终有一天，实验伦理学（experimental ethics）可能探讨这个问题］，并且把这些形式称做规范或标准，然后在这种规范的指导下考察人们日常的行为，那么我们就能从中发现趋异的（divergence）规律。趋异的表现形式为：附加的反应（accessory reactions）、缓慢的反应、没有反应（麻木）、反应阻滞、消极反应、为社会所拒斥的反应（偷窃、谋杀等等）、属于其他刺激的反应［替代（substitute）］。看来，现在把所有这些都称做"情绪"而无须进一步定义这个词是比较公正的。

正如你们现在所知道的那样，我们并没有关于反应的生理学标准规范，但是我们可以接近它。物理学的进步使我们对昼夜、季节、天气的反应方式标准化。我们不再认为一棵被闪电击中的树是由于受到诅咒的缘故。我们不再认为当我们拥有了敌人的指甲、毛发和排泄物，我们就占尽了优势。我们不再仰望蓝色的天空，认为那里有个居住着神灵的王国（至少我们当中有些人的勇敢灵魂不这么认为）。我们不再认为遥远的、几乎看不见的山峦是神灵的家园。科学、地理和旅行使我们的反应标准化。我们对食物的反应通过食品学家的工作而变得标准化。我们不再认为任何一种特殊形式的食物是"干净的"或"不干净的"，我们现在只认为它能不能满足特定的身体需求。

然而，我们的社会反应仍然保留了非标准化。甚至不存在历史的指导。耶鲁（Yale）大学的萨姆纳（Sumner）教授很好地指出了这一点。根据他的观点，每一种可想象的社会反应都有在某一时刻或另一时刻被认为是"正常的"和"非情绪的"行为方式。一位妇女可能有许多丈夫；一个男人可能有许多妻子；在饥荒时后代可能被杀；必要时可能吃人肉；子孙的牺牲可以抚慰神灵；你可能把你的妻子借给你的邻居或客人；妻子在焚烧丈夫尸体的火堆上安然地自焚。

今天，我们的社会反应还没有更好地标准化。设想一下1925年我们在父母面前，在我们的社会领袖面前的附属反应。设想一下我们的英雄崇拜，我们对学术权威、作家、艺术家、教会的崇敬！设想一下我们在人群中、在假面舞会上、在橄榄球和棒球赛场、在选举中、在宗教布道会上、在失去心爱的人或物的悲痛场合所表现的行为。我们有许多词汇来涵盖这些附属反应——崇敬、爱家庭、爱上帝、爱教会、爱国、尊敬、谄媚、敬畏、热情。我们在这些情绪刺激面前,表现得像个婴儿。

那么,行为主义者如何工作呢? 所有这些成人反应的复杂性质使得行为主义者不可能在成人身上开始他的情绪研究。他小得不从发生的(genetically)角度研究情绪行为。

假定我们从 3 岁幼儿开始——我们走出去,在公路和小道上去觅得一些被试;然后,到富人的宅第去觅得一些被试。我们把他们带进我们的实验室,让他们直接面对某一情境。例如,我们首先让一个男孩单独走进一间亮着灯的游戏室,开始玩玩具。突然,我们在游戏室里放进一条小蟒蛇或其他动物。接着,把该男孩带进一间暗房间,突然用报纸燃起一堆小火。今晚我不可能花时间告诉你们行为主义者在这类实验中设置的每一步骤。正如你们所看到的那样,我们可以搭建舞台,以便重复几乎任何一种生活情境。

但是,对这个孩子在这些情境中的反应进行测试之后,我们必须在一个成人(可以是父亲或母亲)和他在一起的时候,或一个与他同龄、同性别的孩子在他身旁的时候,或一个不同性别的孩子陪伴他时,或一群孩子在一起的时候,再一次对他进行测试。

为了获得他的情绪行为的真实情况,我们必须测试他与母亲分离时的情形。我们必须让陌生人用不同的、非惯常的食物来喂他,让陌生的保姆给他洗澡、穿衣、把他放上床。我们必须拿走他的玩具,或他正在玩的东西。我们必须让一个比他大一点的男孩或女孩来欺侮他。我们必须把他放在高处或壁炉上(不能伤着他),或小马和小狗的背上。

我之所以向你们描述我们的工作,目的是为了让你们相信我们的方法的简便、自然和正确——客观的实验有着广泛的领域。

测验结果的概述

通过这些测验,我们发现的悲伤事物之一是,即便在 3 岁的年龄,许多(不是所有)孩子有着各种无用的而实际上有害的"情绪"反应。

他们在许多情境中感到害怕[①]，而在另外一些情境中则感到害羞。他们在洗澡或穿衣时发脾气。当给他们某些食物时，他们会发脾气，或者，当一个新保姆喂他们食物时，他们也会发脾气。当母亲离开他们时，他们会大哭。他们藏在母亲的身后。当有客人来访时，他们会变得害羞和安静。典型的情形是一只手放在嘴里，另一只手抓着母亲的衣服。如果一个孩子打了走近他的每一个孩子，那么他就被称做恃强凌弱者、暴徒、虐待狂。另外一个孩子，当受到比他小的孩子威胁时，却哭着逃跑了，那么他的父母就会叫他胆小鬼，他的玩伴则拿他当替罪羊。

这些情绪反应的不同形式从何而来？

一个3岁的儿童是非常年幼的。我们是否一定能得出结论说，他的情绪反应是遗传的呢？有没有遗传形式的爱、恐惧、愤怒、害羞、腼腆、幽默、生气、妒忌、胆怯、敬畏、崇敬、残酷？ 或者，它们只是描述行为的一般类型的词汇而并不意味着诸如它们的起源等任何东西呢？ 历史上，它们被认为起源于遗传。为了科学地回答这个问题，我们需要新的实验方法。

关于情绪反应的起源和发展的实验

在我们的实验工作中，我们早先得出这样的结论：从贫困家庭和富有家庭中随机抽取出来的孩子，不能作为情绪起源研究的理想被试。他们的情绪行为过于复杂，幸运的是，我们能够研究在医院里由奶妈抚养的许多健壮儿童，以及在实验者的视野内于家中长大的其他一些孩子。有些

---

① 玛丽·科佛·琼斯（Mary Cover Jones）报告说，她在赫克希尔基金会（the Heckscher Foundation）赞助下对年长儿童进行了研究。研究发现，青蛙突然跳跃到儿童面前，这一刺激是引起儿童害怕反应的所有刺激中最有效的刺激。当动物突然出现时，可在儿童身上引发最明显的反应。实验时，把小动物藏在箱子里，让儿童在毫无思想准备的情况下去揭开箱子的盖子。

儿童差不多从出生开始就被观察直到第一年结束,其他的儿童被观察到第二年,另有2~3名儿童被观察到第三年。我愿意向你们描述这些研究。

为了使在医院里抚养的孩子经受情绪的情境,我们通常让一些稍大一点的孩子坐在小型婴儿椅中,如果婴儿非常小——太小而无法坐着——我们则允许他坐在母亲或其他护理员的膝盖上。

1. 在实验室里对动物的反应。首先,我们将孩子带进实验室,使他们经受与不同的动物在一起的测验程序。我们是这样安排实验程序的:让他们在一个开放的房间里,或者单独一人,或者与护理人员在一起,或者与母亲在一起接受测验。房间很暗,因为墙上涂满黑色,房内几乎没有家具。它提供了一个不寻常的情境。在暗房里我们这样安排:我们在婴儿的脑袋后面放置一盏灯,或者在婴儿的前面和上面开灯照亮房间。每次测试一个婴儿,下列的情境是一直出现的:

开始时,展示的是一只活泼的黑猫,它表现出一种不变的柔情性寻衅,而且从来没有停止过呜呜叫。在每一次测验过程中,它总是跑过来,绕着婴儿走动,并以猫类惯常的方式用身体摩擦着婴儿。关于婴儿对毛茸茸动物进行反应的错误观点如此之多,以至于当我们看到这些婴儿对"黑猫"行为表现"积极"时感到十分惊讶。他们伸出手去触摸猫毛、眼睛或鼻子的反应是千篇一律的。

兔子也被作为实验材料。在每个例子中,它总是引起操作反应(manipulate responses)而没其他任何别的什么。用一只手抓住动物的耳朵并试图把它放入嘴中是特别喜欢表现的反应之一。

另一个被固定使用的动物就是小白鼠。也许是因为它太小和白的颜色,很少引起婴儿的注视。当然,当动物被注视时,触摸就会发生。

大小不等的艾尔谷种狗(Airedale dogs)也常出现。狗也是非常友好的,它们不大引发像猫和兔子等动物所引发的那么多操作性反应。婴儿无论是在暗房中还是在明亮的或在他的头上开一盏暗灯的房间中,当他们与这些动物一起做实验时,都不会唤起害怕的反应。

在没有建立起情绪性条件反射的孩子身上所做的这些测试结果向我们表明,关于毛茸茸东西和动物的遗传性反应的经典例证只不过是无知老妪的荒诞故事而已。

接着,我们使用了长羽毛的动物,通常是鸽子。起初,我们把鸽子放在纸袋中,这是一个甚至对成人来说也是相当不寻常的情境。鸽子在袋中挣扎,挣扎的结果使袋子绕着躺椅移动。通常,袋子里还发出咕咕叫声。当鸽子发出咕咕声并且移动袋子时，婴儿很少接近袋子，而当鸽子被拿在实验者手中时，通常唤起了操作性反应。我们甚至让鸽子靠近婴儿，并在其脸旁拍打着翅膀（只要抓住鸽子的脚，倒提起来，就很容易做到这一点）。在这些情况下，就是成人有时也会躲闪和稍微退缩。当翅膀扇着婴儿的眼睛时，常会引起眨眼。结果出现了反应的延迟和伸手的停顿。当鸽子安静下来时，伸手又开始了。

在相同条件下，我们常做的另一种形式的测验，是在一个开着门的或是黑暗的房间里点燃一张小报纸。有几次，当报纸刚点燃时，幼儿渴望地将手伸向火苗，在这种情况下，我们不得不去制止他。然而，当火发出热量时，伸手和操作的反应消失了。这时，幼儿可能坐着，手抬到半高的位置，看起来好像是成人靠火太近时所用的遮蔽反应。如果这个实验经常地重复，那么建立这种类型的习惯是没有多大问题的。它可能完全类似于动物和人类对太阳的反应。当阳光照射大地，气候变得太热时，有机体不再那么有活力，他们便会转移到任何一个阴凉的地方。

2. 对动物园动物的反应。有时，那些已知其情绪史的在医院中养大的孩子和在家中养大的孩子被带进动物园——这是他们第一次经历。可以观察到，孩子在动物园中的任何反应都不明显。我们尽量把那些在人类生物史上扮演着重要角色的动物很好地展示在孩子们面前。例如，我们把许多时间花费在灵长类动物房里，并在爬行动物展厅以及蛙、海龟、蛇等展览房里也花费了相当多的时间。在这些测试中，我没有看到对蛙和蛇的消极反应（negative reaction）。尽管我刚刚指出，跳跃的蛙对已形成条件反射的孩子来说是一种引发害怕反应的极为强烈的刺激。

1924 年夏天，我带着我自己的两个孩子到布朗克斯（Bronx）动物园。大一点的孩子 B 是一个 2.5 岁的男孩，小一点的孩子 J 是一个 7 个月大的男孩。这个孩子还没有形成条件反射的情绪性恐惧反应。孩子 B 是在我们所知道的情况下形成条件反射的。例如，当他第一次被放入水中，水高过他的颈部时，他显示出了害怕（我确信，所谓的对水的恐惧，是与我们失去支持的反应相同的）。在他去公园之前，他看见过马、狗、猫、鸽子、燕子、海鸥、蟾蜍、蠕虫、毛虫和蝴蝶，除了狗之外，他对其他任何动物并不产生消极反应。有一次，狗袭击了他，此后他在一定程度上形成了对狗的条件反射。但是这种害怕没有迁移（transferred）到其他的动物或长毛玩具或机械动物玩具身上。在日常生活中，一旦有动物走入他的视野，他就会开始和它们玩（除狗之外）。令其母亲非常不高兴的是，他会经常带给他母亲各式各样的蠕虫和毛虫，即使对于蟾蜍，他也没有流露过一丝的消极反应。

为了去布朗克斯动物园，我们不得不摆渡，而这是他第一次乘坐一条大船。在这次旅行之前，他曾经有几次和我一起坐过独木舟。我第一次带他坐的独木舟有点儿粗糙并且有点儿摇晃。我带着他划了300码，一个小浪向我们打来，他挺直身子说："爸爸，水太多了。"接着我把他抱入怀中，并沿岸边划了一会儿。尽管现在坐独木舟出去的时候，他要紧靠我坐着，但是他对独木舟的害怕反应都消失了。此后，便是这次到动物园的旅行。在渡船上，他几乎产生了相同类型的行为。行程过半，他趴下看着水道，突然抬起头说："妈妈，水太多了，比利不害怕。"但是他的行为与他所说的多少有点不相符合。

在动物园中，他表现出一种追逐他所看到的每种动物的极大渴望。我们认真地带他到每一只笼子、围栏和园子前面，而他最不愿意离开的是一对黑猩猩。它们玩得极开心。它们抱着一捆干草，攀着链条登上秋千，当它们坐在秋千的座位上时，试图把干草放在屁股下面，突然它们荡了下来，然后手抓着手跳下来，把地板震得砰砰响。

最能引起兴奋的言语反应的动物是大象，然后是色彩绚丽的热带鸟。孩子对于每种动物的每个反应都是积极的。

孩子J的行为在整个下午都是顺从的、无趣的。没有任何一种反应表明是积极的或消极的。我们可以不时观察到他的眼睛的凝视，鸟类似乎引起了最持久的凝视。

我们认为我们已经在已知其情绪行为起源的婴儿身上做了大量的实验来确认我们的主要观点，也就是说，当恐惧反应在我们所描述过的物体和情境面前发生时，它们总是被条件化的。

我们是否可以从研究中得出结论：在婴儿身上并不存在一种可以作为我们建立情绪行为起点的非习得反应。

三类非习得情绪反应的证明

我有理由相信，在新生儿中可以由三种刺激引出三种不同形式的情绪反应。如果我把它们称做"惧"、"怒"、"爱"，请别误解。我尽快会让你们确信，当我使用惧、怒、爱的时候，我要你们消除它们所有的旧有内涵。请你们把这些反应，也即我们用惧、怒、爱等词汇来表明的反应，同我们上一讲所研究的呼吸、心跳、抓握以及其他一些非习得的反应同样地来看待。

事实如下：

惧：你们也许还记得我在第一次讲座中曾告诉过你们，当大树枝断裂并掉到地上，当雷声或其他巨大的响声出现时，原始人陷入一种恐慌的状态。这不仅仅是一种假设。我们对婴儿做了实验，特别是那些没有大脑半球（cerebral hemisphere）的婴儿，他们的反应更为明显。这些实验早就告诉我们，巨大的响声几乎总是在刚出生的婴儿身上产生显著的反应。例如，用锤子敲打钢条会引起惊跳、惊起、呼吸停顿，紧接着更快地呼吸，伴随着明显的血管运动变化，眼睛突然闭合，握紧拳头，抿起嘴唇。而且，随着婴儿不同的年龄，会有哭叫、摔倒、爬行、走开或者逃跑等现象。我从来没有对引起恐惧反应的声音刺激范围做过非常系统的研究。不是每种类型的声音都能引起反应。一些绝对低的音或颤音不会唤起反应，高尔顿口哨（Galton whistle）那种非常高的音调也不会唤起反应。在出生刚两三天的婴儿的半睡眠中，我可以通过在他们耳边揉搓报纸，或用嘴唇发出各种高音来反复地唤起他们的反应。纯音，诸如音叉发出的任何频率的声音，都不能有效地唤起他们的反应。我们必须对声音刺激的性质以及反应的各个部分予以相当数量的研究工作，才能描绘出完整的刺激—反应的图景。

在本次演讲的开始时，我读了达尔文的若干文章。这些文章对成人的恐惧行为给予了很好的描绘，尽管有许许多多条件反射的反应。在他的描述中，我们看到大量先天的和后天的因素构成了有机体的恐惧行为。

唤起相同的恐惧反应的另一个刺激是失去支持（loss of support）——尤其是当身体还未能补偿支持时。当新生儿睡着的时候，最容易观察到这一现象。如果孩子从床上跌落，或者裹着身子的毯子突然被猛地一抽，并拉着婴儿一起移动时，那么这个反应肯定会出现。

对出生才几小时的婴儿来说，这个恐惧反应会很快"疲劳"（fatigued）。换句话说，如果相同的声音或相同种类的失去支持的刺激频繁地出现，那么你只能唤起一次这样的反应。停顿一段时间之后，这种刺激会再次奏效。

　　甚至就成人和高等灵长类动物来说，当个体失去支持而没有调整过来时，也会引发强烈的恐惧反应。当我们不得不走过一条窄木板时，很自然，我们身体的肌肉都会调动起来。但是，当我们过一座桥，而这座桥开始时非常平稳，走到中央时桥突然开始塌陷，这时的反应是非常明显的。当这一事件发生在一匹马身上时，那么就很难让它再过这座桥。在乡村里，有许多马在桥的面前退缩。我敢肯定，同样的道理，当一个孩子第一次被放入水中时，也会有这种情况。水的浮力确实让他失去了平衡，即使水是温的，他也会紧张地呼吸，手乱抓，并且哭叫。

　　怒：你是不是永远不会忘记这样的情景，也即当你搀着2岁女儿的手高高兴兴地走过一条拥挤的街道时，她突然拉着你走向另一个方向。而当你快速、强硬地把她拖回来，并尽力拉着她的手臂使她回到原来方向时，她一下子僵挺着，并开始尖叫，像桅杆一样硬直地躺在街道中间，张大嘴巴大叫，直到脸色发青，不能再发出更响的声音为止。如果你没有这种经历，那么发怒行为的任何描述对你来说都是单调、乏味的。

　　也许，你曾经见过乡村恶棍抓着孩子，倒提着，以至于孩子根本无法挣扎。你有没有观察到小孩僵硬着大喊，直到脸色发青？

　　你是否注意到，当人们一下子挤进过分拥挤的汽车或火车时，他们的脸上会突然发生变化？"身体运动的受阻"引发了一系列我们称之为"怒"的反应，这可以在呱呱坠地的婴儿身上观察到，而且在10～15天的婴儿身上更容易看到。当孩子的头被两只手轻轻地捧起，当手臂被强迫分开，当他的双腿被紧紧地抓住时，发怒的行为就开始了。发怒行为的非习得反应因素从来没有被完全地分过类。不管怎样，某些因素可以很容易地观察到。例如，整个身体僵硬，双手、双臂和双腿随意地挥舞，屏住呼吸。开始时没有哭叫，嘴巴张到最大，呼吸停顿，直到脸色发青。一定的压力（这种压力不会严重到对孩子产生最轻微的伤害）就会引发这些状态。当皮肤出现最轻微的青色时，实验便可停止。所有的孩子都被引入这样一种状态，反应持续到令人不快的情境消除。当手臂被一根细绳拉起，而细绳的另一端系着不足一盎司重的铅球时，我们引发了这种状态。手臂运动的持续受阻，即使是由这么小的重量所引起，也足以引起这种反应。当孩子仰面躺着时，用棉花压迫头的两侧，偶尔也可以引发这种反应。在许多例子中，当母亲或保姆给孩子穿衣时有点儿粗手粗脚或匆匆忙忙，这种状态就很容易被观察到。

爱：对婴儿这一情绪的研究，受到许多常规方面困难的干扰。结果，我们的观察与其说是直接的倒不如说是偶然的。产生"爱的反应"的刺激显然是由抚摸皮肤、挠痒、轻轻地摇晃、轻拍等引起的。通过刺激——由于缺少更好的词，我们可以称之为——性感带区域（erogenous zones），诸如乳头、嘴唇、性器官等，特别容易唤起这种反应。婴儿身上的反应有赖于他所处的状态。当婴儿哭叫的时候，哭会停止，笑容会出现，咯咯咕咕的笑声也出现了。甚至6~8个月大的孩子，当他们被挠痒时，会有手臂和躯干的剧烈运动，伴随着大笑。由此可以看到，我们使用"爱"这个词所包含的意义比它通常的用法要广泛得多。这里，我们试图划分出的反应通常被称做"紧密的"、"善良的"、"和蔼的"等等。"爱"这个词包含了所有这些反应，以及成人的两性间的反应，它们有着共同的起源。

除了三种一般类型之外，是否还有
其他的非习得反应？

上述三种类型的反应是否就是所有具有遗传背景的反应？对此，我们还不能肯定。我们仍然对是否存在其他能唤起这些反应的刺激存在疑问。如果我们的观察是完整的话，那么看来在婴儿身上出现的情绪反应是很简单的，并且唤起这些反应的刺激在数量上是有限的。

我们所认同的这些反应，即我们后来称之为惧、怒、爱的反应，开始是非常不明确的。我们要做许多工作来弄明白每个反应中的各个不同部分，以及它们的区别。它们肯定不是我们后来在生活中所看到的那种复杂的情绪反应。但是，至少我相信，它们就是后来的情绪反应的核心。正如我们后面所表明的，它们形成条件反射如此之快，以至于使我们产生了一个错误的印象，即把它们称做"反应的遗传模式"（hereditary modes of response）。最好还是让我们来看看观察到的事实：

通常所说的惧：

(U)S(无条件)刺激————————————(U)R(无条件)反应

响声
失去支持

屏住呼吸,整个身体"跳起"或惊起,哭叫,通常表现为排便和排尿(以及许多其他功能失调,很可能最大的局部反应产生于内脏)。

通常所说的怒:

(U)S(无条件)刺激——————————(U)R(无条件)反应

身体运动受
到阻抑

整个身体僵硬,尖叫,暂时的呼吸停顿,涨红的脸变成紫色,等等。显然,如果有明显反应的话,那么运动集中在内脏方面。对婴儿所做的血液检查表明了血糖的增加,这可能意味着肾上腺分泌的提高。

通常所说的爱:

(U)S(无条件)刺激——————————(U)R(无条件)反应

抚摸皮肤和性器官,
摇晃

哭叫停止,咯咯咕咕地笑,以及许多其他的尚未测定的反应。这里,居支配地位的内脏因素表现在循环系统和呼吸系统,以及勃起等等的变化之中。

如果我们用这些简单的公式来考虑这些非习得的(所谓的情绪的)反应,那么我们就不会错得太多。

我们的情绪生活是如何变得复杂起来的?

我们怎样才能把这些观察同成人情绪生活中表现出来的大量复杂的东西划上等号呢?我们知道,许多儿童害怕黑暗;我们也知道,许多妇女害怕蛇、老鼠和昆虫。情绪附着于许多几乎是每天使用的普通物体上;恐惧存在于人所处的情境之中。比如,树林、水,等等。同样,引起怒和爱的物体和情境也是大量增加的。起先,怒和爱并不仅仅是因为看到一个物体而产生的。我们知道,在后来的生活中,仅仅看见人就能引发这两种基本的情绪。这种"依附"(attachments)是如何发展的呢?那些开始没能唤起情绪的物体后来怎么又唤起了情绪,并且因此大大地增加了我们情绪生活的丰富性和危险性呢？

自 1918 年起我们开始研究这个问题。起先，我们很不愿意做这类实验，但是这种研究是如此的必要，以至于我们最终决定对婴儿身上建立恐惧的可能性进行实验，嗣后再研究消除这些恐惧的办法。我们开始选择了被试阿尔伯特（B. Albert），一个重 21 磅，11 个月大的婴儿。阿尔伯特是哈瑞特·莱恩（Harriet Lane）医院一个护理人员的儿子。他从出生起就一直住在医院里，而且是一个妙极了的"好孩子"。在与他相处的几个月中，我们从来没有看见他哭过，直到我们做了实验以后！

在我们转而讲述这些实验之前（借助这些实验的手段，我们在实验室里建立起了情绪反应），你们有必要回忆一下，我曾经试图告诉过你们的条件反射的建立。我假定你们知道，当你建立一个条件反射的反应，你一定有一个开始能唤起该反应的基础刺激。你的下一个步骤是提供一些其他的刺激来唤起它。例如，如果你试图在蜂鸣器响起时，使手臂和手猛地一动，那么你必须在蜂鸣器响起的时候使用电击或其他讨厌的刺激。很快，你就会知道，当蜂鸣器响起的时候，手臂开始震动，如同被电击了一样。我们已经知道，现在有一个能够很快地、轻易地唤起恐惧反应的无条件反射的基础刺激。这就是巨大的响声。我们决定使用这个刺激，就像我在第二讲中告诉过你们的在实验中使用电击一样。

我们对阿尔伯特的第一个实验的目的是：建立对小白鼠的恐惧反应的条件反射。首先，我们通过重复的实验证明，对这个孩子来说，只有巨大的响声和失去支持才会引起恐惧反应。这个孩子对其周围 12 英寸距离以内的所有东西都想触及和操作。他对巨大声响的反应特征是和大多数孩子一样的。一根直径 1 英寸、长 3 英尺的钢条，用木匠的斧头敲打，产生了最显著的反应。

以下是我们实验室的记录，它表明了建立条件反射的情绪反应的进展情况：

11 个月零 3 天大：

（1）他已经玩了 3 天的白鼠，突然之间，白鼠被从篮子里拿出来（通常的程序），并呈现在他面前。他开始伸出左手想触摸白鼠，正当他的手刚触摸到白鼠时，钢条即刻在他脑后敲起。婴儿猛烈地跳起，向前摔下，将他的头埋进垫子里，但他没有哭。

（2）正当他的右手刚触摸到白鼠时，钢条又开始敲起，他又猛烈地跳起,向前摔倒,并开始哭泣。

由于他的情况有点紊乱,所以一个星期之内没有给予进一步实验。

11个月零 10 天大:

（1）在没有响声的前提下,白鼠突然出现,他一动不动地盯着它,但没有触及它的意思。然后,白鼠被放在近一点的地方。于是,孩子的右手开始试着去触摸它。当白鼠鼻子碰到婴儿的左手时,这只手马上缩回。他开始用其左手的食指触摸白鼠的头,但是在碰到之前又一下子突然抽了回来。这就表明上周做的两个联合的刺激还没有失效。接着,马上用他玩的积木对他进行测试,以便观察是否具有同样的条件反射。他立刻把它们捡了起来、扔掉或敲打,等等。在以后的实验中,积木时常用来安慰,并且测试他的情绪状态。当条件反射的进程正在进行时,积木总是被移出视线之外。

（2）白鼠和响声的组合刺激,孩子惊起,然后马上向右倒下。没哭。

（3）组合刺激,向右倒下,并用手撑着,转过头避开白鼠。没哭。

（4）组合刺激,同样的反应。

（5）白鼠突然单独地出现,孩子皱起眉,哭泣,身体猛然向左退缩。

（6）组合刺激,突然向右边倒下,开始哭泣。

（7）组合刺激,猛烈惊起并哭泣,但没有摔倒。

（8）白鼠单独出现。一旦白鼠出现,婴儿马上哭泣。几乎同时,他一下子转向左边,扑倒在地,在地板上匍匐前行,速度如此之快,以至于差不多爬到垫子边上时,才让大人赶上。

当然,关于恐惧反应的条件反射起源的证明,使我们在情绪行为的研究中有了一个科学的自然的基础。这是一只比詹姆斯的贫乏词语公式更为多产的下金蛋的鹅。它产生了一个解释性原则,以说明成人情绪行为的大量复杂性。我们不再为了解释这种行为而求助于遗传。

条件性情绪反应的泛化或迁移

在用白鼠做实验之前,阿尔伯特已经与兔子、海鸥、毛皮套筒、护理员的头发和假面具玩了好几个星期。当他再一次见到它们时,他对白鼠形成的条件反射将会如何影响他对这些动物和物品的反应呢?为了检验的目的,我们在接下去的5天没有对他进行实验,即在这5天中,不让他看到上述东西中的任何一件东西。第六天结束时,我们还是先用小白鼠来测试他,看看他的条件反射的恐惧反应是否仍旧发生。记录如下:

11个月零15天大:

(1) 先用积木进行测试。他很快拿起积木,像平时一样地玩,表明不存在一种对房间、桌子、积木等一般的迁移。

(2) 只用白鼠。立刻哭泣,收回右手,转过头和躯体。

(3) 再用积木。马上开始玩,微笑并笑出声。

(4) 只用白鼠。躯体向左边倾斜,试图尽可能逃避白鼠。然后倒在地上,马上用四肢撑起,尽可能地急转身爬开。

(5) 再用积木。迅速去拿积木,像以前一样微笑或大笑。

表明条件反射在这5天中维持着。下面我们依次呈现兔子、狗、海豹皮衣、棉花、人的头发和假面具。

(6) 只用兔子。突然将一只兔子置于他面前的垫子上,孩子反应明显,马上出现消极反应。他尽可能倒向离该动物远的方向,哭泣,然后痛哭。当兔子碰到他时,他将脸埋在垫子里哭,四肢趴地,匍匐逃离,边爬边哭,这是一个最具说服力的测验。

(7) 一段时间之后,再给他积木。他像过去一样玩积木,4个人观察到他比以前更为精力旺盛地玩积木。他高高地举起积木,用很大的力往下摔。

(8) 只用狗。对狗的反应不如对兔子的反应那么强烈。当眼睛注视狗时,他身体蜷缩,并且当狗走近时,他试图四肢着地。开始时并没有哭,一旦狗离开了他的视野,他变得安静了。然后让狗接近他的头(他当时躺倒在地),孩子当即挺直身体,向相反方向滚出,把头转过去,然后开始哭泣。

(9) 再用积木。他即刻开始玩它们。

(10) 海豹皮毛。马上躲向左边,并开始显得烦躁。皮衣放得离他左边近一点时,他马上转向,开始哭,并试图匍匐爬离。

(11) 棉花。棉花放在纸袋里。最上面的棉花没有用纸盖住。先将纸袋放在他的脚边,他用脚把它踢开,但没有用手去触摸。当他的手放在棉花上时,他立即缩回,但并没有类似其他动物或皮衣在他身上引起的反应。然后,他开始玩纸袋,避免接触棉花本身。可见,不到一个小时,他就已经不再对棉花产生消极反应。

(12)实验者 W 在游戏时,低下头,看一下阿尔伯特是否玩他的头发。阿尔伯特的反应完全是消极的。另两位观察者也同样这么做,他马上开始玩他们的头发。然后,将一个圣诞老人的面具呈现在阿尔伯特面前,他再次出现明显的消极反应,尽管他早已玩过它们。

由此可见,我们的记录提供了一个关于泛化或迁移(spread or transfer)的令人信服的证明。

在这些迁移中,我们进一步证明条件性情绪反应与其他一些条件性反应完全相同。请回忆一下我在第二讲中讲过的分化反应(differential responses)。那里,我表明,如果你训练一只动物对一个呈现的音频(比如说,音调 A)建立起条件反射,开始的时候,几乎其他任何音调都可以引发反应。我也向你们显示了继后的实验——比如说,只有当音调 A 声响而不是其他音高声响时,才给喂食——你马上就能得到它只对音调 A 作出反应的结果。

我认为,在条件性情绪反应的泛化或迁移例子中,相同的因素在起作用。

我相信尽管我未曾做过这些实验,但是我们可以在情绪领域建立起一种如同在任何其他领域一样的鲜明的分化反应。我的意思是指仅仅通过把这个实验长久地进行下去,我们就可能明显地在白鼠出现的任何时候而不是在其他任何毛茸茸动物出现的时候引发恐惧的反应。如果是这样的话,那么我们就有分化的条件性的情绪反应。看来,这在现实生活中是可能发生的。我们大多数人在婴儿期和幼儿期处在未分化的情绪状态之中。许多成人,特别是妇女,仍旧停留在那种状态。所有未受过教育的人都停留在那种状态(迷信等)。但是受过教育的成人在操纵物体、接触动物、使用电器等等方面受到了长期的训练,从而到达了次级的或者分化的条件性情绪反应的阶段。

如果我们的推理是正确的话,那么就有一个完全正确的方法来解释迁移的情绪反应,以及弗洛伊德的所谓"移情"(free floating affects)。当条件性情绪反应刚建立的时候,一个广泛的彼此类似的刺激(在本讲例子里是所有的毛发物体)将首先引发一个反应,并如我们所知,持续下去直到实验的步骤(或者一个非常巧合的情境设置)把未分化的条件性反应提高到分化的阶段。在分化的阶段中,只有原本的你在其上建立条件反射的物体或情境才能引发反应。

小 结

我们必须明白,通常称之为情绪反应的复杂形式的遗传同称之为本能的遗传一样少有证据。

也许,能够较好地描述我们研究结果的,在于整个人类婴儿对刺激的反应。我们对这个领域进行了研究,发现某些种类的刺激——响声和失去支持——产生某种一般类型的反应,也即短暂的呼吸停顿、整个身体的惊起、哭泣、明显的内脏反应,等等;另外一种刺激——抓握或制止——产生张嘴哭泣、长时间的屏住呼吸、循环系统的明显变化,以及其他一些内脏变化;第三类刺激——抚摸皮肤,特别是抚摸性感区,产生了微笑、呼吸变化、哭泣停止、大笑出声、勃起,以及其他一些内脏变化。应该注意这样一个事实,对这些刺激的反应不是互相排斥的,许多局部反应都是相同的。

这些无条件反射的刺激,以及与此相应的简单的无条件反射的反应,是我们建立我们称之为情绪的那些复杂的条件反射的习惯类型的起点。换句话说,我们像对待大多数其他反应类型一样建立和理顺情绪反应。通过直接建立条件反射和迁移(这样大大延展了刺激的范围),我们不仅在数量上增加了唤起反应(替代)的刺激,而且也使反应本身显著地增加了,并使它们产生了其他的变化。

增加我们情绪生活的另一组复杂因素必须得到重视。同样的对象(例如一个人),在一种情境中可变成恐惧反应的替代刺激,而在另一种情境中则变成爱的反应的替代刺激,甚至是怒的反应的替代刺激。这些因素带来的复杂性的增加,使我们对一种情绪的组织使小说家和诗人都感到满意。

我真不愿意结束本次演讲,真想把我在后面描述有关人类的更为复杂的反应类型时提出的一种思想(第十一讲)也介绍一下。这种思想是指：尽管事实上在所有的情绪反应中存在着外显的因素，诸如眼睛、手臂、腿、躯干的运动，但内脏和腺体因素还是占支配地位的。恐惧时出"冷汗"，在冷漠和痛苦中出现"剧烈心跳"、"脑袋低垂"，少年和少女的"青春洋溢"和"悸动的心"，它们不仅仅是文学的表述，而且还是点点滴滴客观观察的结果。

我想在后面完善这一理论，即社会从来没能掌握我们这些含蓄的隐藏的内脏和腺体反应，否则的话，它早就教育和约束它们了。正如你们所知，社会对规定我们所有的反应有很大的嗜好。大多数成人的外显反应——我们的言语，我们的手臂、腿和躯干的运动——受到训练并使之成为习惯。由于它们内隐的性质，所以社会无论如何难以掌握内脏的行为，并为它的整合来制定规则和规范。一个必然的结果是，我们没有名称、没有词语来描述这些反应。它们仍旧是非词语化的。一个人可以用词语很好地描述两个拳击手或两个击剑手的每个动作，并且可以对每个人的反应详细地评论一番，因为对这些过程有着惯用的词汇，可以用来描述这些技术动作的表现。但是，一个明确的规则是，当一个令人情绪激动的物体出现的时候，内脏和腺体的分别运动一定会发生。

由于我们从来没有给这些反应命名，我们无法谈论发生在我们身上的许多事情。我们从未学会怎么来讨论它们，它们没有任何词汇来代表。人类行为中存在非词语化的东西，这一理论使我们有了一个自然科学的方法来解释弗洛伊德主义者现在称之为"无意识情结"（unconscious complexes）、"压抑的愿望"等许多东西。换句话说，我们现在可以使我们关于情绪行为的研究回到自然科学的道路上。我们的情绪生活像我们的其他一系列习性一样成长和发展。但是，我们曾经养成的情绪习惯是否会遭受废弃？它们是不是像我们的手势习惯和语言习惯一样随着年龄的增长而被抛弃或戒除？直到前不久，我们还没有事实来指导我们回答这些问题。现在，我们可以回答其中一些问题了。在我的下一讲中，我将试着把它们介绍给你们。

第八讲　情绪(Ⅱ)

关于我们如何习得、迁移和失去
我们情绪生活的进一步实验和观察

· *Emotions（Part Ⅱ）* ·

　　我们的情绪生活像我们的其他一系列习性一样成长和发展。但是，我们曾经养成的情绪习惯是否会遭受废弃？它们是不是像我们的手势习惯和语言习惯一样随着年龄的增长而被抛弃或戒除？直到前不久，我们还没有事实来指导我们回答这些问题。现在，我们可以回答其中一些问题了。

哪些情绪是我们与生俱来的？

我们如何习得新的情绪？

我们如何失去旧的情绪？

引言：我在上一讲中所讨论的实验是在 1920 年完成的。直到 1923 年秋天，我没有从事更进一步的实验。既然情绪反应（emotional responses）能够在准备好的条件下建立，那么我们就十分想知道它们是否可以被破坏。如果可以的话，该用什么方法。我们对已经建立了条件反射的幼儿阿尔伯特没有再做进一步的测试，因为不久他就被城外的一户人家收养了。就在这个时候，我在约翰·霍普金斯（Johns Hopkins）的工作中断了。

进一步的实验停顿下来了，直到 1923 年的秋天。当时劳拉·斯皮尔曼·洛克菲勒纪念馆（Laura Spearman Rockefeller Memorial）给了教育学院的教育研究所（Institute of Educational Research of Teacher's College）一笔奖金，其中部分用于继续进行儿童情绪生活的研究。我们找到了研究的地方——赫克希尔基金会（Heckscher Foundation）。那儿大约有 70 名年龄在 3 个月到 7 岁的儿童。对我们的实验来说，它并非一个理想的场所，因为该基金会不允许完全控制这些孩子，而且由于这种或那种无法避免的传染病，我们的研究经常不得不停下来。尽管存在这些障碍，我们还是做了许多工作。作为顾问，我花了许多时间帮助设计实验，玛丽·科佛·琼斯（Mary Cavez Jones）小姐主持了所有的实验，并写下了所有的结果。[1]

在本讲中我想给你们叙述一下这项研究。

在试图消除恐惧反应时所采用的不同方法

确定儿童的条件性恐惧反应：把许多不同年龄的儿童置于一组能引

◀老年时的华生。

[1] 该研究的部分报告已发表。见玛丽·科佛·琼斯的《儿童恐惧的消除》（*The Elimination of Children's Fears*）、《实验心理学》杂志（*Jr. Exp. psychology*），1924，p. 382。

起恐惧反应的情境（situations）之中。正如我们已经提到过的那样，在家里抚养的孩子表现出恐惧反应。我们完全有理由相信这些反应是条件化的。通过让每个个体经历这些情境，我们不仅能够找到儿童最明显的条件性恐惧反应（conditioned fear reactions），而且能够找到引起那些反应的物体（和一般的情境）。

我们是在不利的条件下从事研究的。我们不知道儿童恐惧反应的遗传史。因此，我们不知道一个特定的恐惧反应是直接被条件化的还是仅仅是迁移（transferred）。这是一种不利条件——是我们研究中尤为艰难的一部分，我将在后面介绍。

通过废除（disuse）来消除恐惧反应：当我们确定了一个儿童的恐惧反应和引起恐惧反应的刺激，接着我们就试图去消除它。

一般的假设是，长时间的刺激消除会使儿童或成人"忘记他的恐惧"。我们都听说过这样的话："让他远离它，他就会不想它，他会忘记所有的一切。"实验室测试证明了这一方法的有效性。我引用了琼斯夫人的实验室记录：

案例 1——罗斯（D. Rose），21 个月。

一般情境：与其他孩子一起坐在游戏围栏里，没有人表现出特殊的恐惧。一只兔子从屏障后出来。

1 月 19 日。看到兔子，罗斯大哭，当实验者拿起兔子时，哭声减弱；当兔子重新被放到地板上时，又哭了。当兔子被拿走后，她安静下来，拿了一块饼干，重新回到她的积木上去了。

2 月 5 日。2 个星期以后，这一情境重新出现。看到兔子时，她又哭又发抖。实验者坐在兔子和罗斯之间的地板上。她继续哭了几分钟。实验者试图用玩具转移她的注意力。她最终停止了哭泣，但是继续看着兔子，并不想去玩。

案例 8——博比（G. Bobby），30 个月。

12 月 6 日。当一只关在笼子里的老鼠出现时，博比表现出轻微的恐惧反应。他与老鼠保持一定的距离，从远处看着它，往后退并哭了。接下来的 3 天训练使博比达到这种程度：能容忍老鼠，与老鼠在一个围栏中游戏，并去触摸它，而没有表现出恐惧。之后，不用老鼠对他进行刺激。

1 月 30 日。在几乎 2 个月没有经历特殊的刺激以后，博比再次被带进实验室。当他在围栏里玩耍时，实验者拿着一只老鼠出现了。博比跳了起来，跑出围栏，并不断哭泣。于是，老鼠重新被放入箱子。博比奔向实验者，抓着她的手，表现出明显的被惊扰的反应。

案例 33——埃莉诺（J. Eleanor），21 个月。

1 月 17 日。当她在围栏中玩耍时，实验者手拿一只青蛙从她背后出现。她看着它，走近它，最后去触摸它。青蛙跳起来，她倒退。后来，每当青蛙出现时，她总是摇着头，猛烈地推开实验者的手。

3 月 26 日。在 2 个月未跟青蛙接触以后，埃莉诺又被带入实验室。青蛙出现，并跳将起来。她往后退，跑出围栏并且哭了起来。

这些测验和许多其他类似的测验使我们相信，消除情绪干扰的方法并非通常假设的那么有效。不管怎样，应当承认，测验没有持续足够长的时间以产生完整的证据。

言语组织的方法

赫克希尔基金会里的大多数被试的年龄在 4 岁以下，用言语来组织儿童对引起恐惧反应的物体进行反应的可能性很有限。自然，只有当儿童具有一定范围的语言组织时，才能使用这一方法。然而，有一个令人满意的被试——简（E. Jean），一个 5 岁的女孩。我们发现她能够很好地组织言语，就让她在进一步的实验中充当被试。当兔子乍一出现时，她表现出明显的恐惧反应。有一段时间，兔子不再出现，但是，实验者每天花 10 分钟时间对她进行有关兔子话题的交谈。实验者运用诸如《兔子彼得》（*Peter Rabbit*）的连环画、兔子玩具、塑料兔子模型等手段，讲了关于兔子的小故事。在讲故事期间，她会说"你的兔子在哪儿呢？"或"给我看兔子"，并且有一次她说，"我摸过你的兔子，抚摸它，没有哭"（这不是真的）。一个星期的言语组织（verbal organization）结束后，兔子再次出现，她的反应与第一次遇见兔子时期反应是一样的。她从她的游戏中跳起来并往后退。如果哄哄她，如果实验者拿着兔子，她会去触摸兔子；但是当兔子被放在地上时，她就哭叫，"放远一点——拿走"。如果言语组织不与动作的或内脏的顺应（manual or visceral adjustments）相联结的话，那么它在消除女孩子的恐惧反应方面便没有多大效果。

频繁运用刺激的方法

采用这种方法的实验没有进一步扩展，结果也不是非常有希望的。运用这种方法所设计的程序是让动物每天多次引起儿童的恐惧反应。在一些案例中，没有真正的消极反应（negative responses），这是所记录的表明提高的仅有形式——使用这种方法未见产生积极的反应（positive reactions）。在某些案例中，与其说是一种累积效应（summation effect），还不如说是一种顺应（adjustment）。

引进社会因素的方法

我们许多人是在学校和操场上相识的。这类情形常见于孩子的群体。如果一个孩子表现出对某一物体的恐惧，而他所处的群体却没有表现出恐惧的话，那么这个表现出恐惧的孩子可能会成为替罪羊（scapegoat），并被称做"胆小鬼"。我们将在一些儿童中使用这个社会因素，这里介绍一个案例：

案例 41——阿瑟（G. Arthur），4 岁。

阿瑟看见装在鱼缸里的青蛙，当时周围没有其他的孩子。他哭了，说"它们咬"，并从游戏围栏中跑出来。后来，他被带进房里，与其他 4 个男孩在一起；他摇晃着对着鱼缸，并把和他在一起的其他人往前推。当他的伙伴中有一个小孩拿起一只青蛙，举着，并转向他时，他尖叫着并逃走，这时他就被追逐和取笑。但是，很显然，在这个特殊的场合，恐惧并没有减少。

对消除恐惧来说,这也许是最不安全的方法。儿童不仅会对动物产生恐惧,而且还会对整个社会产生消极的反应。

运用适度的社会方法(milder social methods),通常称做社会模仿(social imitation),会得到较好的结果。这里我引用琼斯夫人的两个案例:

案例8——博比(D. Bobby),30个月。

博比与玛丽和劳雷尔一起在围栏中玩。实验者把兔子放在笼子中并拿了进来,博比哭叫"不,不",并要求实验者将它拿走。但另外2个女孩却飞快地奔过来,看着兔子并兴奋地谈论。博比来了兴致,说"什么? 我看看",并往前奔。在社会环境中,他的好奇和自信压倒了其他的冲动。

案例54——文森特(W. Vincent),21个月。

1月19日。文森特对兔子一点也不害怕,甚至当它触碰他的手和脸时也不怕。他仅有的反应是大笑并去抓兔子的爪子。同一天,他和露茜一起在围栏里玩,露茜一看见兔子就大叫大哭。文森特迅速地产生了恐惧反应;在平常的游戏房里,他对露茜的哭不加注意,但是,一旦与兔子发生联系,露茜的悲伤具有明显的提醒作用。恐惧以这一方式发生迁移,持续了两个多星期。

2月6日。埃利和赫伯特在游戏围栏中与兔子相处。当文森特被带进来时,他站在一定距离之外保持着警惕。埃利拉着文森特走向兔子,并引他去触碰兔子,文森特大笑。

正如人们注意到的那样,不管怎样,在使用这一方法时存在着困难。有时未对物体产生恐惧反应的儿童被对物体产生恐惧反应的儿童的行为所影响,产生条件反射。

当然,所有这些方式是有启发的,但是它们中几乎没有得出最终的结果。看来,没有哪种方法具有特殊的成效或者无害。

重建条件反射或无条件反射的方法

到目前为止,在消除恐惧而使用的方法中,所能发现的最成功的方法是"重建条件反射"（reconditioning）或"无条件反射"（unconditioning）。重建条件反射是一个运用起来不怎么令人满意的词语，除了它被自然科学爱好者们在不同形式的健康宣传中使用之外。无条件反射看来只是另一种可用的词语。

我想详细介绍一个案例。在该案例中，我们尝试运用了无条件反射的方法，因为它不仅说明了方法的使用，而且还说明了在这一研究中人们可能碰到的不同困难。

彼得（Peter）约 3 岁，是个活泼而精力充沛的孩子。[1] 除了他的恐惧组织（fear organization）外，他能很好地适应日常生活环境。他害怕白鼠、兔子、毛皮大皮、羽毛、棉花、羊毛、青蛙、鱼和机械玩具。从这些恐惧状态的描述中，你可以想到彼得不过是上一讲中所介绍的阿尔伯特。你必须记住，彼得的恐惧是"在家里滋生的"，而不是像阿尔伯特那样在实验时产生的。彼得的恐惧是显著的，正如下面的描述向你显示的那样：

> 在游戏房里，将彼得置于小床上，很快他就沉浸于他的玩具之中了。这时，床的旁边出现了一只小白鼠（实验者在屏幕后面）。看到白鼠时，彼得马上尖叫，仰天躺下，突发恐惧之态。刺激消失后，把彼得从床上抱起，让其坐在椅子上。小女孩芭芭拉一点也不怕，并把白鼠抓在手中。彼得安静地坐着，看着芭芭拉和白鼠。彼得有一串用绳子串起来的珠子，这时被放在床上。无论什么时候，只要小白鼠碰到绳子，彼得就会用抱怨的声音叫道："我的珠子"，而当芭芭拉碰到珠子时，他毫无异议。让他从椅子上下来，他摇摇头，恐惧没有降低。直到 25 分钟之后他才准备去玩。

第二天记录了他对下述环境和物体的反应：

> 在游戏房和床上——拿起他的玩具，没有抗议就进入小床。
> 一只白球滚进来——捡起来并抓着它。
> 毛皮小地毯挂在床边——哭叫，直到它被拿走。
> 毛皮大衣挂在床边——哭叫，直到它被拿走。
> 棉花——哭泣，倒退，哭叫。
> 有羽毛的帽子——大哭。

---

[1]　有关彼得的完整报告已由琼斯夫人在《教育研究》（*Pedagogical Seminary*）1924 年第 12 期上刊出。

白色粗布衣玩具熊——既无消极反应也无积极反应。

木制玩具娃娃——既无消极反应也无积极反应。

对彼得的这些恐惧进行消除训练，直到在前面讨论社会因素时才开始，且有相当的提高。但是在再次训练完成之前，这个孩子患了猩红热（scarier fever），不得不去医院住上2个月左右。出院那天，当他与护士刚进入出租车时，一条大狗尾随其后，护士和彼得都非常害怕。彼得坐在出租车上显得病弱不堪，精疲力竭。在被允许恢复几天以后，他又被带进实验室，再次与动物一起实验。他对所有动物的恐惧以一种夸大了的形式表现出来。后来，我们决定采用另外一种程序——直接的无条件反射（direct unconditioning）。我们不控制他的用餐，但我们保证午餐时他一直有饼干和牛奶吃。我们让他坐在小桌旁的高椅子上，午餐是在约40米长的房间里进行的。正当他开始吃午餐时，一只处在宽网状结构的笼子里的兔子出现了。第一天我们只把它放在足够远的地方，不至于打扰他用餐，效果很明显，彼得照常用餐。第二天，兔子越放越近，直到他刚感到被打扰时为止，这个位置也很明显。第三天及以后的几天，同样的过程继续进行，最终兔子可以放在桌子上——然后是彼得的膝上，接着容忍变成了积极的反应，后来他竟可以一手吃饭另一手去与兔子玩耍。这证明他的内脏与他的手一起重新得到训练。

在消除了他对兔子（该动物曾唤起最夸张的恐惧反应）的恐惧反应之后，我们接下来的兴趣是看他对其他毛茸茸动物和毛茸茸物体的反应。"对棉花、毛皮大衣和羽毛的恐惧完全消失了。"他看着它们，摸摸它们，然后转向其他东西。他甚至捡起了毛茸茸的小块毯子，并将它拿给实验者看。

对白鼠的反应进步明显——至少达到了容忍的阶段，但并没有唤起兴奋的积极操作。他会拎起装有白鼠、青蛙的锡制箱子，拿着它们在房间里兜圈子。

然后，他被放在一个新的有动物的情境中接受测验。实验者把一只他从未见过的老鼠与一堆纠缠在一起的蚯蚓拿给他。开始时他的反应有点消极，但是过了一会儿就出现对蚯蚓的积极反应，不再受到老鼠的干扰了。

我们在此提到的研究是针对那些在家中产生恐惧反应的孩子的，我们丝毫不知道最初使孩子产生条件反射的情境。也许，如果我们知道这些信息,知道是什么东西使他形成最初的恐惧性条件反射的话,那么所有这些"迁移的"反应将会马上消失。除非我们对建立最初的恐惧反应有更多的经验,并能注意迁移,然后对最初的反应进行无条件反射,不然的话,我们便无法在这令人感兴趣的领域开展研究。很有可能,在初级的条件反应(primary conditioned response,一级条件反射)和次级的条件反应(secondarily conditioned response,二级条件反射)以及不同的迁移反应之间存在着某些反应的差异[强度(intensity)]。如果事实确实如此,那么我们就可以说,通过对那些我们不知其情绪史的儿童呈现广泛而不同的情况,任何特定的儿童都可以被条件化。

随着实验性的探讨,整个情感领域使人非常兴奋,并且它为家庭、学校——甚至日常生活开辟了实践应用的范围。

无论如何,我们现在亲眼看到了恐惧反应实验的诞生。至少它提供了一种例子,证明我们能够借助一种安全的实验方法来根除恐惧反应。如果能以这种方法来控制恐惧,那么何尝不能用其来控制与愤怒、爱相连的情感组织的其他形式呢? 我坚信,这样做是有可能的。换句话说,情感组织与其他习惯一样(正如我们所指出的那样),在起源和趋势上隶属于同样的规律。

我们在上述案例中所勾勒的这种方法有着一系列缺陷。主要是由于我们不曾控制这些孩子的所有饮食(顺便说一句,除非你完全进行了控制,否则就不要对幼儿或婴儿进行实验)。也许,如果在恐惧的事物出现时,就予以爱抚、轻拍和摇晃(性的刺激,它会导致内脏的再训练),那么无条件反射就会更迅速地产生。

由于无条件反射研究的初步报告并不完善,也不太令人满意,且缺乏进一步的事实,所以我们必须离开情绪反应的条件反射和无条件反射的主题,直到我们能有大量的儿童被试加入我们的研究,并且在良好控制的条件下进行研究为止。

导致儿童情绪性条件反射的家庭因素

将来,总有一天,我们有可能抚育人类的年轻一代在婴儿期和少儿期中没有啼哭或者表现出恐惧反应,除非在呈现引起这些反应的无条件刺激情况下,例如疼痛、令人讨厌的刺激和响声等等。由于这些无条件刺激极少出现,因此实际上儿童们是不会啼哭的。可是,让我们观察一下儿童们吧——上午、中午和晚上,他们无时不在啼哭! 当婴儿腹痛时,当尿布别针刺入婴儿的嫩肉时,婴儿完全有权利啼哭;同样的,当婴儿饥饿时,当婴儿的头嵌进床板中去时,当婴儿掉入床下和垫子中间时,或者当猫抓了婴儿时,当婴儿身体组织受伤时,当婴儿受到响声侵扰或失去支持时,都会啼哭。但是,在其他任何场合下,啼哭都是没有正当理由的。这意味着由于我们在家庭中未能令人满意地训练婴儿,我们破坏了每个婴儿的情绪结构,其速度像弯一根嫩枝一样快。

哪些情境使孩子啼哭?

为了与这种思想保持一致,琼斯夫人对 9 名孩子进行了跟踪调查,时间从他们一早醒来开始直到他们晚上睡着为止。每一声啼哭都进行了记录,每一声微笑都得到了观察。笑声和哭声的持续时间也进行记录,同时记下发生的时间(在一天中)。最为仔细的是,把引起这些反应的一般情境都作了记录,同时也记下哭声和笑声对孩子以后的行为产生的后果。在这个实验小组内,儿童的年龄从 16 个月到 3 岁。这些孩子是在赫克希尔基金会里进行试验的,但是他们只是暂时地住在那里。他们以前一直是在家庭中抚养的。在第一批观察进行后的一个月又进行了另一批观察。琼斯夫人尚未发表这些观察的结果,但是,她已经向我提供了主要事实,我现在将它们提供出来。

引起啼哭的情境是根据啼哭的数量来排列的,列表如下:

① 不得不坐在便桶上。
② 孩子的玩具被拿走。
③ 洗脸。
④ 单独留在房间里。
⑤ 大人离开了房间。

⑥ 玩弄某种东西但不成功。

⑦ 未能使大人和其他孩子与自己玩,或者未能使大人和其他孩子看着自己并与自己谈话。

⑧ 穿衣。

⑨ 未能使大人把自己抱起。

⑩ 脱衣。

⑪ 洗澡。

⑫ 鼻子被擦洗。

上述 12 种情境仅是引起这类反应的最常见的情境。引起哭泣的情境超过 100 种。对于这些情境作出的许多反应可以看做是无条件的或条件的愤怒反应,例如:① 坐在便桶上面,② 玩具被人拿走,③ 洗脸,⑥ 玩弄某种东西但不成功,⑩ 脱衣,⑪ 洗澡,⑫ 鼻子被擦洗。另一方面,⑤ 大人离开了房间,⑦ 未能使大人与自己一起玩,以及⑨未能使大人把自己抱起来——似乎更属于爱的条件反应中接近悲哀情境的某种东西。在这种悲哀情境中,对物体或人所形成的依恋(attachment)被消除,否则便不会表现出惯常的反应(正如"爱"变得冷淡的那种情境)。琼斯夫人声称,在许多情境中,条件反射和无条件反射的恐惧反应对大量的啼哭负责——例如,让孩子们站在滑梯顶端,从滑梯上滑下,站在台子上等。很可能上述分类中的④和⑤两种情境含有一些恐惧反应的成分在内。

在进行这种类型的研究时,人们应当始终记住,啼哭可能由于有机体的一些因素,例如困倦、饥饿、腹痛以及与此类似的一些情况所引起。琼斯夫人发现,大多数啼哭(很可能)由于从上午 9 时到 11 时之间机体内部的原因所引起。鉴于这一发现,该研究机构在午餐以前而不是午餐以后,给幼儿安排两个休息时间。这一安排在相当程度上减少了由于机体内在因素产生的啼哭的数量,以及受干扰的行为的数量。

哪些因素使孩子们发笑?

引起孩子大笑和微笑的情境以同一方式被记录下来。引起发笑的通常原因按顺序排列如下：

① 被逗乐（游戏式穿衣，挠痒等）。

② 奔跑、追逐，与其他孩子玩耍。

③ 玩玩具（一只皮球特别有效）。

④ 与其他儿童戏闹。

⑤ 注视其他儿童戏耍。

⑥ 作一些尝试，结果导致顺应（adjustment）（例如使玩具配对，或者使一些装置拼合或转动起来）。

⑦ 在钢琴上发出声响，多少有点像音乐；用口琴发出声响；唱歌；敲打器物等。

能够引起笑声和微笑的情境共罗列了 85 种。挠痒、游戏式穿衣、轻柔地洗澡、与其他孩子嬉闹以及逗乐是引发笑声的最常见的情境。这里，若想讨论这些微笑反应在何种程度上形成无条件反射，以及在何种程度上形成条件反射几乎是不可能的。人们需要注意这样的事实，根据操纵情境的方式，以及孩子们的内部机体状态，同样的刺激有时可能会引起笑声，有时却会引起啼哭；例如，尽管孩子们在洗脸时，或者在洗澡时，浴室里发生的啼哭声总是占支配地位，但是也有可能引起笑声。在某种场合，引进一支口琴会引发笑声，从而改变房间的沉闷气氛。当孩子们按通常的程序进行穿衣时，例如拖呀、拉呀、扭曲和翻转等，这时往往会引起孩子的啼哭，而假如使穿衣过程有点儿游戏性质，这时微笑和笑声便会取代啼哭。不过，我们还应当注意这一事实，当孩子们正在做他必须做的事情时，我们往往十分轻易地把逗乐儿童一事做得过头了。我曾经见过被这种方式宠坏了的孩子们所经历的痛苦，由于初来乍到的保姆被召唤进来给孩子洗澡、穿衣、喂食或把孩子放到床上去时，未能顺从孩子要求逗乐的意愿，结果导致孩子在痛苦中哭泣。

尽管我们的实验结果显得不很完整，但是我们已经足够深入地说明：人们可以十分容易地取代家庭中引起啼哭的大量情境，使这些情境反过来引起微笑（而且一般是笑声），就有机体的新陈代谢的一般状况而言，这种有节制的取代毫无疑问是合适的。此外，当我们通过连续的观察，充分了解到儿童环境中的症结是什么时，我们可以重建他们的环境，从而阻止那种不利于儿童的结构继续发展。

我们该不该养成儿童的消极反应？

当前，全国范围内流行的教学法告诉我们，不该把任何消极反应（negative responses）强加到儿童身上，这里面带有某种感伤情绪。我从来不赞成这种宣传。实际上，我认为某些消极反应应当科学地植入，以便对有机体形成保护。我认为，除此以外，没有其他出路。但是，需要指出的是，应当在条件性恐惧反应（conditioned fear responses）和消极反应之间划清界限。根据原始的（无条件的）恐惧刺激而形成的消极条件反应显然涉及内脏的大量变化——可能对正常的新陈代谢具有破坏性。条件性的愤怒反应，尽管在性质上不一定是消极的（例如在殴斗和攻击中就属于积极反应），但是显然具有同样的破坏作用。这里，我看到了一些简单的事实，这是坎农（Cannon）已经明白表示过的，即在恐惧和愤怒行为中，消化和吸收往往完全受到干扰——食物滞留于胃中进行发酵，从而为细菌提供繁殖场所并释放有毒物质。因此，一般说来，恐惧和愤怒行为对机体有害，这种观点是有一定道理的。不过，假如一个种族对于噪音和失去支持不作出消极反应的话，或者当活动受到阻碍时不进行挣扎的话，该种族就可能无法生存下去。另一方面，爱的行为似乎总能强化新陈代谢。消化和吸收明显地加快。对丈夫和妻子的询问揭示了这一事实，即在正常的性交以后，胃部开始饥饿或收缩，从而使进食要求加强。

现在，让我们回到消极反应上来。至少，我的意思是，消极反应建立在动作行为（manual behavior）上（条件化了的）——例如通过运用模糊的令人讨厌的刺激引起手、腿、身体等退缩，这里很少涉及内脏。为了使我的论点更清楚些，我来引述一个例子：我可以用两种方法建立起对一条蛇的消极行为。一种方法是，当我出示蛇的时候，我同时发出可怕的响声，结果孩子跌倒并完全因惊吓而哭叫。不久，只要一眼瞥见蛇便会产生相同的效果。另一种方法是我可以几次出示蛇，每次当孩子想伸手去捉蛇时，我用一支铅笔轻拍他的手指，然后逐步地在没有震惊的情况下建立起消极反应。我并没有用蛇来做这种试验，而是用了一支蜡烛。一个孩子可以因一次刺激即通过严重烧伤建立起条件反射；也可以多次呈现蜡烛的火焰，而且每次让火焰只使手指发热到缩手的程度，这样一来用不到严重的震惊便可建立起消极的条件反射。可是，建立没有震惊的消极反应是需要时间的。

今晚我不能过于详细地讲述在建立消极反应中涉及的一些有趣的心理和社会因素。

我能不能武断地说，我们的文明是建立在"不"和许多戒律之上的呢？以顺应方式生活于这种文明之中的个体，必须学会遵从这些戒律和"不"字。消极反应必须尽可能在心智健全的状态下建立起来，而不涉及强烈的情绪反应。例如，儿童和青少年不可以在马路上玩，不可以在汽车前奔跑，不可以与陌生的猫狗一起玩，不可以朝马脚那边跑并站在马脚下，不可以将武器指向人们，不可以冒染上性病或生私生子的险；他们不该做我所能提及的数千种其他的事。我并不是说社会要求的一切消极反应在道德标准上都是正确的〔当我说到道德标准时，我是指今天并不存在的新的实验伦理学（experimental ethics）〕。我不知道今天人们坚持的许多戒律是否最终有益于机体。我只不过说社会上存在着这些戒律——这是事实，假如我们生活于其中，那么当社会习俗说退回去时我们便必须退回去，否则我们一定会让我们的手受到猛击的惩罚。当然，世界上许多人的手是倔强的，他们干了许多禁止做的事，从而受到了随之而来的社会惩罚。这类人的数目在日益增加。这一现象意味着社会的尝试与错误实验正在成为可能——现在，在餐馆和旅馆中，甚至在家庭中容忍妇女吸烟便是一个很好的例子。只要社会通过它的一些代理者（例如政治制度、教会、家庭）统治着每项活动，那么便不可能对新的社会反应进行任何学习和任何试验。在以往20年间，我们已经目睹了妇女社会地位的显著变化，婚姻约束的显著减弱，政党全面控制的显著减少（也即实际上推翻了所有的君主政体），教会对真正受过教育的人们的控制也显著减弱，以及对性的清规戒律的弱化，等等。当然，危险来自控制的迅速减弱，对行为新形式的尝试过于表面化，也来自未经充分试验便接受新的方法。

在建立消极反应中使用体罚

在家庭和学校里抚育儿童，体罚（corporal punishment）问题定期地冒出来供人们讨论。我认为我们的实验差不多解决了这个问题。惩罚是一个不该进入我们语言中来的词。

鞭打或棒击肉体是一种与我们种族一样历史悠久的习俗。甚至,现代对罪犯和儿童实施惩罚的观点,其根源来自教堂中古老的受虐狂实践。圣经意义上的惩罚,即"以眼还眼和以牙还牙"充斥着我们的社会和宗教生活。

对儿童惩罚肯定不是一种科学方法。作为父母、老师和法官,我们只对建立符合团体行为的个人行为感兴趣,或者说必须感兴趣。你们已经掌握了这样一种概念,即行为主义者是严格的决定论者——孩子或成人必须做他应该做的事。使一个人作出不同举止的唯一方法,首先是使他缺乏教养。然后再使他变得有教养。儿童和成人的行为不符合家庭和团体建立起来的行为准则,主要是由于下述事实,即家庭和团体未能在个体成长时期对他进行充分的训练。由于成长是伴随一生的,因此社会训练也应当在一生中贯彻始终。那么,个体(有缺陷者和精神变态者除外)误入"歧途",也即背离确定的行为标准,便是我们的过错了——而所谓"我们的过错",我是指家庭的过错、老师的过错和团体中每个成员的过错;我们已经忽视和正在忽视我们的机会。

不过,现在让我们回到鞭打和殴斗上来,对此不能原谅!

首先,当父母在家庭中实施体罚行为之前,这种偏离社会常规的行为便已经产生。条件反应无法通过这种不科学的过程而建立起来。认为在晚间狠揍一顿儿童,以便惩罚他在晨间的行为,这样可防止儿童今后的不良行为,这种主张是滑稽可笑的。同样可笑的是,从预防犯罪的观点看,我们的法律和司法的惩罚方式允许在一年中犯罪,而在一年或两年以后才实施惩罚——假如确实这样的话。

其次,鞭打多半用来作为父母或老师的情绪发泄(虐待狂式的)途径。

再次,当偏离社会常规的行为发生后立即施以殴打行为,就不会或不可能按照任何科学的处方加以调整。或者,它可能十分温和,其刺激强度不足以建立条件化的消极反应;或者,它可能十分厉害,从而严重扰乱了孩子的整个内脏系统;或者,偏离社会常规的行为并不经常地伴随着惩罚,以便满足建立一种消极反应所需的科学条件;或者,最后一种情况,殴打如此经常地反复进行,结果失去了其一切效果——终于形成了习惯,可能导致人们称之为"受虐狂"(masochism)的心理病理状态。这是个体对不愉快刺激作出积极反应(positive responses)的一种病态反应。

那么，我们如何建立消极反应呢？我完全相信，当孩子把手指放进嘴里时，当孩子经常玩弄其生殖器时，当他伸手取物并把玻璃碟子和盘子拉下来时，或者当孩子旋开煤气开关或自来水龙头时，如果被当场发现，父母会立即以一种完全客观的方式敲击孩子的手指头——就像行为主义者对任何特定的物体建立一种消极的或退缩的反应时实施的电击一样客观。社会，包括群体和双亲，往往对年龄较大的孩子使用口头的"不"字来代替殴打。当然，使用"不"字是必要的，可是我希望将来有一天我们能对环境作出重新安排，以便孩子和成人不得不建立的消极反应会越来越少。

在建立消极反应的整个系统中存在着一种不好的特征，也即父母卷入了这一情境——我的意思是说，它成了惩罚制度的一部分。孩子长大之后"憎恨"那个经常打他的人——通常是父亲。我希望将来有一天会进行一项试验，即在桌子上安置电线，以便孩子伸手取玻璃杯或者易碎的花瓶时会受到惩罚，而在他伸手取玩具或其他东西时则不受惩罚，也就是在取得玩具时不受电击。换言之，我想使物体和生活情境建立起它们自己的消极反应。

目前对犯罪的惩罚方式是欧洲中世纪的遗风

我们在儿童教养过程中谈到的惩罚问题同样适用于成人的犯罪领域。根据我的观点，只有病人或心理变态者（疯子）或未受教养（从社会角度讲未受教养）的个体才会犯罪，因此，社会应当只对以下两件事感兴趣：

（1）务必使疯子或心理变态者尽可能地恢复健康，如果做不到这一点，那么应当把他们放在管理良好的（非政治性的）精神病院里，以便他们不受到伤害。同时，他们也不会对群体的其他成员构成伤害。换言之，这些异常者的命运应当掌握在医务人员（精神病医生）手中。至于毫无希望的疯子该不该用醚麻醉（etherized）的问题也不时地被提出来。除了夸张的意见和中世纪宗教的契约之外，看来没有任何理由去反对它。

（2）务必使社会上未受教养的个体，也即不属于精神病患者或精神变态者的人，都置于可以接受培养的场所，送他们上学，让他们学习，而不考虑他们的年龄、行业，使他们接受文化，使他们社会化。此外，在此期间，应当把他们置于不能对群体其他成员构成伤害的地方。这样的教育和训练可能要花 10～15 年甚至更长的时间。这种教育训练对于他们重新进入社会是必不可少的。如果未能接受这种训练，那么他们便会经常受到约束，而且被迫赚取每天的面包，在许多制造业和农场里劳动，舍此是万万不能的。任何人——包括罪犯或其他人，都不应当被剥夺空气、阳光、食物、训练，以及生活所必需的其他一些生理条件，这是很自然的。另一方面，每天苦干 12 小时也不会对任何人构成伤害。需要给予额外训练的一些个体应当交到行为主义者手中。

很自然，这样一种观点完全废除了刑法（但是并没有废除政策的制定）。它自然而然地废除了刑律和判例，而且也废除了审判罪犯的法庭。许多有名望的法官实质上同意这种观点。但是，只有到自然界在某次巨大的剧变中把一切法律书籍都付之一炬，并且所有的律师和法官突然决定成为行为主义者的时候，我才会看到目前的报复或惩罚理论让位于一种科学理论。这种科学理论建立在我们所了解的关于条件性情绪反应的建立和消退的基础之上。

树立消极反应和预防自杀

我们上述关于消极反应的讨论使我陷入沉思。我曾经常常怀疑，为什么某些行为主义的伦理学专家没为我们提供这样一些言语刺激[如果你愿意的话，称它们为"动机"（motives）或"社会价值"（social values）也无妨]。它们将帮助受过教育的人，甚至老于世故的人在身处逆境时也能继续生存下去。当一个人处于持续饥饿状态、寒冷、被遗弃、被虐待、被误解，以及悲伤和痛苦之时为什么还应该生存下去？以三种"需要"（needs）为基础的社会学（这三种"需要"是食物、性和住所）无法回答这一问题。在这种环境下继续生存无法用积极反应的理由加以合理地说明，不管这些积极反应是什么，或者其数目有多少。我们继续生存下去的原因在于，无条件的和条件的消极反应使我们不可能在正常的条件下采取必要的积极的步骤来结束我们的生存。我们可能把自己伪装起来，沉溺于一切我们喜欢的感伤的胡言乱语，谈论生活和爱情的乐趣，这些事实似乎就像我已经陈述过的那样。但是我们从幼儿时期起就被教导说，自杀证明我们有罪。我们从儿时起就牢固树立起了对利器和毒品的消极反应（条件化的视觉反应）——也就是对一切可能产生伤害或死亡的物体和情境的消极反应。这些是养成的恐惧反应而不是我在上面讨论的一般的和温和的消极反应。围绕死亡行为建立的条件反应如此之多，以至于看到或听到"死亡"这个词便会使个体对待死亡的任何一种积极反应陷于瘫痪。因此，只要个体是"正常的"（或者他今天是正常的），那么，无论处于何种情境之中，他便不可能自杀。在病理情况下，由于这样或那样的原因，只要有机体处于崩溃状态，自杀就会发生，而且确实会发生。鉴于这一观点，自杀始终是病理性的，始终意味着个体组织生活的崩溃。可是，在另外一种教养制度下，例如日本人，这种观点便不正确了：日本人在丧失荣誉时的即时反应便是自杀。因此，在人类中产生所谓"自我保护"（self-preservation）定律的不是什么情绪、本能或其他非习得的反应。从出生起就产生的消极反应只是少数情况，而且是极少数的情况（正如我们已经见到的，人体组织的受伤、烧伤、皮肤撕裂、擦伤等等，以及其他一些令人讨厌的刺激、噪声和失去支持）——对于个体来说，这些本能的消极反应太少，在保护个体方面不会产生很大影响。其他一切反应是通过社会建立起来的。但是，仍然存在许多无条件反应，由此形成消极的条件反应的过程。正是这些内在的消极反应，使我们生命之舟安全地航行在"麻烦的海洋"上。

我希望将来有一天有人会向我们提供更加积极的生活证明！

内在的情绪行为的最重要的形式是什么？

除了我们在这次演讲和上次演讲中已经讨论过的习得的和非习得的各种形式的情绪行为以外，另有两类情绪，行为主义者感到极大的兴趣。它们便是妒忌（jealousy）和害羞（shame）。迄今为止，行为主义者几乎极少有机会研究它们。我认为妒忌和害羞都是内在的或固有（built-in）的情绪行为。

其他形式的情绪行为，众所周知的有悲伤、忧愁、愤懑、发怒、尊敬、恐惧、公正、仁慈等,在行为主义者看来似乎相当简单。行为主义者认为,这些情绪行为都是以各类简单的非习得行为为基础的上层结构(super-structures),对这些非习得行为,我们已经充分讨论过。

然而,妒忌和害羞需要予以进一步研究。迄今为止,我尚无机会观察到害羞的首次出现,以及它的发生性成长(genetic growth)。我倾向于认为,害羞在某种程度上与首次明显的手淫(masturbation)有联系,而这次手淫包含了性欲高潮。手淫的刺激是玩弄生殖器,继后的反应是血压升高、皮肤表面毛细血管扩张,人们称之为脸红(flushing),还有其他许多反应。儿童从早年开始就被教育不要手淫,如果从事手淫便要受到惩罚。结果,凡触摸性器官或涉及性器的任何情形,不论是言语的或其他什么的,都可能使脸红和低下头的动作被条件化。它们差不多总是在手淫中发生的。但是,这纯粹是一种思辨,我暂时把这个问题搁一下以供今后观察。

近来,我已经对妒忌作了一些观察和实验。

妒忌:试问一下任何一组个体,他们如何解释妒忌——产生妒忌的刺激是什么,这种反应的形式是什么。结果,你只能得到最模糊的、最无用的回答。试问一下这组个体,引起这种反应的非习得的(无条件的)刺激是什么;试问他们这种非习得的(无条件的)反应形式是什么。对于这两个问题,你只能得到非科学的回答。大多数个体说,"哦,妒忌纯粹是本能"。假如我们图解如下:

$$S \underline{\hspace{8cm}} R$$
$$? \hspace{8cm} ?$$

我们不得不在刺激和反应下面加上问号。

然而,妒忌却是现今个体结构中最有力的因素之一。法院认为妒忌是导致行动的最强烈的"动机"之一。抢劫和谋杀来源于妒忌;事业的成功与失败也导源于此;婚姻中的争吵、分居和离异,其原因大多由于妒忌。它几乎渗入所有个体的整个行动系列中去,从而使人们认为它是一种天生的本能。然而,当你开始观察人们,并设法确定哪些情况引起妒忌行为,以及妒忌行为的详情是什么时,你便会看到情况十分复杂(社会的),而且这些反应都是高度组织的(习得的)。这种情况本身应当使我们怀疑它的遗传根源。让我们对人们进行一下观察,以便了解他们的行为是否会对这些情境和反应有所表现。

哪些情境引起妒忌行为？

首先，正如我们已经说过的那样，妒忌的情境始终是社会性的——它涉及人们。那么，它涉及哪些人？答案是，引起我们产生爱的条件反应的人。这个人可能是母亲、父亲，或兄弟、姐妹，或情人、妻子或丈夫，等等。这个人可以是同性也可以是异性。在引起激烈反应方面，妻子—丈夫的情境仅次于情人。这一简明扼要的考察在某种程度上有助于我们理解妒忌。这种情境始终是可以替代的，也就是，可以形成条件反射。它涉及引起爱的条件反应的人。这样的概括如果正确的话，应该马上从遗传的行为形式中脱离出来。

反应是什么？

成人的反应是多种多样的。我曾对儿童和成人的大量案例作了笔记。为了改变我们的程序，让我们首先以一名成人的反应为例。案例 A。A 是一名"十分妒忌的丈夫"，娶了一名年龄比他略小的美丽年轻的妇女为妻，已有两年。他俩经常外出去参加聚会。

（1）如果她跳舞时和她的舞伴有点贴近；

（2）如果她不跳舞时却和一男人聊天，讲话声音很低；

（3）如果她一时兴起，在众目睽睽下吻了另一名男子；

（4）如果她和其他女人外出吃饭或购物；

（5）如果她邀请自己的朋友在家聚会。

于是，A 便产生了妒忌行为。这种刺激引起了以下反应：

（1）拒绝和自己的妻子谈话或跳舞；

（2）所有肌肉处于紧张状态，牙关紧闭，眼睛似乎变得更小，颌骨"发硬"。

接着他离开房间和其他人不告而别。他的脸涨得通红,并逐渐发黑。这种行为在事情发生后通常会持续几天。他将不与他人谈及此事,调解是不可能的。妒忌状态本身似乎会逐渐消失。妻子本人再多的爱情证明,不断申辩自己的清白,也无法促进事情的解决,任何一种道歉或表示敬意的方法都不会加速情况的好转。但是,他的妻子钟情于他,从未表示过哪怕是一点点的不忠,正如他自己在没有妒忌时口头承认的那样。在一名缺乏教养、没有受过良好教育的人身上,他的行为可能会变得十分外显——他可能把妻子的眼睛打得发青,或者,如果真的来了一名男性侵犯者,他便会对这名侵犯者进行攻击,甚至杀死他。

其次,我们以儿童的妒忌行为为例。儿童 B 的首次妒忌迹象是在大约 2 岁时记录到的。每当母亲拥抱父亲、依偎他、吻他时,孩子的妒忌行为便表现出来了。直到 2.5 岁的时候,孩子从未充当过"替罪羊",他总是被允许在场,甚至在父母调情时也受到欢迎,这时孩子开始对父亲进行攻击,因为此时母亲正拥抱着父亲。孩子的反应是:(1)拖拉父亲的衣服;(2)叫喊"我的妈妈";(3)把父亲推开并挤进父母中间。如果父亲的接吻继续下去,孩子的情绪反应变得十分鲜明和紧张。每天早上,尤其是星期天早上,当孩子来到父母的卧室。这时父母尚未起床——他被父亲抱起,受到欢迎和奉承。虽然这时孩子还只有 2.5 岁,他会对父亲说,"你上班去吗,爸爸?"——或者甚至直接发命令说:"你上班去,爸爸。"这个男孩在 3 岁时和他还是婴儿的弟弟被送到祖母那里去,由一名保姆照管。于是他与母亲分开一个月。在此期间他对母亲的强烈依恋得以减弱。当父母去见他们的孩子时(这时孩子有 37 个月大),如果再在孩子面前相互调情,孩子再也不会表现出妒忌行为了。当父亲长时间紧紧拥抱母亲,以便观察是否最终会发生妒忌行为时,孩子仅仅跑向前去先抱一下其中一人,然后再抱另一人。这项试验重复了 4 天,结果都一样。

父亲看到原有的情境已无法唤起孩子的妒忌心,于是便向母亲实施攻击,打她的头和身体,并把她从一边摇晃到另一边。母亲则假装哭泣,而且向父亲回击。孩子见此情境忍受了几分钟,接着便竭尽全力打他的父亲。他哭呀,踢呀,用力拉父亲的腿,并用自己的小手打他,直到吵架结束。

接下来当母亲攻击父亲时,父亲保持被动状态。母亲毫不在意地猛击其腰带下面的部位,使父亲痛得直不起腰来,丝毫没有装出来的样子。但是,孩子仍对父亲再次实施攻击,甚至在父亲丧失战斗力以后仍然继续攻击。到了这个时候,孩子真正受到困扰,因此实验无法继续下去了。然而,到了第二天,即使母亲和父亲在孩子面前拥抱,孩子也不再表现妒忌行为了。

对父亲或母亲的妒忌形式何时出现?

为了进一步测试这类妒忌行为的根源,我们对一名11个月的男婴进行了实验。这名男婴营养良好,而且完全没有条件性恐惧,可是仍然对母亲怀有强烈的依恋,对父亲却没有任何依恋,这是因为婴儿在吮吸拇指时父亲常常打他的手,另外用各种各样的尝试打破他的宁静。到了11个月的时候,孩子已能迅速地爬行,且能爬行相当距离。

当父亲和母亲热烈拥抱时,孩子对他们甚至看都不看一眼。父母之间的亲密举动在孩子的幼年生活中根本不被当做一回事。这种情境经过反复实验,看不出孩子有朝他们爬去的倾向。更没有爬去夹在他们中间的倾向。妒忌全消失了。

接着父母相互攻击,由于地板上铺了地毯,因此打架的声音和母亲低低的呜咽声(或者父亲发出的呜咽声)都不是很响。父母之间的打架立即中止了孩子的爬行,并引起他持久的注视——不过,始终是注视母亲而不是注视父亲。随着注视的继续,他发出呜咽声,但并不努力想参与进去,帮任何一方打架。打架的噪音,地板的抖动,以及看到父母双亲的脸——所有这些向孩子提供的视觉刺激和孩子在遭打时的视觉刺激是一样的,从而使孩子啼哭,这些复杂的刺激足以引发可以观察得到的行为。他的行为属于恐惧类型,部分地形成视觉性条件反射。在这名婴儿身上显然不存在妒忌行为,无论当他的父母相互亲密还是父亲或母亲向另一方实施攻击。看来11个月的孩子太幼小,以至于无法出现妒忌行为。

当一名儿童面对他的弟弟时妒忌会不会发生?

许多弗洛伊德主义者坚持认为,妒忌行为可以追溯到儿童生活中出现了一个弟弟或妹妹的时候。他们宣称,尽管孩子的年龄只有1岁或不到1岁,这种妒忌行为实际上也能充分发展起来。然而,就我所知,没有任何一位弗洛伊德主义者曾经试图将他的理论付诸实际的实验测试。

我在对妒忌起源的观察中,曾有过一次机会去观察一名儿童接受他新生弟弟的情形。孩子B,他的妒忌行为指向其父亲,这是我刚才已经告诉过你们的。孩子B的年龄为2.5岁,这时事情发生了。B已经对自己的母亲形成了强烈的依恋,也对他自己的保姆形成了强烈的依恋。在不到1岁的时候,他对任何孩子没有形成有组织的反应。当时母亲生产住院有2个星期。在此期间,B由他的保姆负责照顾。在母亲回家这一天,保姆让孩子B在自己房间里玩耍,直到测试的一切条件都布置停当为止。测试是在一间照明良好的起居室内进行的,时间是中午。母亲正坐在那里给新生儿哺乳,她的胸脯敞开着。B在2个星期中没有见过自己的母亲。除了母亲和新生儿以外,在场的还有一位训练有素的保姆(对于B来说,这位保姆是陌生的),祖母和父亲也在场。B被允许从台阶上走下来进入房间。在场的每个人都被告诫说要保持绝对安静,并使当时的情境尽可能保持得自然些。B走进房间,走向他母亲,依偎在她膝盖上说:"妈妈,你好。"他并不试图吻她或抱她。他没有注意妈妈的胸脯,也未注意到母亲怀里的新生儿,这种忽视约达30秒钟,然后,他看到了婴儿,他说:"小孩。"接着他握着婴儿的手,轻轻地拍着它们,摸摸婴儿的头和脸,然后开始说:"那小孩,那小孩。"接下来,他吻了婴儿,丝毫没有妒忌的意思。在所有这些反应中,他显得十分温柔和亲切。这时,那位受过训练的保姆(尽管对B来说很陌生)抱起了新生儿。B便立即作出反应,至少在口头上作出了反应,他说:"妈妈,抱好孩子。"由此可见,对婴儿所作的反应如同母亲情境的一部分,而第一次妒忌反应就指向了那个从他母亲怀里取走某些东西的人(阻碍了他母亲的行动)。正如人们可以想象的那样,这是一种典型的非弗洛伊德主义的反应。这是妒忌反应的首次迹象。但是,反应却是对婴儿积极的而不是对婴儿不利的——尽管实际情境是他的弟弟侵占了他在母亲膝上的位置。

接着,新生儿由保姆抱到他自己的房间并放到床上。B也跟着一起去了。当他回来时,父亲问他:"你觉得吉米怎么样?"然后孩子B说:"喜欢吉米——吉米在睡觉。"他在任何情况下都未注意母亲敞开的胸脯,而且实际上对母亲极少注意,只有当保姆试图把婴儿抱走时是例外。在整个情境里,他仅仅对婴儿作出几分钟的积极反应,然后便转向注意别的事情了。

第二天,B不得不放弃他自己的房间(那里有他的许多玩具、书本和诸如此类的东西),以便腾出来让给新生儿。当B被告知吉米必须占用他的房间时,这种情境引起急切的积极反应,以便帮助大人把自己的家具拖到新房间里去。那天晚上他便睡在新房间里,以后每晚需要保姆陪他睡着。在B对新生儿的行为指向中,丝毫没有表现出哪怕是一点点愤懑和妒忌的迹象。迄今为止,对两个孩子的持续观察已经坚持了一年,看不出哪怕是一点点细微的妒忌迹象。今天,那个3岁孩子对待1岁孩子就像当初他第一次见到时那样仁爱和关心。甚至当保姆、母亲或父亲抱起1岁孩子并爱抚他时,也不存在任何妒忌现象。有一次,保姆差不多成功地建立起了孩子的妒忌心,她对B说:"你是个顽皮的孩子。吉米是个好孩子——我喜欢他。"接着有几天B显示出妒忌的苗头,不过随着保姆被辞退,这种刚刚露头的妒忌心又烟消云散了。

尽管不存在足以干扰孩子日常生活的依恋,但是如果弟弟不在旁边,那么哥哥便会扮演起1岁弟弟的角色来;如果母亲或父亲试图惩罚弟弟,打他的手时,只要弟弟哭叫,3岁的哥哥便会攻击父亲或母亲,甚至攻击父母双方,一边攻击一边说:"吉米是个好男孩;你们不该让吉米哭。"

我们能否从妒忌中得出结论?

迄今为止,我们关于妒忌的实验仅仅是初步的。如果能作出什么概括的话,看来只能是下面的形式了:妒忌是一种行为,它的刺激是一种(条件化了的)情爱刺激,对它的反应是愤怒——但是这种愤怒模式可能包含

了原始的内脏成分,此外便是许多习惯模式部分(打架、拳击、射击、言论,等等)。我们可以用下述图解将我们的事实组合在一起:

(条件的)刺激—————————(无条件的和条件的)反应
钟爱的物体之形象　　　　　整个身体僵硬,握紧双手,脸色发
(或声音)受损或受　　　　　青——呼吸急促,打架,口头的训
干扰。　　　　　　　　　　斥,等等。

自然,它已还原(reduced to)到赤裸裸的程式(schematism)。反应可能采取许多形式,而刺激可能由更加微妙的因素组成,比我在这里所记录的更为微妙。但是,我相信,我们用这些术语来系统阐述妒忌,这种做法是正确的。

研究成人情绪行为的实验方法

在过去的几年里,德国的贝努西(Benussi),哈佛大学心理实验室(Harvard Psychological Laboratory)的伯特(Burtt)和马斯顿(Marston),以及伯克利警察学院研究实验室(Research Laboratory of the Berkeley School for Police)的 J. A. 拉森(Larson)已经开展了一些十分有趣的工作,即当一名"犯罪"分子说谎或试图对他的罪行说谎时,他的血液循环和呼吸会发生变化。这项研究工作对警察和法庭会有很大用处。虽然这些测试的结果现在不可能而且以后也永远不可能介绍到法庭上去,作为认定罪与非罪的直接证据。可是,根据上述几位作者的意见,他们已经为坦白认罪铺平了道路。让我们用相当一般的术语来描述他们的方法。

你们中的多数人一定会对下述现象十分熟悉,也即医生在为你量血压时,在你臂上围上一条中空的带子,然后打气量血压。当你试图填写一张新的保险单时,或者当你试图增加旧保险单上的数额时,保险公司的医生通常会对你实施这种重要的测试。同样性质的仪器也被制造出来,不仅用于测量血压,而且可以测量心跳形式、心率变化以及诸如此类的情况。近年来,拉森使用了一种仪器,在黑皮纸(smoked paper)上记录血液

循环的变化。

在这类研究工作中运用的另一种仪器是呼吸描记器（pneumograph），这是一台能让实验者记录呼吸变化的仪器。由这台仪器描绘的记录在黑皮纸上能显示呼吸曲线的一般形状，包括振幅的变化，吸气和呼气的时间，以及诸如此类情况。因此，有可能同时作出血压记录和呼吸记录。

在实施这项测验时，我们首先获得一组正常的呼吸记录和循环记录。然后，在简短休息之后，我们便开始向被试询问一系列十分枯燥乏味的问题，被试只需回答"是"或"否"。当问题从本质上说是简单的，而且被试的"意识"保持清醒时，无论在血压方面还是在呼吸曲线方面均无特殊变化。

然而，如果我在开始讲课前把一袋珠宝放在讲台上，讲课结束以后，你们中间有6个人围拢来向我提问。在你们全部离开以后，我发现珠宝不见了。于是，我派人把当时曾经围在讲台周围的6个人都请来。我向你们中的每个人询问关于一袋珠宝的事。每个人都说"不，我没拿过"。但是，如果我决定记录你们的呼吸和循环。你们中间有3个人可能会急切地希望测试，该要求的真正目的是为了证明你们的无辜。另一方面，你们中另有3人会反对进行测试。可是，要求测试的那几个人不能说明他们无罪，反对测试的人也不能肯定说他们有罪。于是，我决定对这6个人都施以呼吸和血压的记录。我把你们每个人带进测试室，让你们舒舒服服地就座，然后，在放了一段时间的唱片以后，我开始问一些无关的问题，中间夹杂着一些与偷窃有关的问题。例如，我可以问：① 你反对这次测试吗？② 你吸烟吗？③ 你喜欢演讲吗？④ 你喜欢看电影吗？⑤ 你喜欢跳舞吗？⑥ 你有没有把那袋珠宝从讲台上拿走？⑦ 你刚才撒谎吗？⑧ 你赌博吗？⑨ 你曾被逮捕过吗？⑩ 你有没有拿过那袋珠宝？你必须回答上述每一个问题，直接用"是"或"否"。

在上述情况下，很显然，撒谎的那个人血压会表现出显著的升高（收缩）。同样，他的呼吸曲线表现出明显的变化。可是，一般说来，血压方面的记录比呼吸方面的记录更能令人满意。拉森宣称，这种测试方法对于加利福尼亚（California）警方在刑事侦查中颇为有效。拉森说："目前，这种测试的实际运用，在坦白认罪前，从无辜的嫌疑犯的记录中筛选出犯罪记录是有可能的。这种做法已在90％的案例中见效。超出90％的部分难以确定，原因是嫌疑犯失踪、不愿坦白，或者许多其他的原因。"在这些研究结果为人们最终接受以前，必须做更多的工作。

词语反应方法

在过去的 20 年间,关于词语反应方法(word reaction method)已有许多著述。这一方法的理论基于这样的假设,即我们对言语刺激所作的言语反应通常是十分迅速和流畅的:例如,如果我对你说"猫"并要求你用另一词尽可能迅速地作出反应——可以用任何词,你很可能立即就会说"老鼠";而如果我说"父亲",你很可能在同样短的时间里说出"母亲"。不过,如果我事先知道你上次去巴尔的摩(Baltimore)旅行时,你的情人拒绝了你,因此我便在刺激词的表格上放上了"巴尔的摩"这个词,结果你便会在斟酌反应词方面犯难了。你可能会作出下面任何一种表现:① 不作任何反应——完全闭口不言;② 延长反应时间;③ 作出反应,但用很响的声音,或者声音过低;④ 特别快速的反应;⑤ 带有其他附加反应的反应,例如脸红、哈哈大笑、低下头等等。

这种方法有着许多复杂性,我们不必一一探究。精神分析学家经常运用这种所谓的"无意识情结"(unconscious complexes)。作为行为主义者,我们发现并不需要一种无意识状态,因此我不准备讨论它在精神分析中的用途。它的运用在警察工作中已作过尝试,目的是为了确定情绪紊乱的嫌疑犯,当时,嫌疑犯正在对重要的词语刺激作出反应——也就是说,对那些与罪行有关的词语作出反应。有时,这种方法对于导致认罪有一定用处。嫌疑犯由于害怕这种方法,而且使他相信这种测试会证明他有罪,于是不得不坦白认罪。

人们日益深信,这种方法并不是在任何领域中都是十分有用的。我们对言词作出反应的习惯有赖于我们对那些言词的组织。如果我在一间工场里,我可以拿起这件工具,或那件工具,或其他工具,并以同样速度使用这些工具,不必作出尝试或者其他附加的动作(也就是不必摸索)。而另外一种看来单纯的工具,譬如说一把弯头凿子,便要叫我作出一番摸索了。但是,它们都是木工工具,我对这些工具再熟悉不过了。词语和工具并无不同。如果在决定使用哪些反应词方面需要摸索的话,那么说明你对刺激词缺乏实践。

这种方法已被用作心理学家的玩物——而且，这是一种很漂亮的玩物。我可以把你们6个人与一名助手一起送出房间，助手将随机地给你们其中一人一张卡片。要求那个人前往图书馆，并向办公桌旁的年轻姑娘求婚。然后，我可以通过词语反应对你们6个人进行测试，并在几分钟内找出求婚者。此外，助手可能教唆该"求婚者"撒谎，并试图用各种方法来欺骗我。我认为我能讲出（或许要出些差错）剩下来的5个人中有多少人对这件事有过"内疚的"（guilty）认识，也就是说，曾经见过这张上面与有指示的卡片，另有多少人未见过这张卡片。

你们可能会很容易地认识到，依据不确切和不可靠的知识，实验者要想在刑事案件和精神病例中从事研究，失败是不可避免的。我们对犯罪和以往的情绪情境了解不够，无法形成一组关键的刺激词。由于这个原因，以及其他一些原因，这种方法对犯罪学或精神病学很少有实用价值。

还有其他许多研究情绪行为的实验方法——从你必须填写有关你以往生活的问题表到使用电流计测量身体对弱电流的不同阻力。但是，由于它们的技术性质和不能令人满意的结果，我们在本讲中不必考虑它们的作用。

小　结

我们必须结束这次冗长的演讲。我们已经对人类情绪生活的许多方面进行了研究。希望你们能够从中获得行为主义者的主要论点——人类的情绪生活建立在环境对人的折磨之上；迄今为止，这一过程充满着偶然性（hit or miss）。各种行为形式未被社会审视就发展起来。我认为，你们现在和我都相信，我们可以用有序的方式建立起情绪反应——只要社会找到建立它们的方式，它们便会用特定的方式建立起来。换言之，至少应该部分地了解把它们建立起来的过程。此外，我认为当我说我们正在开始理解一旦它们建立起来便如何予以消除，你们也会同意。沿着后面一条路线，这些方法的进一步发展是我们大家都感兴趣的——在我们中间，许多人都有希望予以废除的孩子般的爱、怒或恐惧。这些方法将使我们在处理情绪疾病中能够用自然科学的方法来代替令人怀疑的和正在消逝

的不科学的方法,这种不科学的方法现在称做精神分析法(psychoanaly-
sis)。

那么,行为主义者能不能在这里突然插入需对自己的观点加以谨慎
对待的字眼呢?行为主义者的所有结论建立在过少的案例之上,他们的
实验资料也少得可怜。当然,这些不足之处在不久的将来是可以设法加
以补救的。目前,在从事情绪行为研究的大批学生中,已有越来越多的人
正在运用行为主义的方法。凡是心智健全的人再也不会使用那些陈旧的
内省方法了。詹姆斯及其他的直接追随者运用这种方法几乎毁掉了心理
学中最激动人心的部分。

在我们的下一次讲座中,我们将讨论我们在获得人体习惯的巨大系
统中,在获得我们的技能活动中,在我们的职业以及诸如此类的情形中,
我们将采用的一些步骤。

第九讲　我们的人类习惯

它们怎样产生？我们如何维持和如何丢弃它们？

· Our manual habits ·

行为主义者代之以记忆问题的是根据无练习期间技能保持了多少，失去了多少来谈论一个特定习惯的保持力的。我们不需要"记忆"这个术语，因为其中交织着哲学和主观的内涵。

左起：巴甫洛夫，G.V.Anrep，B.Babkin

巴甫洛夫(右二)及其狗的条件反射实验。

引言：在上一次讲座中，我们把人类的婴儿时期置于一个无助的和不稳定的发展状态中。这一时期，由于所有的组织（条件反射）还处于非习得的（unlearned）活动中，因此人类的组织还不能抵御相当野蛮的侵犯。如果我们把 1 岁孩子的发展与 1 岁猴子的发展相比较，我们就会立刻为这种比较所吃惊。

1 岁的猴子到处冲撞，到处跳跃，用长而尖的声音发出如同父母般的成熟的哭声。由于它不能与其父母争夺食物，所以它采取了各种欺骗行为。如果有敌人来袭击它时，它就会逃到角落里，尖叫并扯上一根木棍，或者是盛水的盘子，这时它的父母会放下它们自己的食物去营救幼猴，而幼猴就会立刻停止尖叫，冲到食物槽那里尽可能多地偷取食物。如果在拿到食物但来不及逃走的话，它父母回来之后，就可能引起争夺、撕咬，甚至击倒幼猴的情形。看到 1 岁的猴子，使人不禁想起那些年仅 12 岁但却老于世故的报童的言行举止。相比之下，1 岁的婴儿仍从母亲的胸脯或奶瓶那里获取所有的食物，他们只会咿咿呀呀，根本不会说出任何言辞；他们也只能靠爬行来移动，或者依靠部分家具支撑来直立移动。一些成人不得不为保护他们而进行战斗。这似乎已经是一个事实——有机体进入动物系列的层次越高，他们就越来越多地依靠习得的行为。

尽管人类的初期是无助的，但却能慢慢地成为一种在动物王国十分独特的生物。人类的独特之处主要在于行为的三大系统的巨大发展：① 内脏或情绪（visceral or emotional）习惯的数目、灵敏性与准确性，这我们在前两讲中已经讨论过了；② 喉部或言语（laryngeal verbal）习惯的数目、复杂性和完美性，这将在下一讲中讨论；③ 动作习惯（manual habits）的数目和完美性，我们将在本讲进行讨论。

我希望你们能够像我一样，对人类形成手指、手、臂、腿和躯体习惯所具有的巨大的能力始终保持一种惊奇。在前几讲，我已经称这一系统为动作习惯系统（system of manual habits），我们将继续运用这一术语。我们必须弄清"动作"一词包括躯体、腿、手臂和脚的组织结构。

◀ 1913 年，华生认为巴甫洛夫的条件反射主要是控制腺体分泌的机理，直到 1916 年，华生才承认巴甫洛夫的理论具有普遍意义。

环境的变化导致习惯的构成

众所周知，人类婴儿和幼儿不断地通过外界的光线、声音、触摸、嗅觉、味觉来接受刺激，同时也通过分泌的产生与缺乏、压力的存在与缺乏、食物在肠道中的移动以及体内肌肉［横纹肌和非横纹肌（striped and unstriped)］来接受刺激。总之，人类处在不断的刺激之中。现在，人之所以具有这样的结构（其他动物也是如此），是因为这些刺激从外部、内部作用于他时，他必定会产生活动。所有这些视觉、听觉、触觉、温度觉、嗅觉、味觉等刺激（所谓外在世界的物体）构成了人们视为环境的东西。我希望你们把这些刺激仅仅看做是人类环境的一部分，即人类的外部环境（它对群体来说或多或少是共同的）。所有内脏的、体温的、肌肉的和腺体的（发生在体内的）刺激，无论是有条件的，还是无条件的，它们都是同桌子、椅子一样客观存在的刺激物体（objects of stimulation)。它们构成了人类的另外一部分环境——内部环境。这一环境不是每个人所共同的。这一部分的人类环境通常在有关环境和遗传的相对影响的讨论中被遗漏。经常受到两个环境刺激的有机体自然不会仅仅对内部或仅仅对外部刺激作出反应。在胃收缩的刺激下，一个人会开始抓取一片面包。在视觉上看到一个警察时，会不由自主地停下手去束紧皮带。在性器官的刺激下，就会开始去寻找一个异性；如果囊中羞涩，就会暂缓求婚或结婚的仪式。同样，年轻时接受过言语训练的人（喉部言语刺激）会控制自己与一个暂时的伙伴进行交往。

这些来自外部和身体内部的有力刺激——如食物的缺乏，性欲的缺乏和动作、言语两者惯常活动的缺乏——刺激着人类。人类机体不得不作出反应，产生活动。这些刺激不断地导致手指、手、躯体、脚、手臂的活动，以及内部腺体反应器官的各种反应。在婴儿期，这些活动是"随机的"（random)，但是，如果你使它们不被其他类似的活动所引起，它们自然就不是随机的。这些活动直接对刺激作出反应，而且这些活动在后来的生活中变得越来越有规则、有秩序。

不断的刺激、不断的活动日益变得有规则——甚至在睡眠中有机体也受到刺激的影响，它不是静止的。

有机体是不是处于一种顺应（adjusted）的状态呢？最近，从一些心理学家和精神分析学家（psychoanalyst）口中，我们经常听到"顺应"（adjustments）这个词，并知道了个体必须不断地顺应。有时，你会对这些著名学者的意思感到疑惑。行为主义者认为，仅仅顺应的人是一个死人———一个对任何刺激都没有反应的人。事实表明，个体对刺激 A 作出反应（习得的或非习得的反应，或是两者的结合），以这样一种方式（即他接着必须对刺激 B 作出反应）来改变他的环境，于是就会出现两种情况：刺激 B 实际上去除了刺激 A；或者，由于对刺激 B 的反应，他可能这样来改变他的环境，即他忽略刺激 A 的范围。在第一种情形里，A 被消除了；在第二种情形里，A 在新的环境中停止了对机体的有效刺激。这是不是听起来很复杂？让我们举个例子，饥饿者首先出现的是胃的痉挛（刺激 A），个体开始活动，他进入一个食物充足的环境———换言之，他进入了餐室开始吃东西（刺激 B）。饥饿者的痉挛（刺激 A）立刻停止。你将看到，这就意味着"顺应"作用。事实上，他不再遭受饥饿的刺激，但在吃饱了以后，另外的刺激（非食物的刺激）立刻发生影响，引起了其他的反应———这证明了我的论点，即有机体不会也不可能被顺应，这是毋庸置疑的。让我举例说明另一个事实———个体对刺激 A 作出反应会引起环境的改变，这时刺激 A 不再发生作用。个体 X 躺在床上准备睡觉，街上的弧光灯通过一个遮光物的缝隙照进来。他扭动了一下，光线仍然照在他的眼睛上，他继续扭动，光线仍照在他的眼睛上，这时他会把头缩进被子里面，但热很快又使他钻出被子，光线仍照着他，于是他起身，做了一件明智的事———在遮光物的缝隙处钉上一张厚纸。这一对刺激 A 作出的反应使他进入了一个新的环境，在这一环境中不再把 A 作为一个刺激。因此，前面的两种情形经分析不是完全不同的。个体摆脱了刺激！但他摆脱的仅仅是其中一个刺激！另外一些刺激仍会有效地作用于他。心理学家所谓的"顺应不良"（maladjustment）通常是指两种对立倾向的刺激抑制了有机体摆脱促成刺激的范围。尽管这样，"顺应"这一术语仍是合适的，我们可以用它来说明我们的意思：个体通过他的活动使一个刺激平息或摆脱它的范围。我们解释"顺应"的用意在于有些事情与我们有关学习的试验结果是相类似的———动物获取食物、性、水或者摆脱一个产生消极反应的刺激等等。

我们的论证表明个体拥有一个组织来适应"遭遇的情境"。这意味着他必须形成这样一类习惯，也即他能够去除刺激 A 或以一种活动方式来摆脱它的有效范围。他穿过一条花团锦簇的小道到达了一个快乐的境地,他必须形成一些习惯去影响它。他已经学会在他饥饿的时候到餐室去,不像1岁孩子只会哭。成人已经学会当光线刺激他眼睛时,爬起来在遮光物的缝隙处钉一张纸,而3岁的孩子只会大声地叫他母亲关上灯。

这就是构成我们所有习惯的基调。一些外部环境或内部环境的刺激(请记住,所谓的刺激"缺乏"也是一种相当有效的刺激)使个体开始活动,在他去除刺激 A 或使自己离开 A 的刺激范围之前,他可以用不同的方式进行活动。当他重新回到相同的情境时,他能以更为迅速和更多的活动来达到目的,于是我们说他已经"学会"或已经"形成"了一种习惯。

习惯形成的步骤

若要了解基本习惯的形成,我们必须再次观察人类的幼儿。以一个哺乳中的婴儿为例。当他3个月时,慢慢地向他呈现一个奶瓶。当奶瓶接近孩子,并且几乎被他够得着的时候,你可以发现孩子的身体开始蠕动,他的手、脚和手臂变得更加活跃,他的眼神专注,嘴巴微动并且叫喊。然而,他并不把手臂伸向奶瓶。当每次试验结束时,立刻把奶瓶递给孩子。第二天重复同样的过程,你能发现孩子所有身体的运动变得更为明显。假如这个过程每天都给以重复,那么整个身体运动会变得更加明显,而孩子的手臂则充当了杠杆的作用,以便完成更大幅度的活动。他的躯体、腿和脚起到了另外一种杠杆作用——这种杠杆更加有力,但活动范围则比较小。孩子的手臂和手比其身体的其他部分更先碰到奶瓶的可能性是很大的,这就是为什么我们操纵物体的习惯是通过手臂、手指和手,而不是通过脚、腿和脚趾来形成的。如果婴儿失去了他的手臂,或者从未拥有过它们,那么这种习惯就会通过脚来形成。

除了使用奶瓶,为了更好地达到我们的直接目的,我们还使用了其他一些食物,例如可以够得着的一块糖,孩子的手会伸出来(不学而能的抓取),然后把糖放入嘴里(先前习得的一种习惯系统的组成部分)。通过每天给婴儿10次或12次重复试验,30天以后,接近一个小的物体、获取它并放到嘴里这一习惯就完成得相当好了。必须注意的是,对奶瓶或糖果的反应是一种有条件的视觉反应。这种条件是，婴儿必须一直通过奶瓶来喂养，所以，即使是这样简单的实验，也只是对已经接受过多次这样训练的婴幼儿才有效。如果我们想要他拿取一支铅笔或一些与食品无关的其他东西，那么我们就必须大大延缓实验的时间，条件是直到他对铅笔这一刺激有所反应。这里，值得注意的是，奶瓶这一刺激引起了越来越复杂的反应。首先，就拿蠕动来说，接下来的是越来越多的积极活动，特别是我先前已经提到的手臂、手和手指的活动。换句话说，反应在不断地变化，不断地组织，或者，如同我们有时所说的"整合"（integrated）。这就像我在第二讲中提到的那样，反应本身会变得条件化。也许，更进一步地说，反应会变得越来越高度整合（越来越新的成分以下述方式变得条件化，也即它们结合在一起，以一种新的或者更为复杂的反应来发生作用）。

最后，请注意，当手臂、手和手指的活动变得日益完美时——也就是当反应在更高层次上被组织起来时——与手无关的一些活动，诸如躯体、腿和脚的活动，在这个时候就会消失。运用手的完美构造产生了完美的功效；在这个过程中，那些不需要的活动就不会出现。拿取东西是孩子最基本的动作习惯，很快它就会变得复杂。他不仅能够拿和握，而且同时也学会扔东西。然后，他不仅能够拿置于他面前的物体，而且还能拿置于他左右的物体。最后，他学会了翻转和推动物体——从盒子上取下盖子，从瓶子上取下软木塞，把拨浪鼓的柄戳进盒子，打开或关闭盒盖。这些复杂的习惯导源于我们拿东西这一操纵（manipulation）习惯。认为操纵的习惯是一种本能（instinct）的人应该对出生 120～200 天的婴儿每天进行研究。婴儿通过努力学会了操纵物体，甚至还学会了操纵他自己的身体部分。

这里，我并不想使你们误解操纵的习惯仅仅包括手臂、手和手指的活动。根据我们上面所提到的，你们能够很好地了解任何动作（比如说去拿一个物体）都能导致身体中几乎任何一块肌肉的顺应——这里让我们把内脏也包括进去。换言之，每一精确实施的动作都包括整个身体任何一个部分的反应。这就是我们所说的整体反应（total reaction），也就是我们所谓"完美整合"（perfect integration）的东西。肩膀的运动，手臂的运动，肘的运动，腕的运动，掌的运动，手指的运动，躯体的运动，腿的运动，脚的运动，甚至呼吸和血液循环等等，所有这些都必须依据某种秩序（order）进行。这一秩序的相继发生时间有着精确的安排，而每一组肌肉的能量总和也必须在皮肤的任何一个细微动作完成之前得以分配。这些细微动作可以是枪击一头牛的眼睛或是打出一杆漂亮的台球。

一旦拥有了这些拿取物体和操纵物体的早期的基本习惯,婴儿就开始把握世界。从用泥土制造工具到用钢材制造工具,从用砍下来的树木在小河上建造独木桥到用钢铁和混凝土建造跨越海洋的大桥,从用泥土和石头建造房屋到用钢铁和混凝土建造摩天大楼,这些进步说明了动作习惯的发展。

习惯发展的实例

为了使整个过程更加具体化,让我们仍以前面提到的 3 岁孩子为例。这个 3 岁孩子已经较好地形成了操作习惯,但是,对于一个问题箱(problem box),情况就不同了。要想打开这个问题箱必须是在拥有了某种技能以后,例如,他必须按一个内在的小型木制开关。在我们把箱子呈现给他之前,先让他知道开启的箱子里面有一些糖果,然后我们关上箱子并告诉他如果他能够打开箱子,就能得到糖果。用他先前形成的操作习惯是不可能完全而又迅速地解决这个问题的,天生的或非习得的各种反应也不能帮助他。怎么办呢?他必须依靠他先前的组织。如果他用先前控制玩具的组织来对待这一问题,那么他就会立刻对付眼前的问题——① 拣起箱子;② 用箱子猛击地板;③ 拖着箱子一圈圈地转;④ 把箱子推向踏脚板;⑤ 把箱子翻个身;⑥ 用拳头敲打箱子。换句话说,他运用了先前对待简单问题的各种习得的行为。他显示了他的全部活动技能——用他先前获得的组织来处理新的问题。让我们假设他拥有 50 个习得的和非习得的独立反应。在他首先试图打开箱子的时候,我们可以假定在他努力打开箱子之前,他几乎用尽了他所拥有的那些反应。所有的过程大约用去了 20 分钟时间。当他打开箱子时,我们给他一些糖果,然后关上箱子,再交给他。第二次,他用了较少的活动就打开了箱子;第三次则更少。在经过 10 次或不到 10 次的试验之后,他能够摒弃一些无用的活动来打开箱子,并且只用了 2 秒钟。

为什么时间会缩短?为什么那些在解决问题中不需要的活动会在整个过程中渐渐消失?这是一个很难解决的问题,因为我认为我们中没有人已经简化了这个问题，以便真正用实验的手段来解决这个问题。我试图解释我们称之为"频率"（frequency）和"最近基础"（recency basis）的东西，为什么有一种活动最终能坚持下来而其他所有的活动都消失了。我认为我可以清楚地告诉你们我们所意指的东西。我们给 3 岁孩子的每一个独立活动指派一个数字。我们把最后一个活动——按木制开关——指定为 50。

第一次尝试中的所有 50 项活动按随机次序（chance order）显示（许多活动可能不止一次出现），让我们来看第一次尝试次序：

47, 21, 3, 7, 14, 16, 19, 38, 28, 2, …, 50

第二次尝试：

18, 6, 9, 16, 47, 19, 23, 27, …, 50

第三次尝试：

17, 11, 29, 66, 71, 18, …, 50

第九次尝试：

14, 19, …, 50

第十次尝试，尝试成功：50

换言之，数字 50 在整个系列中出现得越来越早，而且通过不断地尝试，其他活动出现的机会越来越少。为什么？我们认为 50 这个反应是每次尝试中仅有的一个每次都出现的活动；也就是说，一个人用 50 是整个系列中最终结果的方法来处理实验中系列安排的环境——孩子得到了糖果，箱子关上并再一次给了他——因而 50 这个活动是最频繁地重复出现的一个活动，比其他 49 个活动更频繁。

由于 50 这个活动总是在先前的尝试中成为最后的反应，因此有理由相信它很快会在下一次成功的尝试中，在活动的系列中出现。这就是为什么称它为"最近的因素"（factor of recency）。用最近的和频率的因素来解释习惯的形成已经受到了一些学者的批评——在他们中间有：乔治·皮博迪学院的约瑟夫·彼得森教授（Joseph Peterson of George Peabody College）和贝尔特朗·罗素教授（Bertrand Russell）。在这个非常重要的领域里，至今还没有做过一次至少在我看来是非常重要的实验性测试。只有少数心理学家对这个问题感兴趣，大多数心理学家甚至看不出这是一个问题，这是很可惜的。他们认为习惯的形成有赖于心地善良的仙女。例如，桑代克（Thorndike）说成功的活动刻上了愉快的印记，失败的活动刻上了不愉快的印记。大多数心理学家也在滔滔不绝地谈论人脑中新通路的形成,就好像那里有一群火神(Vulcan)的小侍从,他们在人的神经系统中穿过,手持斧子和凿子,边跑边开凿新的通路,并且加深老的通路。

我不敢肯定当这个问题如此解释的时候是否能够得到解决? 我觉得应该有一个更简单的方法来看待习惯形成的整个过程。不然的话,这个问题是不能解决的。自从在心理学中引入了条件反射的假设,并使许多事物简单化之后(我经常担心这会使事物过分地简单化),我有了自己的观点,从另一个角度来研究这个问题。

习惯与条件反射的关系

从理论上说,在我们刚才研究过的极为简单的条件反射情况和我们今晚正在研究的更为复杂、完整并受时空限制的习惯反应之间有着十分简单的关系。这种关系从表面上来看是部分与整体的关系——也就是说,条件反射是一个单位,是已经形成的整个习惯的一个单位。换言之,当一个复杂的习惯被完全分解之后,这个习惯的每个单位就是一种条件反射。让我们回过头来看一看我们在前几讲中已经研究过的条件反射类型:

S ——————————————————— R

电击(有害)　　　　　　　　　　　　脚的活动

当条件化之后,圆形的　　　　　　　引起脚的同样活动

　视觉刺激

这是一种简单的条件反应。但是,假定每个复杂的习惯都是由这样的单位构成的。我想试图把这一点说得更清楚一些。假设向被试呈现了圆形的视觉刺激之后,我不是让他养成缩回脚的习惯,而是让他养成往右拐一步的习惯。当他往右拐之后,他面对着的是一个方形的视觉刺激;对于这一刺激,他被条件反射为往前走 5 步,于是他看到一个三角形;对于这一刺激,他被条件反射为往右走 2 步,这时他看到了一个立方体。在对立方体的反应中,他被条件反射为向前跨 3 步,而不是向右或向左。你们可以从这个简单的例子中看出这样能够引导他在房间里兜一圈,然后再回

到起点。我可以安排每一个视觉刺激，使他必须以某种方式移动——向右移，向左移，向上移，向下移，向前走或向后走，把他的右手举起来，伸出他的左手，等等。现在，假设我每一次都对他进行实验，要求他从头跑完整个系列。这难道不是老鼠和人在学习迷宫的过程中所发生的事情吗？难道迷宫当中的每一条小道、每一个转弯不正是学习迷宫的整个过程的一个单位吗？难道打字、弹钢琴以及其他一些特殊的技巧性活动在这样的系列单位中不能分解和分析吗？当然，在现实生活中，当我们构成整个习惯的各种条件反射时，我们有时会在有机体作出正确反应时用食物或者哄骗孩子的方法使之条件反射；而对于一个错误的反应，我们会击打或惩罚他，或者让其继续走错误的路径，由此产生疲于奔命的感觉（这也是一种变相的惩罚）。

　　为什么这些单位受到时空的限制？为什么必须这样来安排系列？在我们生活的这个世界里是没有这样的次序和序列的——除了诸如太阳、月亮、星星等少数几种客体之外，甚至它们有时整天或整星期地被遮盖。我们不能完全凭此来掌握船的航行方向，因此有了指南针和六分仪（sextant）。答案是这样的：社会或环境的意外事件（accident）使它们成了那种样子。我所指的社会是由男人和女人构成的，他们已经建立起复杂的反应模式，这些反应模式必须不折不扣地被遵守。言语是由一系列字母组成的，它们还必须遵守明确规定的序列或次序，这些序列或次序是由约翰逊（Johnson）先生或韦伯斯特（Webster）先生以及其他一些早期的词典编纂者创建的。把高尔夫球射入球洞必须按一定的序列或次序来进行，台球必须射进某一球囊中。我所说的环境的意外事件，例如，这样一个简单的事实，如果你从家里走到一个海滨游泳场，你必须① 走到小山的右边；② 穿过一条小溪；③ 穿过一个小的松树林；④ 沿着一条干枯河道的左岸走；⑤ 直到一个牛场；⑥ 然后，在一丛柳树林后面；⑦ 你会到达你所希望到达的地方。上述每一个数字都代表了一个在学习期间能引起反应的视觉刺激。

　　你可能对所有这些都说"是"，那又怎么样呢？对一个条件反射形成的解释是否比我们称之为习惯的现象的解释更为简单呢？我的回答是：即使我们不"解释"一个条件反射，我们仍可以通过我们的分析来把一个我们既不能解决又不能进行实验的复杂过程还原为简单的术语。我相信我们现在可以把我们的阐述交给生理学家或生理化学家去解决。

　　我们留给他们的问题是：

刺激 X 现在不再引起反应 R；刺激 Y 则引起反应 R（无条件反射）；但是，当先给予一个刺激 X，然后立刻给予刺激 Y（Y 能引起 R），之后，X 也会引起 R。换言之，刺激 X 从此以后开始替代了刺激 Y。

生理学家会立刻以这样的解释来回答："你假设 X 没有刺激有机体是错误的。X 刺激了整个有机体，并经常微弱地引起反应 R，只是不够强大以便出现一个明显的反应。Y 明显地引起 R，是因为当有机体受到 Y（无条件反射）刺激时，从生理上来说显然用 R 来作回报。但在 Y 引起反应 R 之后，整个感觉运动部分的阻力或惯性逐渐变小，到达了本来只能微弱引起 R 的刺激 X 的范围，从而明显地引起 R。"当然，如果生理学家想要解释以条件反应为基础的各种现象，他只能从神经系统的阻力、冲突、累积、抑制、加强、促进等全或无的方面来解释，因为这些是他们研究的现象；但它们是非常复杂的现象，正是由于太复杂，以至于我们无法描述它们。即便他们把这些现象还原为电或化学的过程，恐怕也不能对我们有多少帮助。

幸运的是，我们仍能研究行为习惯，而不必去等待生化术语对这些生物现象的正确解释。

学习曲线的一些细节

图 9-1 是 19 只老鼠学习复杂的汉普顿·考特（Hampton Court）迷宫（经过修改）的记录曲线。水平线表示为老鼠提供的尝试时间。每只老鼠被单独进行测试。垂直线上的每一点则表示老鼠在各种尝试中获得食物所用时间的平均数。请注意，第一次尝试中获得食物所需时间的平均数超过了 16 分钟。在这段时间里，老鼠围着迷宫跑，跑进死胡同，又跑回起始点，继续开始找食物，咬它周围的金属线，抓它自己，在地板上嗅这个斑点或那个斑点。最后，它获得了食物，但只被允许吃一口，又重新被放回迷宫。食物的香味几乎使它发狂。它更迅速地跑动。在第 2 次尝试中，所有的平均时间只有 7 分钟多一点；第 4 次尝试所用时间不到 3 分钟；由此到第 23 次尝试，进步就非常缓慢。然后进步几乎停止了（用这种方法训练）。它们是否达到了训练的生理极限，这条曲线无法确定。每天少于 5 次的实际训练可能会形成一种新的导致进步的情况。部分的饥饿可能带

来进步。其他许多因素可能对它的操作带来影响。

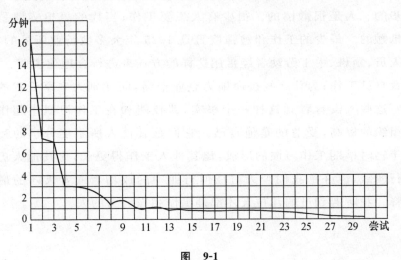

图 9-1

　　曲线表明 19 只白鼠在学习汉普顿·考特迷宫时所达到的进步情况。垂直线表示白鼠获得食物所需的时间，水平线表示白鼠的尝试次数。由此可见，在第一次尝试中，平均需要 10 分钟；在第 23 次尝试中，大约只需要 20 秒钟。请注意，第一次的进步是非常迅速的，随后便越来越缓慢。

　　我选择动物曲线来说明学习的情况是因为表示人类学习的大多数曲线是相当复杂的。当我们研究老鼠的时候，我们能不断地给予刺激。老鼠必须在迷宫中跑 5 次，否则它就得不到全部食物。在第 5 次结束时和一天的最后一次尝试时，它能得到全部食物。人类在学习时会变得相当厌烦。其他一些事情在刺激他。内部环境是相当复杂的。内部的言语（思维）始终是一个扰人的因素。社会和经济因素也会参与其中。

　　人类的学习曲线（比如说打字和发送电报）在学习过程中表现出所谓的停滞或高原现象（plateaus）。在高原期间不会出现进步，曲线保持在水平状态，也不会下降。怎样摆脱这些高原现象，使之能够重新开始进步是商界和实验室中的一个问题。激励手段的实施，比如薪水、奖金的提高，利润的分享，权利的增加等，都能首先引起学习的很大进步，然后再出现另一个高原。有时，麻烦来自家庭的环境——一个生病的妻子或孩子，或者说他时刻要留心他的妻子。有时，麻烦来自经济因素——一个人有足够的钱去生活，任何刺激都无法促使他进步。通常，当进步的要求迫使他时，进步就又重新出现了。例如，他可能结婚，可能有了一个孩子，可能搬迁到另一个花费更大的城市里去。无法找到一种带来进步的万能方法。

看来,当一个人处在只能维持生活的很低的经济水平上时是不会停止进步的。人是很懒惰的。很少有人想要工作;当代的思想感情是与工作相抵触的。最少的工作和勉强度日是 1925 年大多数行业所处的状态。行政人员、领班、手工劳动者经常用这样的方式来进行合理化说明:"我不是为我自己工作;为什么我拼命地为企业干活,而让别人来享受我的工作利润?"这些人没有看到这样一个事实,即技能和在工作习惯中起作用的一般组织的提高,受益的是他自己。它们是其他人所不能分享的私有财产。年轻时早期工作习惯的形成,比其他人工作得更长,比其他人更集中地进行实践,也许是我们今天对任何行业中的成功者或者天才的最合理的解释。我所遇到过的几位天才都是工作相当努力的人。

哪些因素影响动作习惯的形成

影响动作习惯(和言语习惯)的因素在所有令人满意的手册中至今尚未得出结论。实验的结果存在着冲突,在理论上也有值得考虑的变化。这些问题本身是吸引人的。让我们找出其中一些东西,同时用我们现在正在进行的研究来举例,借此解决问题。

(1) 年龄对习惯形成的影响。我们关于人类年龄对习惯形成的影响知之甚少,这似乎是研究该问题的一个显突的阻力。我们知道年纪大的老鼠与年纪小的老鼠在学习迷宫的方法上是不同的。我们已经用图表表明了它们所实施步骤的不同,它们花在每次成功尝试上的时间长短不同,以及最终准确无误地完成整个测试所用的时间不同。显然,一只老鼠不会因为太老而不能学习迷宫。年纪小的老鼠与年纪大的老鼠在学习迷宫时所需的尝试次数很少有差异。年纪大的老鼠很少奔跑;它们探索得很慢。他们最终奔跑的时间——在学会之后跑完整个迷宫所用的最少时间——也比年纪小的老鼠多得多。

我们没有关于人类的类似事实。很明显,人类停止学习太快,该有一些东西不时地去干扰户主,迫使他学习一些新的东西;但我们无法控制他。至于动物,我们能够完全控制食物、水、性和环境中的其他一些因素。只有地震、洪水和其他一些灾难才能使每一个成人回复到要学习某些新东西的局面。这也就是为什么很少用人作为实验对象的缘故。心理学家知道刺激不可能持续不断，或者在不同的实验室里刺激也是不可能相同的。大多数有关学习的研究是附带的——教室里的设备、医生的专题论述等等。我们没有真正的仪器来从事有关人类学习的复杂研究。在将来的某一天，我们应该拥有大量的实验室来供实验小组进行研究。他们的食物、水、性和住宅处于明确的控制之下——这些都必须依靠事实与证据，即没有迹象表明人类想放弃学习。如果形势很急迫，60、70岁，甚至80岁的人也能学习。詹姆斯说大多数人在30岁以后就不再学习是对的，但没有理由排除30岁以后大多数人仍在探索性的神秘，并需要食物和水，或者用一种独特的方式来获取它们。当他们在生活中遭遇不幸的时候，他们仍然能够活着。

（2）练习的分配。在动作领域和言语领域，值得研究的工作是学习中各种练习的分配（distribution of practice）。

我们能否对老鼠进行每天5次迷宫尝试，每天3次尝试，每天1次尝试或每隔一天1次尝试？如果我们给予不同的动物组以不同的方法进行训练，我们会惊奇地发现，在特定限度内练习的次数越少，每一练习单元的效率就越高。换言之，如果每组白鼠只获得50次的尝试，在不同的50次练习之间间隔的时间越长，结果越好。拉什利博士（Dr. K. S. Lashley）在研究人类学习发射英国长弓时也得到了同样的结果。其他一些有关打字和技能动作的研究也证实了这一普遍的规律。

罗莎莉·雷纳·华生［Rosalie Raynet Watson，约翰·霍普金斯大学心理实验室（Psychological Laboratory Johns Hopkins University）］在她没有发表的专题论文中提到了一些有趣的结果，它们与学习过程的几个方面有关。她的研究是成人的学习，即成人对准靶子投出一支由钢尖、羽尾制成的标枪。靶子由一块8×8英尺的软木制成，垂直钉在一个柜架上，靶子的中央是一只画在白纸上的2英寸的公牛眼睛。被试从20英尺处投掷标枪。她所研究的第一个问题是：不断练习对学习的影响——换言之，在24小时中，以2分钟投一次标枪的比率进行练习，个体将会发生什么情况？下面的曲线（见图9-2）显示了发生的情况。有10个人参加了实验。从星期六晚上8点开始到星期天晚上8点结束，依次每隔2分钟投一次。实验的最后4小时用于检验药物的影响，所以只显示了20小时的情况。每个人投射的瞬间被记录下来，标枪与靶心公牛眼睛的距离也被测量。曲线上的每一点是约300次投射的平均数。每隔6小时给予一定的食物。

吃食物时不允许干扰或中断工作——每个人在两次投射间吃食物。食物是一顿常规的冷餐。如果一个人经常喝咖啡或茶,那么便可允许他把它们带进实验室。可以看到第一个小时投射离公牛眼睛的平均距离将近17英寸。开始4小时成绩迅速提高,而在随后的2小时投射期间效率就降低了。第6个小时给予食物似乎带来了一定的提高,这一提高一直持续到第9个小时结束。此后,这一进步渐渐消失,在第20小时结束时,实验组不再比实验开始时好。显然,学习效率变得模糊或者说丧失——究竟是模糊还是丧失,实验尚未明确。

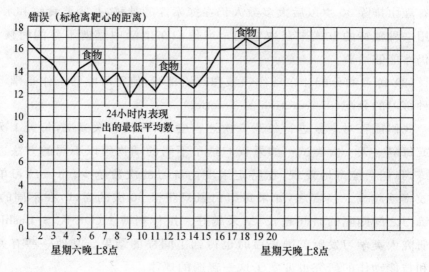

图　9-2

　　本曲线显示了10名被试在20小时每隔2分钟投掷一次标枪的情况。垂直线表示错误——也就是说投射时标枪离靶心的距离。水平线提供了时间记录。请注意,开始4小时的进步是迅速的,随后,准确度下降,直到食物出现时,准确度上升,并在继后的3小时中进步迅速。学习是相当稳定的,一直保持到第9小时。之后,显然没有进一步的改善。在第20小时结束时,被试投射的标枪如同他们在刚开始时那样缺乏精确度。在没有休息的间隔期间吃食物看来具有微小的促进作用。

　　为什么广泛地分配练习使之带来更好的结果只能是一种猜测,对此事实我们现在已经清楚了。我们没有获得真正的解释。请记住,如果你的目标是教会一个人尽可能地像老战士一样发射长弓,那么你就会要求他们从事能产生任何一种进步的长时实践。就学习而言,从所需尝试次数的观点来看,集中训练(concentrated practice)是无用的。但有时我们的实践需要要求我们去采用这种无用的方法。

　　从这些实验中得出的要点是,即使我们可供支配的时间很少,但如果用这一很少的时间进行集中练习，中间间隔一段时间，我们也能够获得惊人的好结果。

（3）获得机能的练习——在一段充足的时间对某一特定动作进行练习之后，学习曲线变成水平状了，不会再有提高（除非引入新的因素）。让我们称这样的习得习惯为"机能"（functions）。假设你从早到晚地练习一种机能——例如，你10年来一直在进行打字，或者在工厂里做各种计件工作。你是在早晨、中午、还是在午饭后，或者在退休之前，工作得更好呢？你是在星期一、还是在星期三或星期五做得更好呢？你是在春天、还是在夏天、还是在秋天或冬天做得更好呢？所有这些问题都被研究过，但没有一致的结果。

有关白天的效率这一课题引出了一个令人感到模糊的问题。为了更好地理解这个问题，罗莎莉·雷纳·华生用了在投掷标枪的过程中经过练习的9名被试（他们经过两个多月的每天训练），并且允许他们从上午8点到下午8点进行标枪投掷。她的结果（见表9-1）表明，在这种实验条件下，机能的效率在整个12小时中没有变化。

在该实验中，被试之间始终存在激烈的竞争，情境的刺激作用也贯穿于12小时之中。变化的地方——在一天或另一天的某一时间效率本身的下降——可能是由于饥饿，饭后有点麻木，以及其他各种容易解释的因素。我们现在不必花时间去讨论它们，因为事实尚未清楚地得出。

表 9-1　在一个练习的机能中白天的效率过程

（数字表示距离靶心公牛眼睛的英寸）

	B	Gich	Gre	H	L	Ray	Rich	G	W	AV.
8～9 午前至第 1 小时结束	6.3	10.3	12.5	11.5	10.2	10.4	7.0	11.8	5.6	10.7
9～10 午前至第 2 小时结束	7.2	9.5	11.1	9.9	9.2	11.6	6.9	11.4	6.9	9.3
10～11 午前至第 3 小时结束	7.0	10.2	11.6	11.7	8.3	12.1	8.3	9.8	5.9	9.4
11～12 午前至第 4 小时结束	8.8	9.7	9.6	10.9	8.9	12.3	7.2	11.7	6.3	9.5
12 中午～1 午后至第 5 小时结束	10.0	9.7	9.7	12.7	11.3	8.4	8.4	12.5	5.1	8.7
1～2 午后至第 6 小时结束	7.6	11.6	9.5	10.9	10.0	11.0	7.7	12.5	5.5	9.5
2～3 午后至第 7 小时结束	8.8	10.0	10.6	11.4	8.8	10.8	6.2	13.0	5.3	9.4
3～4 午后至第 8 小时结束	6.9	9.8	9.6	12.2	10.0	10.4	5.5	12.1	5.6	9.1
4～5 午后至第 9 小时结束	7.6	13.2	12.5	9.8	8.7	10.2	5.7	11.0	4.9	9.3
5～6 午后至第 10 小时结束	9.2	12.2	11.4	9.9	11.0	8.9	5.6	11.7	5.2	9.5
6～7 午后至第 11 小时结束	7.1	11.3	9.3	16.7	10.3	9.8	5.5	11.8	7.4	9.9
7～8 午后至第 12 小时结束	8.1	……	10.4	15.6	9.3	10.0	7.0	11.0	5.5	9.7

（4）机能练习中药物的影响——以类似的方法来测试药物对特定的机能的影响已有多项报道。对于可卡因（cocaine）、士的宁（strychnine）、酒精、咖啡因（caffeine）、饥饿（starvation）、寒冷、热量、缺氧、阉割（castration）（在动物身上），以及甲状腺素（thyroxin）、肾上腺素（adrenalin）的服用和睾丸的去除等等的影响都已做过试验。这些研究最终获得了专题性的论述。请允许我对此进行一下评论：当一项技能已经得到长时间的练习，举个真实的例子，在我关于投掷标枪的研究中（见表 9-1"W"栏的记录），药物对于记分的影响是惊人的。在不同的日子里，我服用了两倍剂量的士的宁和可卡因，另有一天我喝了 50cc 的黑麦威士忌酒，每隔 2 小时喝一次，大约花了 6 小时；结果，所有这些药物对记分一点都没有影响（当服用药物时，记分在上述表中没有下降）。从另外一些人身上获得的结果可能就不同了。如果测试其他一些机能，那么发生在我身上的结果就可能不一样了。自然，当士的宁和可卡因等药物被过度地大量使用时，它们必然会影响整个运动神经的协调。

习惯形成的最后阶段

在通过视觉、听觉、触觉和其他一些刺激反应（正如我们已经描述过的那样）而建立起一种习惯之后，一个附加的因素参与进来了。当我们不断地练习一种习惯时，实际的视觉、听觉、嗅觉和触觉等刺激变得越来越不重要。当这些习惯变得根深蒂固时，我们可以蒙住眼睛，堵住耳朵和鼻子，在皮肤上覆盖布料来进行操作。换言之，视觉、听觉、嗅觉和触觉等刺激不再处于非其莫属的地位。那么，究竟发生了什么呢？条件反射的第二阶段出现了。在学习过程的早期阶段，每次给予我们的视觉刺激，我们都对此作出一个肌肉反应（用那些留下痕迹的肌肉来反应）。在非常短的时间里，肌肉反应本身会作为一个刺激，以便引起下一个运动反应，而下一个运动反应又能引起随后的运动反应，如此继续下去，复杂的迷宫能够跑完，各种复杂的动作在没有视觉、听觉、嗅觉、触觉等刺激参与的情况下能得以完成。来自肌肉运动本身的肌肉刺激就是我们需要保持的能产生适当序列的动作反应。为了更加彻底地理解这一过程，你们应该回想一下我曾经告诉过你们的一个观点：肌肉不仅仅是反应的器官，而且也是感觉器官。下面让我们用图解说明这一双重条件反射。

在个体对圆圈的视觉刺激作出条件反射后：

(C)S ————————————————————(C)R

（第一次序）　视觉（圆圈）　　　　　向右走两步（或者由习惯

　　　　　然后　　　　　　　　　系列所要求的其他肌肉反应）

（在进一步的条件反射后）

肌肉本身的运动　　　　　　　能产生同等的反应

这一习惯通常被称为动觉习惯（kinaesthetic habit）或"肌肉"习惯（muscular habit）。我们的内部语言习惯（思维）是这种习惯的很好例子。看来，我们的所有习惯对于到达我们称之为动觉的第二阶段有着强烈的倾向。这一过程表明在有机体的内部没有神秘的活力论（vitalistic）的能量储存功能。你们应该从条件反射形成的规律中期待一些东西。

行为主义者怎样看待记忆

行为主义者从来不用"记忆"（memory）这个术语。行为主义者认为，记忆在客观的心理学中是没有位置的。这类事情几乎使许多优秀的心理学家感到烦恼，也使所有试图阅读行为主义者书籍的大众感到困惑。

当我们求助于事实的时候，让我们来看看我们是怎样解释的。我们先从比人低一等的动物开始——以白鼠为例。放在我面前的是一份有关老鼠学习走迷宫的记录。当这只老鼠第一次尝试时，它为获得食物而在迷宫中所花的时间为 40 分钟。它犯了在迷宫中可能犯的几乎所有的错误——它多次地折回，并一次又一次地跑进死胡同。在第 7 次尝试中，它用了 4 分钟就获得了食物，并且只犯了 8 次错误。在第 20 次尝试中，他用了 2 分钟时间就获得了食物，并且只犯了 6 次错误。在第 30 次尝试中，它用了 10 秒钟就获得了食物，并且没有错误。在第 35 次尝试中，以及后来的每次尝试，直到第 150 次，它用了约 6 秒钟就获得了食物，并且没有犯错。从第 35 次开始，它像一架良好的机器在跑迷宫。在迷宫中没有进一步的操作来提高它的记录。学习完成了。它在速度上已经达到了极限。

假设我们使老鼠远离迷宫 6 个月，它是否对迷宫还存在记忆？我们不想推测，而是试图对它进行试验。我们在它跑迷宫的时候安排了一些东西。令人惊奇的是，我们发现它只用了 2 分钟就获得了食物，并且只犯了 6 次错误。换言之，跑迷宫的习惯被大部分保留了下来。有机体的部分习惯消失了，但甚至在没有练习的 6 个月后，它的最初的重新学习的记录与它先前学习系列中第 20 次尝试的记录一样好。

让我们再来看看罗猴（Rhesus，又译恒河猴）学习打开复杂的问题箱的记录。第一次打开问题箱的时间，花了 20 分钟。在第 20 次尝试时（即 20 天之后），它只花了 2 秒钟就打开了问题箱。我们用了 6 个月时间不给它进一步的练习，然后再次试验。结果发现，它只花了 4 秒钟就打开了箱子，但动作有点笨拙。

那么，人类儿童与之有否不同呢？1 岁的孩子爬到他父母那里，发出咯咯的声音，并拉他父亲的腿。如果有一群人在房间里，他会爬到他父亲那里。现在，把他送出去 2 个月，在他身边都是其他人。接着，再次用他的父亲来试验他。他不再爬（或走）到他父亲那里，而是趋向那些在 2 个月里喂养他、照料他的人那里（如果这种情况真的在该父亲的第一个孩子或独生子女身上发生，那么这位父亲拥有的只能是更多的懊悔）。孩子对他父亲积极反应的习惯已经丧失了。

让我们以 3 岁男孩为例，让他学习骑踏板车和三轮脚踏车，直到他们能够熟练地骑踏板车和三轮脚踏车。让他脱离 6 个月后再做试验，他只能匆忙地骑车，车技笨拙，有点退步。

最后，让一个 20 岁的青年学打高尔夫球。让他在掌握这项活动的过程中成绩缓慢提高，费力地进步。2 年中，每周进行 2 次练习；他在 18 洞的球场中其得分将降至 80 或者偶然降至 78。不让他参与高尔夫球训练 3 年之后再试验他，他将有可能在第一轮中获得 95 分，2 周以后，却又回到了 80 分。

纵观我们提供的各种事实，我们发现在一项动作已经习得之后，继后不用或不练习一段时间——习惯产生的效率会有一些丧失，但通常不会全部丧失（除了我们举例的婴儿）。如果不用的时间相当长，在有些习惯中就会出现全部的丧失。一个特定习惯丧失的总量在不同的个体身上是会发生变化的。同一个个体也会在不同类型的习惯中表现出不同的丧失率。

令人惊奇的是，在相对较长的不用时间里，大多数动作习惯很少丧失。例如游泳、拳击、射击、滑冰、跳舞、高尔夫球，等等。如果一个低水平的射手或一个不精通高尔夫的球手告诉你，他在5年前是一个出色的运动员，由于缺乏练习而使得他水平下降，请你不要相信他，他永远不会是优秀的！一般来说，如果我们有一个个体学习的成绩，并且与他重新学习的成绩相比较，我们总能准确地测量出在没有练习期间所丧失的量。

再回到我们提到的心理学上的"记忆"问题上来。如果一个行为主义者站在科学的意义上发言，他永远不会说："詹姆斯在没有训练的几年之后，是否还记得怎样去骑自行车？"他会说："詹姆斯在5年里没有再接触过自行车，现在他是怎样准确地骑自行车的呢？"他并不要求詹姆斯去内省（introspect）和告诉他。他做的只是给詹姆斯自行车，然后测量他骑完6个街区所用的时间，记录失败的次数等等。在试验结束时，他会说："詹姆斯现在骑自行车保持了5年前75％的水平。"换言之，为了能够得出保持多少和失去多少的数量，行为主义者只是把个体放回原来的情境中去，经过一段没有训练的时期，看看发生了什么。如果在上述情况下，詹姆斯骑得不再比他得到自行车的第一天那般好的话，行为主义者会说："詹姆斯已经失去了骑自行车的习惯。"

人类需要依靠其机体的每一种形式。令人惊奇的是，甚至简单的条件反射在人和低等动物身上都能很好地保持下来。在实验室里，我重新建立了一个在电击之后对铃声的条件反射（反应是手指的缩回），接着是无实践的一年。安雷普（G. V. Anrep）以他的狗在没有训练的一年后的情况为例（用产生条件反射的唾液分泌反应的音调刺激），谈及了一个类似的保持问题。

因此，行为主义者代之以记忆问题的是根据无练习期间技能保持了多少，失去了多少来谈论一个特定习惯的保持力的。我们不需要"记忆"这个术语，因为其中交织着哲学和主观的内涵。

关于记忆的论述尚未完成，因为我们还没有讨论言语和语言的习惯及其它们的保持。下一讲主要阐释我们言语习惯的形成和保持。

伊凡·谢切诺夫(Ivan Sechenov,1829—1905)在他的军事医学实验室中。他通过对青蛙的解剖实验,指出心理活动无不来源于外界对感官的刺激,明确地提出大脑反射的观点。

第十讲　言语和思维

如果予以正确地理解,便能有助于打破这样的
虚构:存在着诸如"心理"生活那样的东西

· Talking and thinking ·

　　在本次讲座里,我们开始涉足一个习
得性行为的领域。在这个领域,动物不能
进入,更不用说与人竞争了。这就是关于
"语言习惯"(language habits)的领域——
当关闭嘴巴后内隐地运作时,我们称之为
"思维"(thinking)。

　　引言：在上次讲座中，我提出了这样一个事实：虽然人类在出生时几乎比其他任何哺乳动物更无助，但其通过获得的动作习惯（manual habits）很快超过了任何动物。他从来没有学会怎样跑得飞快，以便在与灵猳或鹿的赛跑中获胜；他也从来没有学会在与马或大象的纯力量比赛中获胜，但是他把它们都制服了。他所以能做到这一点，是因为他学会了怎样构造和应用"动作的装置"（manual devices）。首先，他学会了使用木棍；然后，他学会了发射石头——学会了用弹弓，这样他可以用更大的力来扔石头。再后来，他制造了尖锐的石器。接着，他制作和应用弓箭，借助弓箭，他可以战胜最敏捷的动物。往后，他学会了怎样取火，学会了怎样制造青铜和铁质的刀子，而后是弯弓，最后是火器。

　　然而，尽管人类的操作技术如此高超，但并非是动作灵巧性的唯一获得者。大象可以被训练来装卸载重卡车上的木料；即便是较低级的猴子，也可以被训练去熟练地操作门闩、拖拉细绳等类似的事情。黑猩猩学会高兴地骑着自行车，在排成一长行的十几个瓶子之间穿梭，不会碰倒一个瓶子；它能学会取下瓶塞，从一个瓶子里喝水，吸烟，点烟，锁上门或打开门，还可以学会好几百种的其他事情。当它站着，头戴着帽子，嘴里叼着烟斗，操作着大量物体时，特别像一幅爱尔兰砖瓦搬运工的漫画。

　　在本次讲座里，我们开始涉足一个习得性行为的领域。在这个领域，动物不能进入，更不用说与人竞争了。这就是关于"语言习惯"（language habits）的领域——当关闭嘴巴后内隐地运作时，我们称之为"思维"（thinking）。[①]

什么是语言？

　　语言，不论其复杂性如何，正像我们通常理解的那样，开始是一种非

◀ 图为桑代克用于研究的 4 个"迷箱"。华生拒绝接受桑代克的"效果律"。

---

　　① 我们把不能言谈的人能不能思维这个问题放到以后再讨论。当我们结束我们的基本介绍时，你们会发现人类几乎用整个身体来言谈和思维——就像他们用整个身体做其他事情一样。我们将在下一次讲座里更充分地讨论这个问题。

常简单的行为。实际上语言是一种动作习惯。在亚当的智慧果(Adam's apple)那个层次,我们的咽喉里有一个简单的小型器官,称为"喉"(larynx)或者"音盒"(voice box)。它是一个主要由软骨构成的管道,穿过这个管道伸展着两片结构非常单一的膜(膜状的声门),在它的边缘形成了声带(vocal cords)。我们不是用手来操纵这些相当原始的器官,而是当我们把空气从胃中排出时,通过与它相连的肌肉来操纵它。当我们考虑它的构造时,努力去想象那些夹在我们嘴唇之间,使空气通过的简单的芦笛。我们拉紧声带,改变声带之间空隙的宽度,如同我们转动弦轴来为小提琴的弦调音。来自肺部的空气通过声带之间的空隙排出,导致声带振动,发出声音,我们称之为嗓音。但是,当我们发出这个声响时,另有几组肌肉在活动:一组改变了咽喉的形状,一组改变了舌头的位置,一组改变了牙齿的位置,一组改变了嘴唇的位置。位于喉部上方的口腔和位于喉部下方的胸腔不断地改变大小和形状,结果导致音量、音的特征(音色)和音高的变化。当婴儿第一次啼哭时,所有这些器官就进行反应,开始工作。当婴儿发出非习得的(unlearned)声音如"爸"或"妈"时,这些器官又开始工作了。

这一图景和我们在研究手与手指的运动时所看到的图景没有很大区别,不是吗?

早期的声音

从上次讲座中你们也许还记得,为了开始建立操作习惯,我们不得不从某些东西开始,即从手指、手、脚趾等的非习得运动开始。在语言方面,我们从一些类似的事情着手,即从婴儿在出生时和出生后所发出的非习得的声音着手。婴儿约从第一个月开始出现的声音,一般从"啊"、"呜"、"哪"、"哇"、"哦",到后来的"啦"、"啊"、"啊咕"、"妈"、"爸"。布兰顿(Blanton)女士在一个育有 25 个满月婴儿的育婴室里得出经验:"在育婴室里,婴儿的兴趣是模仿不同动物的叫声。鹌鹑的啼鸣、山羊的叫声、小猪的哀鸣、野猫的尖啸,每一个都模仿得很像。"

词语组织的开始

在研究动作活动时,我们发现婴儿伸手抓物的习惯开始于大约第 120 天;到第 150 天,经过特殊的训练后,这种习惯可以得到充分发展。第一次真正的发声习惯则始于更晚时期,并发展较慢。在某些孩子中,我们发现甚至到了 18 个月还未形成任何常规类型的言语习惯。然而,在有些孩子中,到了 1 周岁结束时,便可发现相当多的言语习惯。

我和我的妻子尝试在一个十分幼小的婴儿身上形成简单的言语习惯。我们对 B 开展了实验;我们已经开始处理这个婴儿(B)的妒忌行为。他出生于 1921 年 11 月 21 日。到 5 个月结束时,他已经显示出其他每个同龄婴儿的全部技能。咕咕地发声,并发出"ah goo"以及"a"和"ah"的变音。从 1922 年 5 月 12 日开始,我们将这个音和奶瓶联系起来(该婴儿从第 2 个月结束时起用奶瓶喂养)。我们的方法如下:我们将奶瓶给婴儿并让他吮吸一会儿,然后我们将奶瓶拿出并在他面前捏着。他开始踢啊,蠕动啊,并伸手抓奶瓶。于是我们便大声地给以"da"音的刺激。我们每每重复一次,该过程连续 3 个星期。当他呜咽和哀鸣时,我们总把奶瓶给他。1922 年 6 月 5 日,当我们发出刺激词("da")并在他面前捏着奶瓶时,他发出了"dada"的词音。于是,我们立即把奶瓶给他。在那种场合下,这一过程成功地重复进行了 3 次——每次我们都发出刺激词的声音。然后,我们连续 5 次拿走奶瓶,而在没有给他刺激词的情况下他却说了"dada",以求得到奶瓶。在其中一次实验中,他连续不断地说"dada","dada","dada",有好几次,而实际上我们并未发出刺激词的声音。在以后几星期中,引发这种反应就像引发其他任何身体反射作用一样容易。言语反应差不多专门局限于这种刺激。在有些场合中,当把他的玩具兔展示在他面前时,他也说了"dada",但把其他东西出示在他面前时,他却没有发生这种情况。

我们十分有趣地注意到 1922 年 6 月 23 日从他嘴里发出了其他类型的声音,例如"boo-boo"和"bla-bla"以及"goo-goo"(新出现的未学过的声音)。在这种场合,他无法恢复"dada"的发音。他会勇敢地急切发出一连串其他的声音,但从未有一次发出"dada"的声音。可是到了第 2 天,他却毫无困难地发出了"dada"的声音。在 7 月 1 日，尽管没有给他任何刺激词，"dada"的声音却突然变成"dad-en"，原来的"dada"偶尔出现。要是我们一开始便打破这个婴儿的严格的哺乳习惯，而且观察他自己发出"dada"声音的言语场合，并立即给他奶瓶，那么他的这种习惯便会更早和更快地形成，我认为这是相当可能的。至于当我们开始用奶瓶喂他的时候大声发出刺激词"dada"，在这一最佳场合引出反应是否效果颇微，我认为是可以争论的。换言之，我怀疑在婴儿的早期阶段是否会有任何言语模仿。当然，后来这种所谓的言语模仿确实出现了，不过大多数情况更可能是我们模仿孩子而不是孩子模仿我们。一旦这些声音的反应形成了条件反射，那么整个语言便可看做是"模仿的"，因为在社交方面，个人的口头言语是在另一个人身上引发同样的或另一种言语反应的刺激物。

于是，在 6.5 个月结束时，我们粗略地建立了和伸手抓物习惯相应的一种有条件的发声反应，到第 150 天结束时，这种反应已经达到相当完善的地步。

语言的进一步发展

在条件反射的言词反应部分建立以后，短语和句子习惯开始形成。可是单词的条件反射自然并不停顿，因此各种各样的单词、短语和句子习惯同时得到发展。

当 B 已经掌握 52 个单词时[①]，我们刚考虑过他的单词条件反射的形式，我们注意到首次出现两个单词相连接的现象。该现象发生在 1923 年8 月 13 日，B 的年龄是 1 岁 7 个月 25 天。在此日期的前一个月，我们曾经安排了两个单词相连的言语型式，例如"喂，妈妈"，"喂，爸爸"，不过毫无

---

① 他掌握的全部单词如下：Ta-Ta(谢谢您)，Blea(请)，妈妈，Da，Roo(露丝)，No-No(诺拉——当女佣离去后便不再出现)，Yea(是的)，No，Bow-Wow，Melow(咪呜)，Anna，Gigon(迪基)，Doall(乔恩)，Bebe(婴孩)，Ja(杰克)，Puddy(漂亮)，Co-Co(鸟)，Areha(亚契)，Tick(棒头)，Toue(石子)，Dir(泥土)，Sha(害羞)，Toa(吐司，烤面包)，Cra-Ca(饼干)，Chee(乳酪)，Nanny(糖果)，Abba(阿尔伯特)，Bleu(蓝色)，更多，Moe(水)，Boa(小船)，Go-Go(手推车)，Awri(好的)，Te-te(撒尿)，Shan(沙)，Sha-Sha(沙拉)，La-La(女士)，cir(女孩)，maa(男人)，Choo-Choo(火车)，球，Baa(匣子或瓶子)，Haa(热)，Co(冷)，Sow(肥皂)，Plower(花)，Haw-do(您好——新的发音，出现于 8 月 14 日)，Boo(书)，Shee(看见)，喂，再见，鞋子。

结果。到了这一天，他母亲说："对爸爸说再见。"她安排了这样一个模式："再会 da。"孩子（B）跟她重复地说，"bye"——然后犹豫，过了 5 秒钟发出这个词——"da"。这给他带来一阵爱抚、言语的称赞以及类似的东西。后来，在当天他以同样长度的时间间隔发了两个音，"bye-bow wow"。2 天以后，到了 8 月 15 日，我们使他说"喂——妈妈"，"喂——露丝"，"ta-ta-露丝"，"ta-ta-妈妈"，（"ta-ta"的意思是"谢谢您"）。在每一种情形里，反应在被唤起之前，必须给出两个单词的刺激。第一次他也说："blea-mama。"直到这一次，我们在没有给出 2 个单词刺激的情况下得到了 2 个单词的反应。8 月 24 日这天，在没有从父母那里得到任何语言刺激的情况下，他把 2 个单词连起来了。例如，他指着父亲的鞋说："鞋——爸"，指着母亲的鞋说："鞋——妈"。接着，后来的 4 天，在没有建立任何模式的情况下，他不时地应用上述两个单词来反应，并且还有另外一些从未建立过的 2 个单词，比如："tee-tee bow-wow"（狗撒尿），"bebe go-go"（当一个小邻居玩开车游戏时发出的声音），"mama toa"，"howdo shoes"，"haa mama"，"awri mama"。当把他放回他的房间，让他睡觉或午睡时，他经常念叨这些词，在他的房间里一遍又一遍地大声把这些单词组合起来——这是我们以后看到的行为主义者的思维理论中具有相当重要性的一个观测实例。

从此以后，两词阶段（two-word stage）的发展迅速产生。像通常成人的社交方式那样用句子进行交谈，这种三词阶段出现的比较慢。然而，在这些阶段里，没有新的情况显露出来。

尽管没有做任何事情来强化语言，但这个孩子在 3 岁时有了对语言的显著的运用能力。在 1 岁的时候，他只能说 12 个单词，这是 1 岁婴儿能说的平均数目。在 18 个月的时候，掌握 52 个单词的 B 儿童明显落后于一般水平，这是一个小孩不断被保育员从头到脚待候时经常发生的情况——在这种情况下，一个法国妇女使用的英语单词的数目几乎不比小孩用的多。我提及这些事实是为了说明这样的论点：许多因素影响着单词、词组和句子习惯的形成速度。

单词替代物体和情境

你们可以从 1 个和 2 个单词习惯的形成例子中看出，这个过程完全类似于简单的条件运动反射（conditioned motor reflexes）的建立，比如在听觉或视觉刺激下手的收缩。我们可以再次应用我们熟悉的老公式

S ————————————————————— R

某种内部器官的刺激　　　　　　　　爸爸

当被条件化时——

于是

寻找奶瓶

无条件的或非习得的刺激对咽喉、胸腔和口唇等的肌肉和腺体组织会产生某种变化（当然，这些部位的变化也会依次被来自胃或外在环境等的刺激所引发）。非习得的反应是我们叫"爸爸"时的声带发音——换句话说，如同在手工操作的行为中一样，我们最初建立的反应是非习得的和无条件的反应。"我们注视着机会，并建立反应。"由于我们对引起非习得的声音反应的基本刺激知之甚少，所以，早期阶段的单词条件反射是相当轻率的。实际上，我们对引起动物非习得反应的刺激比对引起婴儿非习得反应的刺激知道得更多。我知道怎样在青蛙身体的某个部位上进行摩擦便能使它呱呱直叫；我能让一条狗狂吠，或者使猴子发出一定的声音。但是，我不知道"打开婴儿身上的哪个开关"（不管它是在身体内部还是在身体外部），能使婴儿说出"da"，"glub"，"boo-boo"或"aw"。如果我能做到这一点，我就可以在早期以非常快的速度用单词、词组和句子建立那种反应。对于年幼的儿童来说，我们只能注意与某个常规性的单词最接近的声音，试图把它与成人中唤起那个单词的物体联系起来（使它代替那个物体）。换句话说，即使在这么小的年龄，我们已经开始设法把他带入与他的群体一致的语言世界里。有时，我们不得不通过音节来引起儿童对音节的条件反射，以便获得一个完整的单词，也就是说，在一个长单词中可能会有一打各自独立的条件反应。于是，一个长单词与我在上次关于迷宫学习的讲座中为你们勾画的图景一致。但是，即使是这样，我相信，在婴儿发出的非习得的声音中，我们有各种反应的单位，当这些单位在后来被联结起来时（通过条件反射），就是我们字典中的词。因此，出色的、雄辩的、流畅的演说家在他的充满热情的讲话中发出的所有声音，只不过是他的非习得的婴儿声音被婴儿期、儿童期和青少年期耐心的条件反射而联结起来的结果。

在言语习惯的形成过程中，有一件事看起来十分明显，那就是第二级

的、第三级的和继后成序的条件反射以非常快的速度形成。显然,对 3 岁的儿童来说,"妈妈"这个单词是这样被唤起的:① 通过看到他的妈妈;② 通过妈妈的照片;③ 通过妈妈的声音;④ 通过妈妈的脚步声;⑤ 通过看到印刷体的英语单词"妈妈";⑥ 通过看到手写体的英语单词"妈妈";⑦ 通过看到印刷体的法国单词 mere;⑧ 通过看到手写体的法国单词 mere,以及通过其他诸种刺激,比如妈妈的帽子、妈妈的衣服、妈妈的鞋子等视觉刺激。当这些替代的刺激被建立起来时,对"妈妈"的反应本身就变得复杂化了。有时,他尽其所能大声尖叫,有时他用平常交谈的语气说话,有时用哀声的腔调,有时哑着嗓子,有时温柔地表达,有时刺耳地表达。若为他的模仿提供言语榜样,他就能用各种不同的方式说"妈妈"。这就意味着"妈妈"的反应由一打甚至可能是几百个肌肉活动所组成。

换句话说,沿着我们自己的言语足迹来抚养孩子,就像我们在词语本身(英语、法语、德语等)和它们的发音与变音上形成条件反射一样,我们在言语上使他们形成条件反射。我们可以通过一个孩子说"贮藏"或"门",通过几个词组,比如"你们大家","我可以带你回家",通过他在讲话时带有某种温柔和缓慢的语调,来认准他是一个南方孩子。我们通过一个孩子说单词"水"的方式,来认准他是一个芝加哥小孩。我们可以通过一个孩子定音较高的尖叫和他所用的语言方式,来认准他是一个纽约的《东方》报童。我们不仅学习我们父母的语言,还同时习得了他们的语言习惯。存在于北方和南方、东方和西方、拉丁人或东方人与黑人或撒克逊人之间的这些差异,不是由于咽喉结构上的不同或基本的非习得的婴儿期反应单位的类型和数目不同。南北战争后,那是一个只带一只旅行袋便可去南方投机谋利的时代,许多北方的母亲和父亲迁往南方,他们的孩子学着说南方话而不是新英格兰英语。当然,法国父母的孩子被带到这个国家,由讲英语的人抚养时,他们能习得非常好的英语。

一个 40 岁的铁匠不可能学会足尖舞,鉴于同样的原因,如果我们在晚年开始学习一种外国语,要想不带任何方言地学会说那种语言是困难的。反应的习惯类型剥夺了机体的肌肉灵活性——它们趋向于使身体的实际结构定形(shape)。一个总是垂头丧气、耷拉着脸上肌肉的人,趋向于呈现我们描绘为忧郁、丧气、扫兴的面部表情。在这一点上,另一个重要的因素也进入了。在青春期,喉开始发生结构性的变化。它实际上变得很不灵活,由于定形,不大有可能发出新的声音。

于是,随着儿童的成长,他对外部环境的每个物体和情境都建立了一个条件化的词语反应。由父母、老师和社会团体中其他成员组成的社会安排了这一点。但是，乍一看奇怪的是，他对其内部环境中的许多物体（内脏本身的变化）不必作出条件化的词语，因为父母和社会团体的其他成员对它们没有任何词语。目前，即使在人类，内脏中发生的事大多是非言语化的（unverbalized）。这种情况可以用来解释所谓"无意识"的意义，我将在下次讲座中提出。

替代物体的词语的身体组织

在外界环境中，每一个物体和情境都被命名这一事实具有深远的重要性。词语不仅能够唤起其他的单词、词组和句子，而且当人类适当地被组织起来时，它们能够唤起人类所有的操作行为。言词唤起反应的功能正如言词替代物体一样。迪安·斯威夫特（Dean Swift）在扮演一个不能或不愿说话的角色时，不是挎着一只盛满常用物品的包，从包中取出实际物品来代替要说的内容，借此影响他人的行动吗？如果我们不具有这种在物体和言词之间的"同义反应"（equivalence for reaction），今天的世界就该是这个样子了：当你在自己的家中恰巧雇用了一个罗马尼亚女佣、一个德国厨师和一个法国管家，而你自己仅能说英语的时候，除非我们具有这种"同义反应"，否则你就会在某些程度上处于无助的状态。

考虑一下，在节约时间方面，在加强团体的协作能力，以便具有对团体的所有成员都共同的替代物体的言词方面，它将意味着什么。

从理论上说，一旦人类本身具有了对世界上每个物体的一种言语替代，那么，他便可以通过这种组织工具来装载他周围的世界。当他独处于一室时，或当他在黑暗中卧床休息时，他能操纵这个语言世界。我们的许多发现大多来自这样一种操作能力，即对没有真正呈现在我们感官面前的物体进行操作的能力。我们要警惕那种过去经常犯的关于"记忆"的错误——据说，"记忆"聚集在心灵之中，就像众所周知的玩具匣里的小人，即使在没有刺激的情况下也准备着往外跳。在我们的咽喉、胸腔等的肌肉和腺体组织里（当然包括肌肉和神经系统里的感觉器官），我们把周围世界当做实际的身体组织而携带着。不论什么时候，只要给出适当的刺激,那个组织便会随时准备着发生作用。这种适当的刺激是什么?

我们词语组织的最后阶段(动觉)

现在,你们已经很清楚,言词习惯是像手的操作习惯一样被建立起来的。你们可以回忆一下我曾经向你们提及过,一旦一系列反应(手的操作习惯)围绕着一系列物体组织起来,我们便可以在一系列原始的物体没有出现的情况下进行整个系列的反应。换句话说,当你第一次在钢琴上用一个手指学习乐谱,一个音一个音地弹奏"杨基歌"(Yankee Doodle)的曲调时,你首先看一下乐谱,看到音符 G,然后你按下琴键弹奏它;接着你看到音符 A,于是就弹奏 A;再后来,看到音符 B,于是就弹奏 B,等等。你所面对的音符是一系列视觉刺激,你的反应按照这个系列组织起来。但是,当你练习了一段时间以后,即使有人把乐谱拿走了,你照样能继续正确弹奏。你甚至可以在晚上当有人请你弹奏钢琴时(在这种情况下,一个朋友说出的话成了这个过程开始的最初刺激),便会毫不犹豫地在钢琴上弹奏出乐曲。你知道怎样解释这个现象——你知道你作出的第一个肌肉反应——在开始弹奏乐曲时,你弹奏的第一个键,替代了第二个音符的视觉刺激。现在,肌肉刺激(动觉的"Kinaesthetic")替代了视觉刺激,整个过程像以前一样顺利进行。所有这些,我都在前几次的讲座中提出,以至于到现在为止,这种解释成了一个固定的习惯!

同样的事情发生在言语行为方面。假定你从你的小人书中读到(你的妈妈常常作出听众的样子)"现在—我—躺下—睡觉"。看到"现在",作出说"现在"的反应(反应 1),看到"我",作出说"我"的反应(反应 2),整个系列如此进行下去。不久,仅仅说"现在"一词就成了说"我"等等的运动(动觉)刺激。① 它解释了我们为什么能够脱离刺激的世界,流利地交谈所见所闻或发生在以往岁月中的事件。来自旁观者的言语,来自朋友的提问,甚至来自你所面临的所见所闻,都有可能触发这一旧的言语组织。但是,你说这是"记忆"。

---

① 在下次讲座中,我们将用图解形式表示这一图景。

"记忆"或言语习惯的保持

一般人所表现的记忆,就其通常的含义而言,如同下面发生的情况:一个多年未见面的老朋友来看望他。他看到这个朋友的时候,吃惊地喊道:"我是不是在做梦! 西雅图的艾迪生·史密斯! 自从芝加哥的世界博览会之后,我一直没有看见你。你还记得我们过去常常在古老的温德麦尔旅馆举行愉快的聚会吗? 你还记得博览会中的娱乐场吗? 你还记得……"这个过程的心理学解释是如此简单,以至于讨论它似乎是对你们智力的一种嘲弄。然而,在对行为主义者的友好批评中,有许多批评曾谈到行为主义不能充分地解释记忆。让我们看一下这是否符合事实。

当这个人最初结识史密斯先生的时候,他不仅看到了他,同时也获悉了他的名字。也许,他在1周或2周以后又看到了他,并听到了一番相同的介绍。再下一次,当他见到史密斯先生的时候,又听到了他的名字。不久,这两个人成了朋友,几乎每天见面,变得非常熟识——也就是说,对彼此之间的关系,对相同或相似的情境形成了言语的和操作的习惯。换句话说,这个人经过完全的组织,用许多习惯方式对艾迪生·史密斯先生作出反应。最后,只需看到史密斯先生,即使几个月不见面,也同样会唤起他原有的言语习惯,而且还伴有许多其他类型的身体和内脏的反应。①

现在,当史密斯先生进入房间时,这个人会冲向他,显出"记忆"的各种迹象。但是,当史密斯先生来到他面前时,他可能吞吞吐吐说不出他的名字。如果是这样的话,他可能不得不回到老一套的借口上去:"你的面相我很熟悉,但是我一时想不起你的名字。"于是,这里发生的情况是,原有的操作和内脏组织还存在(握手、表示欢迎、拍肩,等等),但是言语组织即使没有完全消失也是部分消失了。言语刺激(说出姓名)的明显重复将会重新建立起完整的原有习惯。

---

① 实际上,你甚至不需要来自史密斯先生的视觉(或其他感觉器官的)刺激,便能启动关于那位男士的言语过程("记忆")。在商务洽谈会中,有人可能会问你住在西雅图的人们的类型。这个问题可能会激发起关于住在那里的人们的名字的整个言语组织。史密斯先生的名字几乎不可避免地会在轮到它的时候出现。

　　但是,史密斯先生可能在别处待的时间太长,或者我们起始与他相识(练习时期)很浅,以至于在相隔十年后再见面时,整个组织可能已经消失了,包括操作的、内脏的和言语的(所有这三种组织对一个完整的反应来说是必要的)。在你的术语系列中,你将会完全"忘记"艾迪生·史密斯先生。

　　在我们的生活中,我们每天都按这种方式被我们遇见的人,我们读过的书,发生在我们身上的事件组织着。有时组织是偶然的和临时的,有时它由老师灌输给我们,例如乘法口诀表、历史事实、诗的结构等类似的事情。在学习中,有时组织主要是操作方面的(我们在上次讲座中已经学习过这个问题),有时组织主要是言语的(比如乘法口诀表),有时组织主要是内脏的;通常,它是所有这三种组织的结合。只要刺激每天出现(或经常出现),这个组织就会不断地复习和加强;但是,当刺激被长时间移走后(没有练习的时期),这个组织就崩溃了(保留不完整)。消失之后,当刺激再度出现时,涉及原有操作习惯的反应就与名字(喉的习惯)、微笑、笑声等等(内脏习惯)一起出现了,这个反应是完整的——"记忆"是完整的。这个整体组织的任何一部分有可能全部或部分地消失。当詹姆斯说一种热情的感受和紧紧围绕真实记忆的亲密行为时,从行为主义的角度来看,他的意思是指,如同喉的组织和操作的组织得以保持一样,存在着内脏组织的保持。

　　于是,对于"记忆",我们仅仅意指这样的事实:当一个刺激消失之后我们再度碰到它时,我们从事了原有的习惯性的事情(说原先说过的话,表现原有的内脏——情绪——行为),也即从事那些当该刺激第一次呈现在我们面前时我们学着做的事情。

　　如果我有时间,我们有耐心,我将带你们走遍言语学习和"遗忘"的所有领域,向你们说明这两者是怎样联系的。我将与你们一起探讨练习分布(distribution of practice)的效应,对"记忆"功能的效率进行实验,以及研究记忆功能练习中的所谓"疲劳"现象(或几乎没有疲劳)。[①]　在心理学领域有几千个实验。该领域的有些实验是非常有趣的;但是,真正有价值的却很少。我已经把行为主义的主要观点详细地给你们作了讲解,目的是使你们能够明智地阅读这些实验,不至于迷失方向,陷入与之相伴随的内省报告(introspective reports)中。

---

　　①　有时,这些都被称做心理机能(mental functions)——比如,与操作机能的疲劳相对照的心理机能的疲劳。在内省主义者和所谓机能主义者用"心理"(mental)这一术语的地方,我们却用"言语"这一自然科学的术语。

需要进一步提及的是,当学习一系列单词或无意义音节(nonsense syllables)时,实际上消退在一开始是非常快的。这与我曾提及的关于手的操作学习情况形成鲜明的对照。但是,在最初的快速消退之后,消退便缓慢多了。

什么是思维?

你们可能赞同我上面所说的一切。你们甚至会疑惑:为什么我要花费那么多的时间来谈论对每一个人都是显而易见的事呢?我之所以这样做,目的是想为你们提供一个背景来消除对思维本质的任何误解。

在试图理解我现在就要提出的思维理论之前,难道你不想查阅你现在正在学习的任何一本心理学教科书或其中有关思维的章节吗?难道你不想去消化哲学家在这种十分重要的机能上为我们提供的一些精神食粮吗?我曾经设法去理解它,但我最终不得不放弃了它。我相信你也会放弃。但是,在你读完他们的解释之前,不要为他的描述中的缺点而与行为主义者争吵。他自己的理论是很简单的。有关该理论的唯一困难在于你以前的组织。你一听到它,就开始拒斥它,表现出消极的反应。你在妈妈的膝边和在心理学实验室里,你曾经被训练着说,思维是独特的非肉体的东西,它无法触摸,非常短暂,属于一种特殊的心理现象。对行为主义者来说,这种阻力来自于心理学家不愿意放弃传授给他们的心理学宗教。于是,存在一种强烈的倾向,把一个神秘的事物与你看不到的事物联系起来。随着新的科学事实的发现,不能被观察到的现象越来越少,因此视民间传说为真的事情也越来越少。行为主义者提出了关于思维的一个自然科学理论,使得思维仅仅像打乒乓球一样简单:它不过是生物过程的一部分。

行为主义者的思维观

行为主义者提出了这样的观点,到目前为止心理学家所谓的思维,简而言之,不过是同我们自己交谈。这个观点的证据大部分是假设的,但它是一个根据自然科学来解释思维的先进理论。这里,我希望证实在发展这种观点的过程中,我从不认为喉的运动(laryngeal movements)在思维中起着决定性的作用。我承认,在我以往的描述中,为了得到教育上的便利,我曾经用过这样的阐释方法来表达自己的观点。我们具有大量的证据可以表明,在切除喉之后,完全不会影响一个人的思维能力。喉的切除也许会破坏清晰地发音,但它不会破坏低语(whispered speech)。低语(而不是清楚地发音)有赖于脸颊、舌头、咽喉和胸部的肌肉反应——确切地说,是在使用喉的过程中建立起来的组织。但是,它们在喉被切除之后仍然易于发生作用。凡是研究过我的不同描述的人们都知道,我试图处处强调咽喉和胸腔里的肌系的巨大复杂性。我们声称组成喉的大量软骨负责思维(内部言语),就像说构成肘关节的骨头和软骨形成了打乒乓球所需的主要器官。

我的理论认为,在外显的言语中习得的肌肉习惯对内隐的或内部的言语(思维)负责。它还认为,存在着几百个肌肉组合,凭借它们,一个人可以出声或对自己说出几乎任何一个单词,语言组织是如此的丰富和灵活,我们外显的言语习惯是如此的变幻无穷。正如你已经知道的那样,一个优秀的模仿者能用几打不同的方式说出相同的词组,用男低音、男高音、女中音、女高音,用大声的或温柔的耳语,像一个英国的伦敦佬说话那样,像一个英语说得不连贯的法国人说话那样,像一个南方人说话那样,像一个小孩说话那样等等。于是,在我们说几乎每一个单词的过程中形成的习惯的数目和变化多得不计其数。从婴儿期开始,我们使用言语,其作用将一千倍于我们使用双手来表达的情形。从这种情况中生长出即使心理学家看来也难以把握的一种复杂的组织,而且,在我们外显的言语习惯形成以后,我们不断地同自己交谈(思维)。新的组合问世,新的复杂性出现,新的替代发生——比如,耸肩或身体任何其他部位的运动都成了替代一个单词的信号。不久,任何一种身体反应都有可能成为一个单词的替代。

一种可供选择的观点有时促进了这种理论。这种观点认为,在大脑中发生的所谓中枢过程如此微弱,以至于没有神经冲动通过运动神经传输到肌肉,因此在肌肉和腺体里面没有反应发生。甚至拉什利(Lashley)和他的学生,由于他们在神经系统上的浓厚兴趣,看来也坚持这种观点。

近来,阿格尼丝(Agnes M. Thorson)[1]发现在内部言语过程中一般不出现舌头的运动。即使这种情况确实,也不会对目前的观点有任何压力。舌头上面具有非常敏锐的受纳器(receptors),是肌肉一侧翻卷食物的大块器官。在内部言语过程中,它确实起了一部分作用,但是这种作用可能像爵士乐短号手把手伸进号角调整声音时所起的作用一样。

对行为主义者观点的一些有利证据

(1)我们的证据的主要线索来自于对儿童行为的观察。正如我在前面指出的那样,当儿童独处的时候,他不停地说话。3岁时,他甚至出声地计划一天的事。当我把耳朵凑近育儿室门外的钥匙孔上时,这种事情经常被进一步证实。他出声地说出(我可以用文学术语而不是心理学术语吗?)他的祝愿,他的希望,他的惊恐,他的烦恼,他对他的保姆或者双亲的不满。不久,社会以保姆和父母的形式加以干涉。"不要出声说话——爸爸和妈妈从不自言自语。"于是,外显的言语减弱成低声细语,一个熟练的唇读者依旧能够读出儿童关于世界和他自己的想法。有些个体从来没有对社会作出这种让步。当独处的时候,他们大声地自言自语。更多的人,当独处的时候,甚至从来没有超过低声细语阶段。通过钥匙孔窥视那些没有高度社会化的人坐在那儿思考,就可以明白这一点。但是,在不时施加的社会压力影响下,绝大多数人都要进到第三个阶段。"不要对自己小声低语"和"你不能不动嘴唇阅读吗?"等类似的话语是经常可见的命令。嗣后,这个过程被迫在嘴后面发生。在这堵墙后面,你可以用你能够想到的最坏的名称来叫一个最大的恶霸,而不带一丝笑容。你能告诉一个惹人厌烦的女性她实际上是多么可怕,而随后又面带笑容,对她进行口头

---

① 《舌头运动和内部言语的关系》(*The Relation of Tongue Movements to Internal Speech*),见《实验心理学杂志》(*Journal of Experimental psychology*),1925。她的实验非常缺乏说服力。舌头的运动由一精密杠杆的复合系统记录。依赖这种装置也许能够获得积极的结果,但是这个方法太不严密,不能作为结论的根据。比起其他装置来,弦线式电流计(string galvanometer)更不灵敏,借此无法得到相反的结论。她说,由于她用这种方法发现在舌头运动和内部言语之间没有联系,因此"只剩下这样的假设,活动是内部神经系统的过程,在该过程的每一阶段不必涉及完整的运动表达"。看来,这一观点需要修正。

恭维。

（2）我曾经收集了相当多的证据，证明聋哑人在交谈时用手势代替言词，用他们在交谈和自己思维时使用的相同的手势反应。但是，即使在这里，社会都压制最小的运动，以至于外显反应的证据通常很难觅得。对W. I. 托马斯博士（Dr. W. I. Thomas）来说，我得益于下述的观察：塞缪尔·格里德利·豪博士（Dr. Samuel Gridley Howe），柏林学院和曼彻斯特盲人收容所的负责人，他曾教聋、哑、瞎的劳拉·布里奇曼一种手势语言。他声称（在学院的一篇年度报告中）："即使在梦中，劳拉仍用手势语言以非常快的速度自言自语。"

要想得到对这个观点有利的大量证据可能是困难的。这些过程是微弱的，其他如吞咽、呼吸、循环等等过程总是在运作之中，它们可能使较微弱的内部言语活动变得模糊不清。但是，目前还没有其他站得住脚的先进理论——没有与已知的生理学事实相一致的其他观点。

这样就把建立在所有相反假设上的证据都否定了，比如，把意象主义者（imagists）和心理扩散主义者（psychological irradiationists）提出的假设否定了。自然，我们都对事实感兴趣。如果获得的事实证明目前的理论站不住脚，行为主义者将很乐意把它抛弃。但是，关于运动行为（motor activity）的整个心理学概念——伴随感觉刺激而产生的运动行为——将不得不同它一起被抛弃。

我们什么时候思考和如何思考

在试图回答"我们什么时候思考"这个问题之前，让我先向你提一个问题。你什么时候用你的手、腿、躯干等等来行动呢？你如实地回答："当我想从一个不协调的情境中摆脱出来时，我便用手、腿和躯干来行动。"我在上次讲座中曾举过例子，当胃的收缩剧烈时，一个人便走到冰箱前吃东西，或者在窗户的漏孔上贴一张纸，以挡住外来的光线。我还想提另一个问题。什么时候我们用喉部的肌肉来外显地活动——换句话说，什么时候我们交谈和低语呢？回答是：当情境需要交谈和低语的任何时候——当用声音这一外显活动帮助我们脱离用其他方法不能脱离的情境时。例如,当我站在讲台上讲课时,我需要言语;除非言语勤于表述,否则我就得不到我的50美金。我因破冰而掉进水里;除非我大声呼救,否则我不能脱离此境。再如,有人问我一个问题;文明要求我作出礼貌的回答。

所有这些看起来都相当清楚。现在,让我们回到我们最初的问题上来——我们什么时候思考?请记住,我们具有的思维是不出声的言谈。当我们不出声地运用我们的言语组织,从一个使我们不协调的情况中摆脱出来时,我们思考。在你面前,几乎每天都有上千个这种情境的例子。我将给你们一个相当戏剧性的例子。R的雇主一天对R说:"如果你结婚的话,我想你会成为这个组织中更稳定的一员。你乐意这样做吗?我想让你在离开这间屋子之前用这样或那样的方式给我一个回答,因为要么你结婚,要么是我把你解雇。"R不能出声地自言自语。他想说出关于他私生活的许多事。如果他这样做,他就可能被解雇!运动行为不能帮助他摆脱困境。他不得不想出解决的办法,想出之后他必须出声地说"好"或"不"——作出一系列无声反应中的最后外显反应。不是所有被无声语言反应碰到的情境都如此严重或富有戏剧性。你在日常生活中经常会被问这样的问题:"下星期四你能和我一起共进午餐吗?""下星期你可能到芝加哥去旅行吗?""你能借给我100美元吗?",等等。

根据我们的思维理论,我想提出几个界定和主张。

"思维这一术语包含了所有各种无声进行的言语行为。"你们也许会说:"喂,仅仅在片刻之前你还告诉过我们,许多人是出声思考的人,更多的人甚至从来没有超过低语阶段。"按照思维的定义,这不是严格意义上的思维。在这些情况中,我们不得不说:他出声地说出他的言语问题,或者他出声地对自己低语。这并不意味着思维与出声对自己说话或低语的过程不同。但是,由于大多数人确实按照该术语的严格定义来思考,因此,为了说明我们知道的关于思维的所有事实(通过观察思维的最后结果而得出的那些事实),我们必须假定多少种显然不同的思维呢?我们所指的最后结果是个体最后外显地说出的话(结论),或者在思维的过程结束之后他所进行的运动行为。我们相信所有思维形式都能在下面的标题下提出:

(1)已经完全习惯化的言语的无声应用。例如,假定我问你这样一个问题:"What is the last word in the little prayer 'Now I Lay me down to sleep'?"如果这个问题以前未被问过,你仅仅自己去尝试一下,然后外显地反应出单词"take"。无论何种学习都不会涉及这类思维。你浏览原有的言语习惯,正如有造诣的乐师浏览一个熟悉的曲段,或一个儿童出声地说出记得很熟的乘法口诀。"你只是内隐地练习你已经获得的一种言语功能。"

（2）在组织得很好的内隐言语过程被情境或刺激激发的地方（但是并没有好到或练习到无须学习或重新学习就能发生作用的地步），一种略微不同的思维发生了。我也可以用一个例子来说明。你们当中几乎没有一个人能够立即用心算算出 333×33 的结果，但是你们当中所有的人对心算是熟悉的。不要求新的过程或步骤，用若干低效的言语运动（言语的摸索），你们能得出正确的答案。进行这种运算的组织都存在，但是它有点儿迟钝。在顺利进行运算之前，不得不进行练习。对三位数与两位数相乘的问题，经过两周练习，将使你们马上给出正确回答。在这类思维中，我们具有的东西类似于在许多运动行为中具有的东西。几乎每个人都知道怎样洗牌和发牌。在一个较长的暑期结束时，我们已经对它非常内行。如果我们恰巧一年或两年没有玩桥牌，然后拿起来洗牌和发牌，这个动作便有点儿迟钝了。要想再次变得内行，必须练习几天。同理，在这类思维中，我们正在内隐地练习一种我们从来没有完全获得，或者获得的时间如此之早以至于在记忆中有些东西已经丢失了言语功能。

（3）还有另一种思维。历史上曾被称做建设性思维（constructive thinking）或计划等。它总是涉及与任何第一次尝试具有相同数量的学习。这里，情境是新的，或者对我们来说实际上是新的——也就是说，对我们而言可能是新的任何一种情境。在我为你们提供一个新的思维情境的例子之前，让我先为你们提供一个新的操作情境的例子。我用布条把你的眼睛蒙上，然后递给你一个机械玩具，它由 3 个连接在一起的环组成。问题是把这 3 个环分开。要想解决这个问题，用不着多少思维或"推理"，甚至用不着出声说话或喃喃自语。你应该竭尽全力把你以前所有的操作组织运用到眼前的问题上来。你可以用力拉环，用这样或那样的方法把它们翻转；最后在环的一个结合部，它们可能突然滑开了。这种情境与一个人的尝试相一致——当一个人第一次参与有规律的学习实验时，便会表现出这种尝试行为。

用类似的方法，我们经常被置于新的思维情境之中。我们必须遵循类似的步骤，从这些情境中摆脱出来。我刚才已经给过你们一个例子，那就是一个雇主要求他的雇员结婚。这里我给你们另外一例子。

你的朋友来到你面前，告诉你他正在开办一个新的企业。他请求你辞去你目前的理想职位，作为一个同等合伙人加入新的企业。他是一个很负责的人；他拥有良好的金融背景；他有能力使他的建议具有吸引力。他劝说你，如果你加入他的企业，你将得到更大的收益。他向你描绘着你最终会自己成为老板的事实。他因事不得不马上离开，去拜访那些对这项冒险事业有兴趣的其他人。他请你 1 小时后给他打电话，给他一个回答。你会考虑吗？是的，你会。你会在地板上踱步，你会扯着自己的头发，你甚至会流汗，会吸烟。一步一步地执行这个过程：你的整个身体就像你在开山凿石一样忙——但是你的喉的机制决定着步速——它们是主要的。

让我再次强调一下。在此类思维中，最有趣的一点是这样一个事实：在这种新的思维情境被碰到之后或一旦解决，我们通常不必以同样的方式再次面对它们。"唯有在学习过程的第一次尝试中它才发生。"我们的许多操作情境也与此相像。假定我驾车出发到华盛顿去。我对小汽车的内部知道得不多。小车停下了——发生了故障。我修了又修，最后它能跑了。跑了 50 英里左右，又出现了故障。我再次遇到了该情境。在实际生活中，我们从一个情境转到另一个情境，但是每一个情境与所有其他情境都有点儿不同（除了这样一些情境，例如，我们获得像打字或其他技能活动的特定功能）。我们不能像在实验室里勾勒学习那样画出我们摆脱这些情境的曲线。我们的日常思维活动恰恰是以同样的方式进行的。复杂的言语情境通常不得不通过思维来解决。

行为主义者有否证明我刚才描述的复杂思维是按照内部言语来进行的？我发现，当我要求我的被试出声思维的时候，他们这样做了，并且使用言语（当然，也发生了其他一些辅助的身体运动）。他们用言语来进行反应的行为在心理学上非常类似于迷宫中老鼠的行为。我不能在这方面花费太长的时间。你们也许还记得，在上次讲座中我曾给你们讲过，一只老鼠从入口处慢慢地前行；在笔直的通道上它跑得很快；它在慌乱之中跑进死胡同，于是又折回到起点上，而不是继续朝着食物行进。现在，向你们的被试提一个问题。让他告诉你某个物体是用来干什么的（对被试来说，该物体必须是新的和陌生的，并且是复杂的），并请他出声地解决它。借此，你们可以看到他是否徘徊着进入每个可能的言语死胡同，迷失了方向；复又折回，请求你们让他重新开始，或者向他出示物体，或者再次告诉他你们打算告诉他的关于该物体的所有事情，直到他最后获得了解决的办法或者放弃了它（与老鼠放弃迷宫的困难，在迷宫里倒下睡觉一样）。

我相信，当你亲自试验之后，你将确信你有一个你的被试如何通过他的言语行为解决难题的真正阅历。如果你承认你拥有当他出声思维时思维的整个阅历,那么为什么在他独自思考时要把思维搞得神秘化呢?

对此,你们可能反对,并且问道:被试又如何知道什么时候停止思维,什么时候已经解决了他的问题呢?你们可能争辩道,老鼠"知道"什么时候已经解决了它的问题,因为它得到了能使饥饿消退的食物。一个人又如何知道什么时候一个言语难题被解决了呢?回答是同样的简单。在我们的上次讲座中,为什么我们的个体在他遮住了光线后,不继续在板缝上贴纸张呢?因为这个时候,"作为刺激而使他运动的光线不再存在"。思维的情境正是如此;只要在这个处境中有因素(言语的)存在,它就会继续刺激个体作出进一步的内部言语,这个过程会继续下去。当他得到了一个"言语的结论"时,不再有促使思维的进一步刺激(相当于得到了食物)。但是,言语的结论,例如 Q、E、D,单凭坐着(他可能累了或厌倦了),是不可能得到的。他只好去睡觉,第二天再解决——如果它还没有被解决的话。

"新的情境"是怎样产生的?经常引起的一个问题是:我们怎样获得像一首诗或一篇优美的散文这样的新的语言创作?"回答是通过巧妙地使用言语,修改它们,直到一个新的模式偶然出现,从而获得新的言语创作。"由于当我们开始思考时,从来不会两次处于相同的普遍的情境,因此言语的模式总是不同的。它们的成分都是旧的,也即出现的词语本身只是我们目前使用的词汇——所谓"新"仅仅在于安排不同而已。为什么不精通文学的你写不出一首诗或一篇散文?但是,你却能使用文艺工作者所用的一切单词。它不是你的职业,你不营造单词,你的词语使用能力是拙劣的;文艺工作者的词语使用能力是优秀的。在这种或那种情感的和实际的情境影响下,他运用词语,就像你使用打字盘上的键或一组统计数字,或者木头、黄铜和铅。这里,让我们再次列举操作行为也许有助于理解。你怎样假定帕图(Patou)做一件新的套裙?他有套裙做好之后看起来像什么样子的"脑中图像"吗?他没有,或者他不想浪费时间去勾勒图像;他将勾勒一个关于长袍的草图,或者告诉他的助手怎样去做。在开始他的创造性工作时,请记住,他关于套裙的组织是大量的。这一样式里的每种东西都随手可及,像过去所做的每件事情一样。他把模特儿叫进来,拿起一段丝绸,把它缠在她身上;他把丝绸拉向这里,拉向那里,使它在腰部或紧或松,或高或低,使裙子或短或长。他摆弄着布料,直到它呈现出一种女服的样子。"在摆弄停止之前,他不得不对这一新的创造作出反应。"没有一件东西与以前曾经做过的东西正巧一样。他的情绪反应被完成的产品以这样或那样的方式所唤起。他可能把它扯下,重新开始。另一方面，他会微笑，说道："十分完美！"在这种情况下，模特儿看看镜中的自己，笑着说："谢谢，先生。"其他一些助手说："太漂亮了！看哪，一个帕图式样产生了！"但是，假如一个好竞争的时装商人恰巧在场，帕图听到他用旁白的口气说："非常好，但它不是有点儿像 3 年前他做过的那件吗？帕图是否开始变得有点儿迂腐了？他是否变得过于守旧以至于赶不上快速变化的时髦世界了？"人们可以相信，帕图听了这番话以后会扯下创造物，把它踩在脚下。在这种情况下，操作又开始了，直到新的创造物唤起他自己的（一种口语化的或非口语化的情绪反应）和别人的赞美和表扬，操作才算完成（相当于老鼠找到食物）。

画家用同样的方法从事他的创作，诗人也不例外。后者可能刚刚读过济慈（Keats）的作品，可能刚从月光下的花园里散步回来，碰巧他那漂亮的女友颇为强烈地暗示他从未用热烈的词语赞美她的魅力。他回到他的房间，情境使他无所事事，他能摆脱的唯一办法是做点什么事情，而他能做的唯一事情就是操纵言语。与铅笔的接触激发了言语活动，就像裁判的口哨解放了一组好斗之人。自然地，表达罗曼蒂克情境的话很快流淌出来了——在那种情境里，他不会创作出一篇丧礼上的哀悼词或一首幽默诗。他处于他以前从未有过的情境之中，于是他的言语创作物的形式也会有点儿新意。①

----

① 在大多数艺术家和大多数艺术评论家中间，几乎没有人掌握这样一种技术，它来自以日常的提高作为目标的终生学习。艺术家把一个赞美的群体或一个赞助人吸引到他的周围，并在青春期的水平上停止了提高。因此，大多数艺术家是儿童——根本不聪明。大多废话来自于自以为理解艺术的赞助人。正是他们对即便是一个初出茅庐的艺术家都给予过分赞美的态度使得艺术家只能是儿童。如果那些自以为有学问的赞助人和艺术观察者承认他们没有比激起内脏的（有时是操作的或言语的）反应更多的根据来判断艺术，那么我们不能批评他们的自命不凡。在这个基础上，好的艺术对 5 岁的儿童是一回事，对霍屯督人（Hottentot）是另一回事，而对纽约几个老于世故的人又是另一回事。更多的废话来自那些所谓的艺术和戏剧评论家。实际上，也许根本不存在什么戏剧或艺术评论。我们的内脏反应——艺术评价的最后试金石（至少不是那些本身不是艺术家的所谓评论家的评价）——是我们自己的评价。它们是我们在没有社会高压手段下用反应方式保留下来的东西。从情绪的立论来看，我对一幅画、一首诗或一支乐曲的评价同其他任何人的评价一样可靠。如果我必须对一件艺术作品作出评价，比如说一幅画，我便会通过实验来进行。我将安排一群来自各行各业的人，每次一个进入一间光线充足的房间。我将安排相互竞争的刺激，比如杂志、各种小摆设、两三幅画，包括我想作出评价的那幅画。如果处于监视下的个体在这幅画上花费时间，如果他表现出某种情绪反应，比如伤心、高兴、愤怒，那么我就会把他作为对该画抱有积极反应的人记录下来。在这些结束时，我能够说："所谓的艺术评论家说你的画是糟糕的，儿童不去看它，妇女被它吓坏了，但是旅行推销员高兴地暗自对它笑。如果你展览这幅画，结果将是失败；我建议你把它送给某个店主，让他挂在他的桌子上方。"我竭力想说的是，在艺术作品的制作和对它的所谓欣赏中，存在着大量的骗术。假如你在工艺方面真正学徒期满——即你已经超越了工艺方面的学徒身份——你能否被认为是一个优秀的艺术家，主要取决于你能否在你周围得到一个赞美群体，某先生和某夫人是否已经发现了你（在他们发现你之前，你可能早已死了 100 年或更久），把你变成一个英雄。

活动有否意义？

反对行为主义者观点的一个主要批评是：行为主义者未能适当地解释意义（meaning）。根据我们的定义，我能否指出批评家的逻辑很差呢？理论必须依据这些前提来评价。行为主义者的前提不包括对意义的陈述。"意义"是一个从哲学和内省心理学中借来的历史单词。它没有科学的内涵。所以，只好请意义重新回到你的心理学家和哲学家那儿去。

让我把他们的话再释义一下——在我面前的桔子的意义是一个观念（idea），但是，如果在任何时候，在我的心灵中而非知觉中恰巧有一个观念，那个观念的意义是另一个观念，如此下去，以致无穷。埃蒂（Eddy）女士即使在她最具有独创性的言语时刻，也不能构筑比意义的通常解释更合适的东西来逗弄最认真的探求者探求知识。

既然行为主义者为维护他们自己而必须对某种意义作出解释，那么，我在这里只能把它看做是一个故事。让我们举一个简单的例子。在这个例子中，"火"被作为举例的对象。

（1）我在 3 岁那年被火烧伤过。此后一段时间，我躲避着它。通过一个无条件作用的过程，我的家人使我克服了这个完全消极的反应，于是新的条件作用产生了。

（2）从严寒的野外回家后，我学着靠近火炉。

（3）在我第一次打猎旅行中，我学着烹调鱼和猎物。

（4）我学会了用火熔化铅；如果我把铁条烧得通红，我便可以把它制成适合我需要的某种东西。

从小到大，我以 100 种方式对火形成了条件反射。换句话说，依据我现在所处的情境和一系列导致目前状况的情境，我能够在有火的情况下做 100 种事情中的任何一种事情。实际上，"在一个时刻我只能做一种事情。做哪一种事情？做我以前的组织和我目前的心理状态引起的那种事情"。我饿了，我开始用火熏猪肉和煎鸡蛋。在另一个场合，如我野营后，我到小溪边取水把火扑灭。在又一个场合，我跑向大街，喊道："救火！"我跑向电话，呼叫消防队。此外，当森林中的火把我包围，我便跳进湖里。

寒冷的一天,我站在火炉前,温暖我的整个身子。还有,在某些关于谋杀的小说或影视的影响下,我拾起一根正在燃烧的木头,点燃了整个村庄。"如果你乐意承认意义只是一种反应方式,也即个体对某个物体进行反应的所有方式中的一种方式,在任一时刻,他只能用这些方式中的一种方式进行反应,那么我发现对意义便没有什么可以争论的了。"当我在操作领域选择我的实例时,同样的过程在言语领域中进行。换句话说,当我们理解了个体行为的所有形式的起源,知道了他的组织的不同变化,我们便能安排或操纵引起他的这种或那种组织形式的各种情境,因此,我们也就不再需要意义这样一个术语。意义只是一种告诉个体他正在做什么的方式。

于是,行为主义者能够扭转局面,战胜他们的批评者。他们不能给出关于意义的任何解释。但是,在他们看来,这个单词除了作为一种文学表达之外,对心理学来说是不需要的或无用的。①

在这个有关我们整个组织里语言功能的初步概述中,毫无疑问,仍有许多事情你们并不清楚。我留下两道讨论的题目,供我们在下次讲座中处理。它们是:① 言语行为和操作、内脏行为之间的关系是什么? ② 我们必须依靠词语来思维吗?

---

① 许多内省主义者的术语也同样应当被抛弃。例如,"注意"这一术语。行为主义者如果乐意的话,能够"解释""注意",定义它,应用它,但是他不需要这个单词。内省主义者,即使是詹姆斯,也不得不根据生机论(vitalism)把注意定义为从其他事件中选择这个或那个事件的一种主动过程。当然,这样的术语只会慢慢消失。直到它消失后,某些人才不会指责行为主义者所谓不适当的解释。

第十一讲　我们总是用语词思维吗?

——或我们用整个躯体思维吗?

· *Do we always think in words?* ·

> 尽管事实上在所有的情绪反应中存在着外显的因素,诸如眼睛、手臂、腿、躯干的运动,但内脏和腺体因素还是占支配地位的。恐惧时出"冷汗",在冷漠和痛苦中出现"剧烈心跳"、"脑袋低垂",少年和少女的"青春洋溢"和"悸动的心",它们不仅仅是文学的表述,而且还是点点滴滴客观观察的结果。

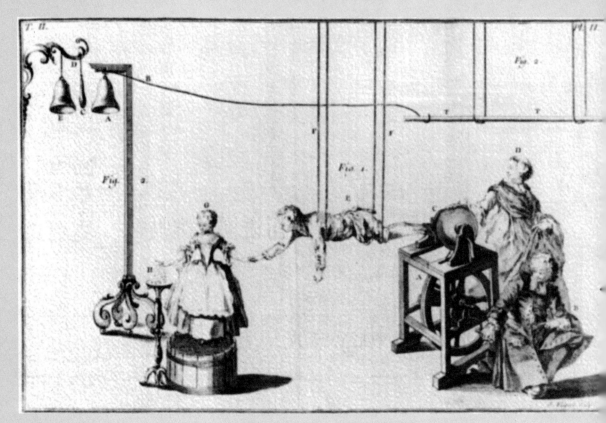

18 世纪关于意识的电刺激的展示。

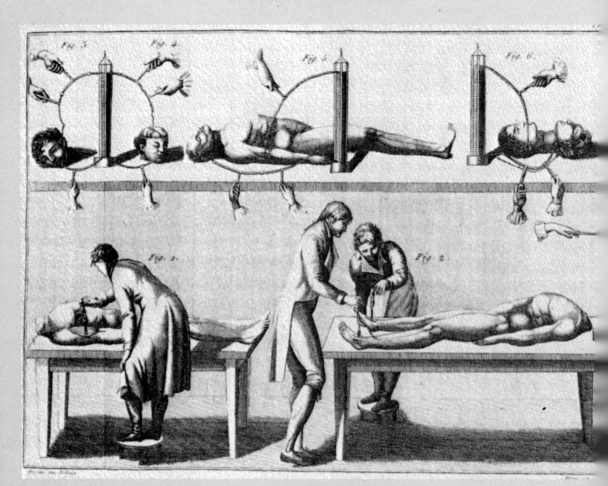

人体的电刺激反应实验。

引言：在前两次讲座中，我们学习了动作的和语言的习惯（manual and language habits），虽然它们是以独立的不同的方式组织起来的，甚至是在不同的时间组织起来的。我用这种方式处理它们，是因为描述时需要简单明了。现在我们必须把它们联系起来，探究一下存在于语言组织、动作组织和内脏组织之间的相互关系。我曾经多次提到个体对一个物体或情境发生反应时，他的整个躯体都参与反应。对我们来说，这就意味着动作组织、语言组织和内脏组织一块起作用——整个躯体进行反应。当然，也有一些例外，但是我们现在不必去担心这些例外。除非我们把这些同时发生的组织作为一个完整功能的组成部分，否则这三种组织形式不会以相互补充的方式一块起作用。

如果这样理解有些困难的话，一个例子可能会使它更清楚一些。正如我近来所做的，观察两个穿越森林的个体。突然，一条蛇来到他们经过的小路上，盘绕着，发出咻咻之声。这两个人吓得倒退几步，脸色苍白，头发僵直，嘴巴大张，呼吸几乎要停止了。突然一个人叫了起来："蛇！"另一个人喊道："响尾蛇！"接着，两个人都喊道："杀死它！"于是，一个人跑去找树枝，另一个去找石头。当他们从路旁找到工具时，蛇开始游向灌木丛。一个人喊道："看，那儿！它游到右边那棵小矮松树下面了。"让我们从这个有趣的事件中回到较为枯燥的行为主义的讨论上来。这条盘绕着的响尾蛇对每个个体都产生深刻的影响，对此，你们有怀疑吗？这里，语言、动作和内脏组织是同时起作用的，对此，你们有怀疑吗？

动作、语言和内脏组织的同时获得

显然，几乎用不着讨论就能把我们中间对发生心理学（genetic psychology）感兴趣的人说服，使他们相信我们的手、喉和内脏一起学习，而后一起发生作用。在社会要求的影响下，年幼的、发展中的、已经进入言语

◀ 在电化作用刺激下，形成神经冲动，已经被许多实验证实。

世界中的儿童不得不使他的言语和内脏习惯与他的动作习惯统一起来。仅有的例外是生活在与世隔绝的环境中的沉默寡言之人,他的父母过于严肃,不和他说话。在这种情况下,言语的习惯落后于另外两种习惯。也许,可以更确切地说,言语、动作和喉的行为受我们环境的每个物体和情境的影响,作为整个习惯系统的组成部分而组织起来。我们可以用一个简单的图示来说明这一点(见图 11-1)。

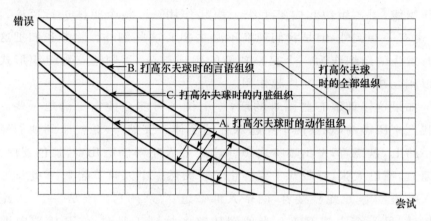

图　11-1

简图表示的是学打高尔夫球的情况。我们的手(还有胳膊、躯干、腿和脚),我们的喉和我们的内脏同时学习怎样打高尔夫球。A—表示动作组织的曲线;B—言语组织;C—内脏组织。

这幅简图向你们说明了当我们学打高尔夫球时组织运动的情况。这三个分开的但不独立的习惯系统一起发生作用——箭头指示它们是相互依赖的:(A)表示打高尔夫球时的动作组织——脚、腿、躯干、胳膊、手和手指的用途;(B)表示语言——外显的语言,低声细语的语言,无声的语言。例如,用语言表示球洞的名称,俱乐部,射门方式,不同的位置,他是怎样射门的,我们在打高尔夫球时的错误方式,以及教我们打球的专业人员的反复告诫,等等;(C)表示内脏组织的曲线——在每次射门时,或在射门之前和之后,会发生循环的变化。胃腺改变它们的节奏,排泄器官可能减缓或者加快工作。在训练中所有的内脏都必须参与。我没有必要使你们相信在我们打高尔夫球的整个组织中内脏组织参与的正确性。在第四讲中,我曾经给你们讲过,在我们的整个身体中具有大量的非横纹肌(unstriped muscular)组织。主要由胃、心脏、肺、隔膜、血管、腺、排泄器官和性器官组成。我还说过,逐渐积累的经验表明,这些肌肉和腺体器官很快就会成为条件化的。我可以再次列举我们的事实来说明这一点。对人来说,排泄功能在年幼的儿童身上已经可以成为条件化的了。口腔和胃中的腺,很可能还有许多其他类似的东西,很快就会建立习惯模型。瞳孔、呼吸和循环等反应,所有这些都表明习惯形成的效应。现在这些所谓的自主过程(autonomic processes)没有任何理由不成为条件化的。实际上,它们在技能活动中起着一定的作用。当膀胱急涨,需要排尿,而排泄功能受到威胁时,当汗腺不起作用或功能过于强烈时,当嘴巴干燥时,当消化不良时,当正要射门却打起呵欠时,当内在的性刺激迫切时,谁又能准确地射门,很好地用力击球呢?当准确的技能活动发生时,所有这些都必须协调一致。正如我们的胳膊和大腿的横纹肌(striped muscles)不稳和颤抖,或者胳膊和手指的剧痛以及皮包骨头的肌肉会影响效率一样,它们对效率也会构成危险。

于是,我设想对内脏的训练,应该像训练手和手指一样重要。同理,为了进一步实施技能活动,语言在整个身体组织中是一个同等重要的因素。

实际上,语言常常更重要些。商人们经常谈论高尔夫球、狩猎、钓鱼等诸如此类的活动,尽管他们在这些活动中的水平不怎么样。当一个商人的动作技能贫乏,不能与他的言语操作相比时,他虽然谢绝去打高尔夫球、狩猎或钓鱼,但他并不拒绝谈论这些业余爱好的技术要求,并竭力留在业余爱好者的圈子里。

而且,由于人们主要是靠言语来协调的,因此,言语组织很快占了优势。[1] 这种占优势的语言过程不久便开始刺激和控制胳膊、腿和躯干组织。[2]

观察一个打高尔夫球时射门失误的人,问他做错了什么。如果你是一个谙熟唇读的人,你可以在很多场合不用问他任何问题而说出他要说的话来:"我站得离球太近了。我应该学会站得靠后一点。我的腿过于弯曲了,我没能做好球棒击球时的弧形动作。"接着观察他重新放置球后进行第二次射门。他自言自语道:"站在靠后一点。"于是,他往后站了站,等等。言语组织除了在俱乐部的房间里为引起注意而派上用场外,"当学打高尔夫球时,它是球场上让整个组织进入行动状态的一个刺激部分"。

---

① 见 K. S. 拉什利(K. S. Lashley)的文章,《心理学评论》(*Psychol. Rev*),1923。

② 这个事实如果为内省主义者(introspectionist)掌握的话,将会使他们从混乱中解脱出来。例如,他们在文章的第一页上称自己为平行论者(parauelists),而在文章的其余部分却使用了相互作用(interaction)的概念;当他们试图让意识做某些事情时[用一种习惯纠正一个错误,或者当一个新的习惯通过试误过程(trial-error process)形成时],便把其中意外的令人惊喜的成功活动给固定下来。

行为主义者认为,无论何时,只要言语过程出现,它总是每个技能活动中一个实际起作用的部分。

如果"我们使我们的动作行为言语化"这一观点被接纳的话,那么它将为我们带来一种新的方法,以便处理我们上次讲座中讨论的"记忆"问题。你可以看到"记忆确实是整个习惯系统中言语部分的一种功能"。一旦你们把一个身体习惯言语化,我们总能谈论它。如果你不能谈论高尔夫球,那么你能证明或显示你在这方面的组织(你对它的"记忆")的唯一办法是到高尔夫球场一个洞接一个洞地打球。但是,引发你对高尔夫球的言语组织的情境,要千倍于引发你打高尔夫球的组织的实际情境(同时出现高尔夫球场、闲暇、俱乐部、高尔夫球、同伴、衣服,外加整体和言语定势——"我现在要打高尔夫球了")。"记忆"的通俗意思是,"整体组织中言语部分的贯穿或展示"。这种组织的动作部分不被唤起——如果动作部分被唤起的话,我们要说"他在打高尔夫球",而不是"他正在回忆高尔夫球"。我曾在第九讲中清楚地告诉你们,如果整体组织中的另外部分——动作部分(在我们的图示中用"A"表示)——在适当的刺激下(高尔夫球场)操作时,个体对该俱乐部有组织的动作反应将和用言语谈论高尔夫球一样,是对"记忆"的一个很好证明。

现在,让我们设法用一系列图示来使涉及所有这些因素的身体一体化过程更清晰一些。让我们首先用图示说明手对视觉刺激的反应。在这些图解中,我们并不描绘神经系统,而是描绘出涉及感受器、传导器、效应器以及与此相关的辅助物的身体组织的单位。

环境,正如它显示的那样,使得客体按系列排列(因为人是一个会运动的动物)。如图 11-2 所示,在我们的动作组织中形成一个明确的 1—2—3 的次序。

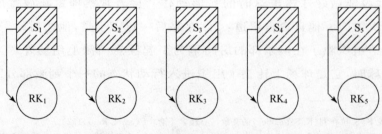

图　11-2

该图表明动作习惯是怎样形成的。S_1、S_2、S_3 等等是客体(比如说,一个乐谱中独立的音符)。RK_1、RK_2 等等是对每一个独立的音符予以独立的动作反应。这说明当你看到音符 $G(S_1)$ 时,你弹奏键 $G(RK_1)$。

在这个图示中，S_1、S_2 等代表视觉刺激——例如，你正在用手指在钢琴上弹奏的一个音符。RK_1、RK_2、RK_3 等分别代表对视觉刺激 S_1、S_2、S_3 等的反应。

但是，在音符被弹奏过多次后（习惯形成了），只有最初的音符（S_1）对唤起整个组织是必要的。图示上的变化如图 20。

当音符能被看到时，原先在第一种情形里作为反应的 RK_1、RK_2、RK_3、RK_4、RK_5，现在按照它们被学习的次序替代了对音符的视觉刺激；这就是说，当它们作为反应停止的时候（或在这个过程中），它们成了对下一个反应的动觉刺激（kinaesthetic stimuli）。这就是我在上次讲座中答应给你们的旧的标准的习惯图解。

当然，图 11-3 是为本次讲座设计的。通常，在这个图解中未被收入的（这是本次讲座的中心话题）是这样一种事实：环境同时组织另外两种过程——即那些与言语和内脏相连的过程。让我们改变一下我们的图解来说明这些事实。在图 11-4 中，S_1 和 S_2 仍然是对象；RK_1 代表与该对象相关的动作组织；RV_1 代表言语组织；RG_1 代表内脏组织。我想在此指出的是，正如 RK_1 是对对象 S_2 的一个运动的替代刺激一样，RV_1 和 RG_1 分别是对 S_2 的喉和内脏的替代刺激。

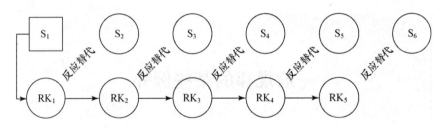

图　11-3

这个图解表明了当你弹奏一首简单的乐曲时发生的情况。S_1——第一个音符（G）——展现在你面前，然后乐谱被拿走。但你能继续弹奏。为什么？因为你一看到第一个音符G，就在钢琴上弹奏键G。这个运动（RK_1）成为下一个运动（RK_2）的刺激物。换句话说，你所做出的第一个反应成为对第二个对象的替代刺激。

由此可见，"每一种复杂的身体反应"必须涉及动作的、言语的和内脏的组织。在获得语言方面的技能时，嘴巴、颈、咽喉和胸腔是身体中从事最积极训练和组织的部分；在获得肌肉技能时，最活跃的部分是躯干、腿、胳膊、手和手指；在获得情绪组织时，内脏部分是最活跃的。在后面的讲座中，我们可以描述各个部分在整个身体活动中所起的相对作用。比如，伐木时,动作组织显然是最主要的;演讲时,言语组织显然是最主要的;悲痛、哀伤、热爱是内脏组织的活动。

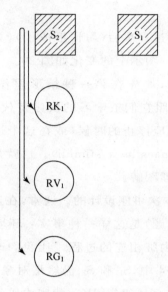

图 11-4

这个简单的图解像图18那样表明了同样的事实——当我们对任何对象,比如说 S_1 反应时,我们不仅用胳膊的横纹肌反应(RK_1),而且言语(RV_1)和内脏(RG_1)也参与了反应。

一般规律的某些例外

我害怕你们告诉我,我刚把水弄清又开始把它们搅浑了。但是,我们必须严肃地尽我们所能来接近事实。至少有两件事情妨碍了我们把上述的概括作为一个全面表达的真理。看来,某种身体组织在进行活动时似乎没有相应的言语习惯,即:

(1)婴儿期的所有组织;

(2)在内脏部分占优势的地方,贯穿于终生的组织。

让我们花些时间分别看一下这些组织。

婴儿期的组织

近期关于婴儿的研究是你们所熟悉的。这些研究似乎表明许多令人难以置信的组织在尚不会说话的婴儿身上产生。它们不仅表现在胳膊、腿和躯干等外显组织上，而且还表现在内脏方面，诸如表现为有条件的害怕、生气、依恋（对母亲和保姆的特别依恋）、发脾气、对人们的消极反应等类似情况。

我们的观察表明，约 30 个月以下的婴儿，不能使每个单位的动作习惯与相应的言语习惯相平行。今天我列举的是一个 2 岁 4 个月的小孩。在适当的物体和情境刺激下，他能说大约 500 个词，但是句子的组织水平仅限于"罗斯与比利再见"，"穿上比利的上衣"，等等。他仍处于不停地重复词语和句子的年龄。在保姆把他带入房间，父亲问道："比利，你看到了什么？"他说："你看到了什么。"等等。与此对比，同样是这个小孩，在 2 岁的时候曾学习操作一个相当大的儿童自行车。他推动小车，控制方向，骑上，滑下土堆，把车推上斜坡，沿着人行道推动，飞速滑下。他不要帮助，跌倒也不哭，骑上重新开始。然而，与此平行的言语仅仅是："比利骑儿童车。"当他把车的把手转向左边或右边时，缺乏你所能唤起的与车的把手转向左或转向右相关的言语组织；也没有关于脚踏车上山比下山困难，指出坡越斜速度越快的言语组织等等。然而，外显的动作反应是好的，即使几个星期和几个月没有练习也是如此。从成百个例子中选出的这个例子表明，对 2.5 岁和更小的儿童来说，动作习惯是不能言语化的。在这些例子中，你能说明"记忆"或"组织"的唯一办法是把儿童放到他能展示身体组织的情境中去。与此对比，在散步时，在参加聚会或看电影时，或者坐火车旅行时，3.5～4 岁的儿童会像瞎子、聋子和哑巴一样与你交谈。我相信这个概念将有助于我们排除心理学中的许多神话，例如，它抛弃了弗洛伊德（Freud）心理学的许多内容（但不包括他的事实和他的疗法）。

正如你们知道的那样，弗洛伊德精神分析学派声称，由于童年期那些带来"快乐"的自由和自发活动置于社会的禁令之下，因此童年期的记忆丧失了；社会的惩罚和痛苦的压抑进入了"无意识"。他们进一步声称，这些童年期的记忆直到分析学家用神话般的短语打开贮存记忆的地窖方能恢复。现在看来这个假设有许多不能令人满意之处,其原因是很明显的:"儿童从来没有使这些活动言语化。"

我开始完全怀疑所谓成人的"记忆"可以追溯到 2.5 岁的童年期。我的怀疑也是来自对儿童的观察而不是通过任何预先的假定。今天我测验了一个 2 岁 3 个月的饥饿儿童对一只盛满牛奶的奶瓶的记忆。测验的细节如下:

记忆瓶子的测验

婴儿 B,2 岁 3 个月

中午 12:30 是孩子的吃饭时间。他的保姆把他抱起来说:"比利,吃午饭了。"她按平常的习惯把孩子平放在儿童床上。让其仰躺着,然后像在孩子 1 岁 3 个月时喂食一样,她把温热的瓶子递给他。

孩子用双手接过小瓶,然后开始用他的手指拨弄橡皮奶头。由于在他这个年龄,午饭是肉和蔬菜,因此面对奶瓶他开始号啕大哭。当告诉他"喝他的牛奶"时,他把奶头放进嘴里,尝了一下牛奶的味道后开始"咀嚼奶头"。"吸奶的行为无法被唤起"。他喊他的妈妈,哭叫着把瓶子递向她,并且坐了起来。他用双手把瓶子推向他的妈妈,又推向他的爸爸。然后,他躺到地板上,又恢复了高兴的心情。

当告诉他"吉米用瓶子喝"(吉米是他的弟弟,尚处于婴儿阶段),他拿过瓶子,把它放到嘴里走开了。他边走边"咀嚼奶头"。"由于用进废退,吸奶的行为消退了。它被遗忘了"①(吸奶的行为若不断实践,能不定期地继续下去。我曾经记录过直到 3 岁以上还在妈妈怀里吃奶的儿童)。

比利仅在出生第一个月在妈妈的怀里吃奶,然后就全靠奶瓶喂奶。9 个月后便不再用奶瓶给他喂奶,而是让他用一个茶杯喝奶。1 岁前,他用喂奶的瓶子喝早餐时的苹果汁。从 1 岁开始直到测验的那一天,他就再也没见过喂奶的瓶子。

在这次测验举行之前,各种努力都尝试过了,试图唤起某种言语的记忆,但是没有用。你问他:"你小时候用奶瓶喝过东西吗?"然后告诉他,他

---

① 在同一天,类似地给他一个在妈妈怀里吃奶的机会。他仍然没有把奶头放进嘴里,不久他开始从膝上喂奶的位置上挣脱出来。

过去习惯于用奶瓶喝东西。接着再问他："比利不能用奶瓶喝东西吗？"等等。他的整个行为确实是对陌生的新事物的反应，当他整个身体趋于对他的通常的食物做出反应时，只能强迫他对奶瓶做出反应。

测验表明，不仅婴儿的一些重要的行为没有言语组织，甚至动作组织（当然包括吮吸等等）也不见了。

于是，婴儿期（在这一时期，曾有假说认为，压抑的过程埋葬了许多只有在分析学家的魔术中才能重见天日的无意识的宝藏）被证明是一个完全自然的状态。身体习惯正常形成，既有回避和亲近的习惯，又有操作的习惯；但是，身体习惯"缺乏相应的言语关联（verbal correlates），因为婴儿只有在以后的岁月里才能获得它们"。

我认为弗洛伊德的整个"无意识"能够沿着我指引的路线来适当地考虑。弗洛伊德精神分析学派在争论时没能提供积极的证据，至少他们还没有提出。在他们关于婴儿的日常生活的文献里，我没有发现真正的观察。赫格—赫尔默斯（Hug-Hellmuth）的婴儿心理学著述正像没有提及任何婴儿一样，它的观察和假设也是不准确和不科学的。

在训练过程中内脏部分占优势的地方
非言语化的组织

业已证明，内脏和情绪的条件反射从婴儿期开始便逐渐形成。这些条件化的反应迁移至不同的情境；它们持续很长一段时间，很可能整个一生。但是，我们仍然不能谈论内脏组织。

造成这种情况的一个原因当然是社会。社会没有要求我们谈论非横纹肌和腺体的匀惯，或者至少很少这样要求。当童年期唾液分泌的条件反射建立时，儿童从来没有被告知他建立了唾液分泌的条件反射；社会也不要求人们把消退习惯（与性欲高潮的起伏相联系的习惯）言语化。很少有男人（女人则更少）用词语来描述他们的性器官。

此外，有哪一个孩子曾经用言语来组织他的乱伦性依恋（incestuous attachments）呢？没有人。由于社会过去没有，现在也没有被组织起来把儿童的乱伦性依恋置于禁令之下（而且情况恰恰相反），儿童也就没有任何压抑。仅在几天前，我们一位出色的儿科专家在谴责一家实验性托儿所的观点时说："婴儿需要母亲的爱。他们应该在妈妈的身边跳来跳去，受到爱抚和悉心照顾。"（如果告诉一位母亲，总是让孩子在自己的眼皮底下玩，结果培养了孩子的依赖习惯；她总是亲自喂小孩，于是产生这样一种情况，一旦别人喂孩子她就会大发雷霆。她这样做实际上正在为孩子制造当孩子不得不打破恋巢习惯时碰到的麻烦。可以肯定，这种告诫将会引起这位母亲的强烈反对。）

在这个领域里，只有很少一些研究能使遗传学家相信，我们内脏组织中有很大一部分从婴儿期到老年期未被相应地言语化。甚至难以为内脏的物体和情境列出适当的名称，也没有对发育问题进行言语条件反射的社会机制。它们中只有很少一部分言语化了。当打嗝、排泄、放屁、手淫等在长者面前出现时，这种情况就会发生。这种言语条件作用的心理过程采取这样一种形式："在交际时，你不要让你的胃发出声响。""跑到外面或用咳嗽把它的声音掩盖住。""当胃发出声响时说声对不起。"虽然在内脏领域会发生许多类似的言语化例子，但言语化是例外，而不是一般规律。为了使你们有个总体把握，我给你们总结如下：

1. 大量的动作习惯形成于婴儿期，而无须相应的言语习惯。

2. 许多内脏组织（非横纹肌和腺体成分的组织）在没有言语组织的情况下逐渐地形成。不仅在婴儿期如此，而且贯穿于人的一生。

3. 非言语化的组织构成了弗洛伊德精神分析学派的"无意识"，这个假设似乎有其合理之处。至于符合自然科学的所谓"无意识"的另一个来源，可以在由于这样或那样的原因使言语组织受到阻碍的情况下找到。例如，给一个处在热恋中的人一个刺激，当着他的面说出女孩的名字，这个人会保持沉默。在这种情况下，只有内脏组织显示出来，例如，语无伦次、脸蛋发红等等。它同样可以构成内省主义者的"情感过程"。

4. 到达合适的年龄，言语的、动作和内脏的组织将会同时发生，这就是发生的规律。

5. 一旦动作的言语化开始后，由于人们不得不用言语解决问题，因此言语组织很快占了优势。于是，言语刺激可以唤起有机体的任何一种反应，或者矫正业已开始的行动。例如，"我现在必须开始打造书橱了"，或"我射得太高了；我必须瞄得低一点"。

6. 被内省主义者认为行为主义者难以对付的"记忆"问题。仅仅是早先具有的动作习惯的相应言语化。在行为主义者看来，记忆是测验之前就具有的动作的、言语的和内脏的组织之显示。

我认为，当主观心理学家（subjective psychologists）在身体组织的整个过程中给言语化一个应有的位置时，他们将会承认，"意识"只是一种用语，它对解释我们内外物体的活动予以通俗的或文学的描述；"内省"是一种不常见的用语，它对界定正在发生的组织改变这一更为棘手的活动予以描述，例如，对肌肉活动、肌腱反应、腺体分泌、呼吸、循环等变化进行描述。在行为主义者看来，它们不过是一些文学表达形式。

我们不用言语能思维吗？

我们本次讲座中所讲的内容，有助于我们理解上次讲座中没有涉及的更为困难的思维问题。在完全接受行为主义者思维理论的路途中，一块绊脚石是这样一种假设：我们仅用言语思维，也就是说，根据言语运动的收缩来思维。我个人的回答是：对的，或者说，根据条件化的言词替代（conditioned word substitutes）来思维，诸如耸肩或在眼睑、眼的肌肉甚至视网膜中发现的其他一些身体反应［当然，我认为"意象"（images），也就是那些对不在眼前的物体的古怪的记忆画面，应该从心理学中消除出去］。这些条件化的替代代表了在所有起始学习（original learning）中进行的节略的和短路的过程（abridging and short circuiting process）。

在国际心理学和哲学会议之前，我想提出我在 1920 年的文章中忽略的一些要点。我可以在这里肯定地说："只要个体在思维，他的整个身体组织就处于工作状态（内隐的）"——即使最后的解决方法可能是说、写或无声的言语表达方式。换句话说，从个体通过他所处的环境思考问题的那一刻起，导致最后调节的活动就被唤起了。有时，活动的发生依据（1）内隐的动作组织；更为经常的是依据（2）内隐的言语组织；有时依据（3）内隐的（或外显的）内脏组织。如果（1）或（3）占优势，不用言语就可以思维。

我在这里呈现的图 11-5 仅仅是对图 11-4 的一个详尽阐述。它使我个人目前对思维的确信更明确化了。在这个图解中，我想当然地认为，整个身体被同时组织起来对一系列对象进行动作的、言语的和内脏的反应（见图 11-1）。我进一步想当然地认为，对象中的一个，也即最初的那个 S_1，一经把握，就会使身体开始对思维的问题进行操作。实际呈现的对象可能是一个人问个体一个问题（例如，我上次讲座中问到的问题——"X会放弃目前的工作，成为 Y 的合伙人吗？"）。假定这个世界关闭了，他不得不"考虑"他的问题。

这个图解清楚地表明了思维涉及组织起来的反应系统的所有三个成分。

请注意，RK_1 能唤起 RK_2、RV_2、RG_2；而 RV_1 能唤起 RK_2、RV_2、RG_2；RG_1 能唤起 RK_2、RV_2 和 RG_2。它们都能分别作为 S_2 的动觉、喉或内脏的替代物。S_2 才是最初产生组织的一系列对象中下一个真正的对象。注意，根据图解，思维活动可以不用言语而进行相当长一段时间。

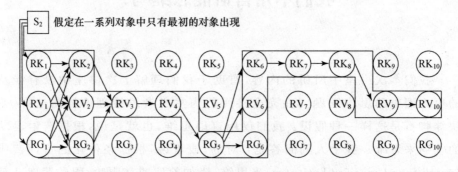

图　11-5

这个图解表明了行为主义者的思维理论。有时，我们同时运用动作的、言语的和内脏的组织来进行思维。有时，只运用言语的组织，有时，只运用内脏的组织，而在其他时候，只有动作的组织参与思维。在这个图解中，参与整个思维过程的组织被两道连续的线条给框起来了。

假定在持续的时间中思维活动可以是动觉的、言语的或情绪的，看来是合理的。如果动觉组织受到阻碍或缺乏，那么言语过程就起作用。如果两个组织都受到阻碍，情绪组织就占了优势。然而，如果一个人能够达到的话，假定最后的反应或适应必须是言语的（无声的），那么把这个最后的言语行为称做"判断"（judgment）是合适的。

这些讨论表明了一个人的整体组织是怎样进入思维过程的。我想它清楚地表明了，即使言语过程没有出现，动作和内脏的组织在思维时也是工作的——它表明了即使我们没有言语，我们仍用某种方式思维！

所以，我们用整个身体来思维和计划。但是，正如我在上面所指出的那样，当言语组织出现时，可能通常比内脏组织和动作组织占优势。由于这个原因，我们可以说，"思维"主要是无声的对话——它为我们提供了这样的解释：在没有言语时思维也能发生。

　　本次讲座有助于我们确定人类的不同组织。迄今为止，我们先是一部分一部分地研究它们，然后再综合起来，研究整体。为了教学的目的，我不得不把人解剖开来。在下一次也是最后一次的讲座里，也即在人格（personality）方面的讲座里，我们将把人完整地结合起来，把他作为一架复杂的、运动的、有机的机器。

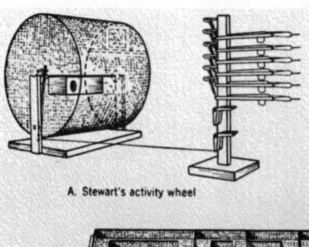

A. Stewart's activity wheel

B. One of Kline's problem boxes

C. Small's Hampton Court maze

20 世纪初期,克拉克大学首次用于研究大白鼠行为的实验仪器。

第十二讲 人　格

介绍的主题：我们的人格是习惯的派生物

· *Personality* ·

　　当我们一旦有了人格的判断时，我们应该怎么办？我们以它们为依据来雇佣或解雇行业中的人员——我们也用它们来作为人员提升或降级的指导。它也是我们的朋友关系、生产关系、社交关系的基础。它是把碰撞的人格结合在一起的"勇士"。我们根据它选择同伴或离开他们，除此之外，再也没有其他的依据了。

PSYCHOLOGY CONFERENCE GROUP, CLARK UNIVERSITY, SEPTEMBER, 1909

Beginning with first row, left to right: Franz Boas, E. B. Titchener, William Stern, Leo Burgerstein, G. Stanley Hall, Sigmund Freud, Carl G. Jung, Adolf Meyer, H. S. Jennings. *Second row:* C. E. Seashore, Joseph Jastrow, J. McK. Cattell, E. F. Buchner, E. Katzenellenbogen, Ernest Jones, A. A. Brill, Wm. H. Burnham, A. F. Chamberlain. *Third row:* Albert Schinz, J. A. Magni, B. T. Baldwin, F. Lyman Wells, G. M. Forbes, E. A. Kirkpatrick, Sandor Ferenczi, E. C. Sanford, J. P. Porter, Sakyo Kanda, Hikoso Kakise. *Fourth row:* G. E. Dawson, S. P. Hayes, E. B. Holt, C. S. Berry, G. M. Whipple, Frank Drew, J. W. A. Young, L. N. Wilson, K. J. Karlson, H. H. Goddard, H. I. Klopp, S. C. Fuller

引言：如果要求 100 个个体给出人格（personality）的定义，无论其处世方式如何，每一个个体都将作出与其他人有所不同的回答。就人格这个词而言，上至心理学教授，下至街头巷尾的报童都在使用。行为主义者通常喜欢抛弃那些没有明确含义和历来名声不佳的心理学词汇，但尽管如此，行为主义者还是想保留这个词，因为这个词在其普通心理学体系中是相当合适的。

行为主义者所谓的人格是什么？

纵观我们对行为的研究，我们已经分析了个体。我们谈论了个体在这种或那种情境下做些什么。我的假设是，在我们想要弄清楚整部机器对什么有用之前必须看一看轮子。在本次讲座中，让我们试着把人当做一部准备运作的组装机器。我认为，这样做并不难。把四只轮子，以及轮胎、轴、差速器、发动机和机身装在一起，我们就能得到一种机动车。机动车适合于某种工作。根据它的构造，我们把它用于一种或另一种工作。如果它是福特（Ford），它适合于跑集市，适合于运送货物，并且能在最差的气候条件下，在最崎岖的路面上驾驶。如果它是劳斯莱斯（Rolls Royce），就适合于驾驶着它去拜访一些社会阶层比我们高的人物，让那些比我们穷的人们知道我们是富有的人等等。与此相似的情况是，有一个叫做约翰·杜（John Doe）的人，他的有关部件是由头、手臂、手、躯体、腿、脚、脚趾和神经、肌肉以及腺体系统组成的。他没有受过教育，因为年纪太大，所以，他只适合于某些工作。他非常强壮，像一头骡，能够整天地进行体力劳动。他十分愚蠢，连说谎都不会；他十分迟钝，不会笑，也不会玩耍。他能胜任的工作是做一个穿白色制服的街道清洁工，或挖渠工或伐木工。一个叫威廉·威尔金斯（William Wilkins）的人，有着同样的身体部件，但他有着堂堂相貌，受过教育，老于世故，习惯于上层社会，而且旅行

◀1909 年在美国克拉克大学举行的心理学会议合影。

过。他适合于做许多工作——外交家、政治家或真正的地产商。但他从幼年开始就是一个说谎者,在一些负有责任的地方他从未得到过信任。他过于自私,以至于不能被安排在高于别人职位的位置上。他常会在下午离开工作岗位去打高尔夫球或打桥牌。

机器中的这些差异从何而来? 至于人类,正如我们在本能(instincts)这一讲中看到的,所有健康的个体从出生开始都是"平等的"(equal)。与此十分相类似的词汇在我们非常著名的《独立宣言》(*Declaration of Independence*)中也出现了。这一文件的起草人尽管在心理学上被认为是无知的,但他们比人们认为的要更接近现实。他们应该更加严格准确地在"平等"这个词汇的后面加上"与生俱来"(at birth)这一条。个体在其出生以后发生的事情,使得一个人或成为干苦活的人,或成为外交家,或成为贼,或成为成功的商人,或成为著名的科学家。1776 年,我们的自由倡议者没有注意到的事实是,上帝本身不能与 40 岁的、像美国人一样有着不同的环境影响的个体保持平等。

在研究一个个体的人格时——他适合于做什么,不适合于做什么,什么东西不适合他——我们必须在日常进行复杂活动的时候,对他进行观察,不是在某一瞬间,而是一星期又一星期,一年又一年,观察他在压力下,在诱惑中,在物质条件丰富或贫乏的条件下的行为。换言之,为了详细描述人格,我们应该把他召来,并让他在商店里经受所有可能的测验,从而才能知道他是何种类型的人——何种类型的机器。

我们检验个体在我们生活的这个世界上的发展历程又是为了什么呢? 我记得这些问题的答案是这样的:约翰·杜有哪种工作习惯? 他能成为哪种类型的丈夫? 他的优势何在? 他对工作中的同伴或同事的言行举止是怎样的? 他是一个真正讲道义的人,还是在星期天唱赞美诗假装虔诚,而星期一握紧拳头、不讲道义的商人? 他是否得到过很好的抚养,是否在他成长的感化院里,或在他所游览的一个国家里形成了不讲礼貌的习气? 在朋友危急的时候,他是否是一个值得信赖的朋友? 他是否努力工作? 他是否快乐? 他是否保持艰苦的作风?

行为主义者自然不会对他的道德(morals)感兴趣,除了作为一名科学家,事实上他并不关心他是何种类型的人。不论社会是否要求分析,他必须研究个体。作为一个有科学思想的人,行为主义者想要回答的不仅是我们被抚养的问题,而且还有其他所有可以询问约翰·杜的问题。证明一个人适合于做什么,并预言一个人将来的能力,以便为社会无论何时需要这样的资料提供服务，这是行为主义者科学工作的一部分。

人格的解析

为了明确行为主义者关于"人格"的运用，让我更具体地告诉你们这个术语的意思。你们是否记得第四讲中的图解？在那里，我谈论了活动流（activity stream）的发展。我指出行为从出生和出生以后的不同阶段具有非习得（unlearned）的性质。我也指出大多数非习得的活动在出生以后的几小时就开始变得条件化了。从那时开始，每一个非习得的单元都会发展成一个相当广泛的系统。在我的图表中，我们勾勒出了一些线条，以便指明所发生的事情。

假定现在把这一活动流的图表绘制得更加复杂些，以便足够表明一个人从幼年到 24 岁整个过程中的每一个组织。这仅仅是假设，为了讨论的目的，现在假定你能做的每一件事情的习惯曲线已由一个在实验条件下对你成长到 24 岁的整个过程进行研究的行为主义者绘制出来了。很明显，如果在 24 岁时，他绘制了你的活动的横截面（cross section），他就能够把你能做的每一件事情进行编目。他将会发现许多与此有关的独立活动——请不要责怪我在谈论这些有关问题时引进哲学家和爱因斯坦（Einstein）——我的意思仅仅是许多活动的发展围绕着一些相同的事情，诸如家庭、教堂、网球、制鞋等等。让我们随便来看看某些习惯系统，例如制鞋。

鞋的制作在过去首先是要饲养牲畜，然后宰杀它们，再把兽皮送到制革工场。在制革工场里，橡树树皮在牲口驾驭的磨坊里被碾碎。磨坊地上挖一个大缸，缸里装满了水，制革的树皮被扔进缸里。然后，把兽皮放入缸内，从橡树树皮里产生的鞣酸（tannic acid）会引起兽皮的软化。这就是所谓的鞣皮法。接着，把兽皮从缸里拿出来进行清洁，并彻底晒干和处理。最后，为制成鞋，皮革必须切碎、定型，鞋底必须缝制。在制成一双鞋之前，不必去计数经过的每一个操作过程。在我祖父那个地方有一个人，他对这一操作过程的每一个细节都了如指掌，而且能准确地熟练地掌握和完成它们。我把这些与制鞋有关的所有活动称为"制鞋的习惯系统"

(shoe making habit system)。当然,由于劳动进行的特殊性,一组活动每隔 10 年都有所不同。你能够很容易地理解,如果我们把那个系统分解成独立的活动,我们需要在一个图表中标明 1000 个区域,以便能够描述制鞋这个组织。为了使我们的图表更完善,并能帮助我们预测一个人制鞋活动的未来行为,我们应该表明每个习惯开始形成的年代和从那时起到现在的整个历史。这个研究将为我提供一个人制鞋习惯的生活历史。

现在,让我们转向另外一个复杂的习惯系统。在谈论一个人的人格时,我们经常听到的一句话是:"他是一个虔诚的教徒。"那是什么意思?意思是指这个人每个星期天都去教堂,每天读圣经,在桌子旁祷告,期望他的妻子和孩子一起去教堂,试图改变他的邻居,使之成为一个信仰宗教的人;同时他又去参加其他许多活动,所有这些活动都被称做是现代基督徒的宗教活动。让我们把所有这些独立的活动汇总到一起,称它们为一个人的宗教习惯系统。现在,组成这一系统的每个独立活动都可追溯至一个人的过去,以及从那时起到我们截止的 24 岁这一整个历史过程。举个例子来说,在他 2.5 岁的时候,他知道了小孩子的祈祷文:"现在,我去睡觉了。"这一习惯在 6 岁的时候就消失了,结果出现了主祷文(Lord's Prayer)。以后,如果他接受主教派信仰(Episcopal faith),他就能读印刷的祈祷文。如果他是一个浸礼会教徒(Baptist)、卫理公会教徒(Methodist)或是长老会教徒(Presbyterian)的话,他就会有自己的祈祷文。18 岁的时候,有了某种在公众中演讲的组织,他就开始"领导"祈祷会议。在 4 岁时,他开始看圣经中的图片,听圣经的故事,这时候,他开始去主日学校(Sunday School),记某些圣经细节。不久,他能够完全阅读圣经并记住整本书了。试图获得这一宗教组织的每一个组成部分,探索它的起始和它的承上启下历史是一项很复杂的任务。

迄今为止,我们只是详细地讨论了这些系统中的两个系统。但 24 岁这个横截面却显示了许多这样的系统。你已经对它们中的许多系统很熟悉了,如婚姻习惯系统、父母双亲系统、公众演讲系统、知识渊博的思想家的思想系统、饮食系统、害怕系统、爱的系统、愤怒系统。所有这些都从总体上加以分类,当然,其中必定忽视了许多小的系统,但是这些分类将为我们试图介绍的各类事实提供一个概念。让我们借助一个图表来帮助我们把所有这些事实集中到一起(见图 12-1)。

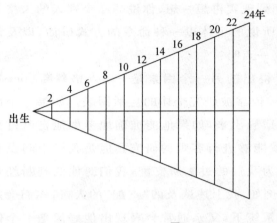

图　12-1

略图(图 12-1)表明了行为主义者所谓的"人格"及其发展的情况。在考察本图解时,还需联系第六讲中关于活动流的图解。本图解的中心思想是,人格由占支配地位的习惯所构成。24 岁这一横截面上所显示的人格仅仅是一小部分,实际上有许多。请注意,24 岁的横截面把制鞋视作是一种占支配地位的职业性习惯系统,而制鞋的习惯系统是由 A、B、C、D 等各自独立的习惯所构成的。所有这些独立的习惯都置于不同的年龄。其他一些习惯系统,诸如宗教的习惯系统、爱国的习惯系统等,也将具有相似的发展路线,从个体的婴儿期开始,经历幼年期、青年期,方能完成。为了清晰的缘故,我们把它们省略了。

也许,你已经对了解人格有点不耐烦了。我给人格下的定义是:"通过对能够获得可靠信息的长时行为的实际观察而发现的活动之总和。换言之,人格是我们习惯系统的最终产物。我们研究人格的过程是制作和标绘活动流的一个横截面。"然而,在这些活动中间,在动作(manual)领域(职业的)、喉部(laryngeal)领域(大演说家、善于讲故事的人、沉默的思想家)以及内脏(visceral)领域(害怕别人、害羞、易怒、生气等我们称之为情绪化的东西)都有占居支配性的系统。这些支配性的系统显而易见,便于观察,它们是我们对个体人格所作的大多数快速判断的基础。我们将人格进行分类所依据的就是这些少量的支配性系统。

把人格还原(reduction)为可以看见和客观观察到的事物,可能与人格这个词的情感性附带内容不相一致。如果我没有定义人格这个词,而是仅仅刻画人们的性格,"他有一种命令别人的人格","她有一种吸引人的人格","他有一种难以相处的人格",那么,人格这个词更容易适合你目前的组织。但是，倘若回到现实再想一想，你说的命令别人的人格是什么意思？它难道不是一般所说的个体以一种命令的方式讲话，以及他有一个强壮的体质，他比你高一点吗？

在活动图表中没有得出的另一个因素是——人格判断（personality judgments）通常并不单纯依靠被研究个体的生活图表。如果一个研究他人人格的人能从偏见中摆脱出来，如果他能准确地考虑他自己过去的习惯系统的影响，那么他就能够进行客观的研究。但是我们中间没有人具备这样的自由。我们都为我们的过去所支配，我们对他的判断经常被我们自己的人格所困扰。例如，我上述谈及的"支配"的人格，你们会点头同意。在目前抚养孩子的系统下，父亲通常会表现出他好像是一个体格强壮、能量极大的人，好像是一头要求别人听从自己，否则就会实施惩罚的超级野兽。因此，当一个拥有这些性格特征的人走进房间，你就很容易败在他的"魅力"之下。这对行为主义者来说并不意味着什么，但它表明了一个事实，即扮演你父亲的人有能力使你的行为像一个孩子。对我来说，挑选出你所拥有的人格并显示它的真实原型并不困难。

用这种方法来介绍人格，我想有一点对你们来说会变得越来越清晰，即我们所处的情境是怎样支配我们的，是怎样释放这些强有力的习惯系统中的一种系统或另一种系统的。例如天使般的铃声停止了田里收割者的工作，打扰了他们的动作系统，并暂时把他们置于他们的宗教习惯系统的支配之下。概括地说，我们是受情境所要求的——这些情境可以是一个在我们的传教士和父母面前值得尊敬的人，一个在女士面前的英雄，一个绝对的戒酒主义者，或者一个喜欢喝酒的家伙。

另一个在活动图表中没有显示的——而且非常重要的一点是：在发展这样一些习惯系统时，这些系统不可避免地要发生冲突。于是就会形成一种刺激，导致或部分地导致在同一肌肉和腺体中的两种对立类型的活动，可能产生不活动、笨拙、颤抖等。事实上，很明显，将会有持久的冲突，如同一个患精神病的个体表现出的广泛而又重大的冲突。我将继续沿此思路发展下去。

一个完整的个体将会发生以下情况：当情境要求某一习惯系统中占支配性的系统时，整个身体就开始启动；在即将到来的活动中未被使用的每组横纹肌和非横纹肌（striped and unstriped muscles）产生张力（tensions），从而使身体所有的横纹肌和非横纹肌以及腺体得以自由释放，以便获得所需的习惯系统。只有所要求的一种习惯系统才能发挥最大的、最有效的作用。这样,整个个体就变成了"有表达的"(expressed),他的整个人格借助他的举止活动而变得"引人注意"(engrossed)。

我是否可以岔开一下说说习惯系统的支配性与行为主义心理学所需的"注意"(attention)术语的关系?"注意不过是与任何一种习惯系统的完全支配性同义的一种词语习惯系统,一种动作习惯系统或者是一种内脏习惯系统。"另一方面,注意的分散仅仅是表示了所处的情境没有立刻导致一种习惯系统的支配性,而是先导致了一种系统,然后又导致了另一种系统。个体开始做一件事,但此事处在另一种刺激的部分支配下,这种刺激能部分地释放另一种习惯系统。这样便导致了某些肌肉群使用的冲突,造成语言迟缓,手和身体的笨拙,或者释放一种不充足的能量来供肌肉群的使用。有这样一些例子:当你正在跳高的时候,你的同学嘲笑你;当你手握高尔夫球杆,固定姿势而不再使自己摇摆时,有人在讲话;当你陷入沉思,考虑一个问题时,水开始溢出浴缸:活动受阻,甚至前功尽弃。试图获得两种或两种以上(有时是综合的)习惯系统支配的例子是相当多的。正因为这个原因,行为主义者觉得"注意"这个词在心理学中不再适用。它是我们无力清楚思考的另一种表白,应该置神秘的事物于心理学术语之外。我们喜欢把神秘的东西保住,以便我们在困难的时候使用它——当我们生病或身体状况不佳时,或特别不满意我们正在摆脱的存在时。于是我们开始认为,既然每一件事在这里都是无能的,那必然在某个地方有其他一些东西存在。

怎样研究人格

年轻的时候,人格的变化是非常迅速的——自然,如果人格只是个体在某一年龄阶段的完整组织的一个截面,那么你能看到这个截面在每天至少有细微的变化——但是,由于变化还不够迅速,以至于我们不能随时获得一个完整的图景。当年轻时习惯模式(habit patterns)形成、成熟和变化时,人格变化得最快。在 15～18 岁期间,一个女性从孩子变成了妇女。15 岁时,她是同年龄男孩和女孩的玩伴。18 岁时,她就成了每一个男性的性对象。30 岁以后,人格变化非常慢,因为从我们研究习惯的资料中来看,在这段时间,大多数个体安于过一种平凡的生活,除非不断地受到一个新的环境的刺激。习惯模式变得固定。如果你对一个普通的 30 岁的个体有一个充分的描绘,那么你将会发现那个个体在往后的岁月中只有很少的变化——像大多数人一样生活。一个大声聊天、爱讲闲话、与邻居不和、幸灾乐祸的 30 岁妇女,将在 40 岁,甚至 60 岁都是这样,除非奇迹出现。

研究人格的不同方法

　　大多数人无须真正的人格研究就能对他们同事的人格作出判断。在我们飞速发展的生活中,我们经常要作出快速的判断,但我们也因此陷入了一种喜好肤浅估计的习惯,从而经常给人们带来严重的伤害。有时,我们为自己能够快速地对人格作出诊断而自豪,我们为自己能一眼知道喜欢一个人或不喜欢一个人以及永远不改变我们的判断而自豪。这意味着以这种表面观察为基础的人往往会做一件或两件与我们自己特殊的倾向性和爱好不相一致的事情。这种现象是经常发生的,因此我们关于人格的判断根本不是真实的结论,而只是对我们自己永远不会发生冲突的讨厌之物的一种展示。人格的真正观察家则试图使自己置于描述之外,而去用一种客观的方法观察其他个体。

　　假定我们都是认真的人格观察家,假定我们能很好地从我们自己的敏感位置上解放出来,并真正去寻求对个体人格的正确评价,我们应该怎样来获取这一信息呢?这里,有一些可供我们探索的方法:(1)通过研究个体的教育图表;(2)通过研究个体的成就图表;(3)通过运用心理学的测试;(4)通过研究个体的业余时间和娱乐活动;(5)通过研究个体在日常生活的实际情境中情感上的特点。研究个体的行为和心理构成是没有捷径的。在这个领域里有各种各样的心理学骗子,他们相信有这样的捷径,但我想在下面告诉你们,他们的方法是不能获得满意结果的。

　　让我们来看看研究人格的各种方法。我决不是说行为主义者研究人格有什么明确的科学体系。行为主义者只是根据实践的、常识的、观察的方法来研究人格。

(1) 研究个体的教育图表：有关个体人格的周全资料，能够通过绘制他的教育经历图表而得以收集。他是否读完了小学，或者是否在 12 岁时中途退学？他为什么退学？是否因为经济压力？还是因为寻求冒险？他是否高中毕业？他是否继续攻读大学直到毕业？如果不问他的才智，如果他能坚持到底，这证明他的工作习惯很好。今天，完成大学学业犹如竞走一样——一旦你开始了，就必须坚持到底。我确信一个人如果要胜任一份工作，工作的习惯对他来说是一份资产，我发现他的图表曲线是从大学开始往下降的。我把大学看做一个成长的地方——一个改变家里习惯的地方；一个学会怎样使自己与他人友好相处，从而获得一种处事手段的地方；一个学会怎样熨烫自己衣服，使自己保持整洁的地方；一个学会怎样礼貌对待女士或使自己有绅士风度的地方——一句话，是发现怎样利用空闲时间和寻求文化的地方。最后，它应该是学生借以学会尊重思想，甚至学会怎样去思考的地方。如果它并不拥有这些尊重，大学实际上是一个失败之地，在那里获得的身体的和言语的习惯很少在生活中贯彻。我花了 4 年时间成了大学肄业生，在那些年里，我"学习"了希腊语和拉丁语。今天，我不会写希腊字母或读色诺芬（Xenophon）的《远征记》（Anabasis）。我读不懂一页维吉尔（Virgil）甚至恺撒（Caesar）的《注释》（Commentaries），如果食、性、住都要靠它的话，那就麻烦了。我忠实地研究历史，但我不能正确叫出 10 位总统的姓名或历史上的重要日子。我不能概括《独立宣言》（Declaration of Independence），或说出墨西哥战争（Mexican Way）的概况。

我们不能保证在没有缺点的情况下来研究大学。大学培养的人在生产上（正如他们在战争中）都能获得成功。他们遭受的挫折要比没上过大学的人少，一般来说，更容易受人欢迎。但是尽管这样，还是有许多例外。没有受过大学教育的人并不总是意味着是乡下佬，或缺乏一种成功生活的资质（equipment）。

(2) 研究个体的成就图表：我认为判断一个人的人格、特点和能力的最重要因素之一是个体每年的成就史。我们能够通过绘制个体在他各种职位上任职的时间长度和他每年工资收入的增长来客观地衡量。一个男子，他在 30 岁时已经更换了 20 次工作，而每次更换都没有获得明确的提高，他就有可能在到 45 岁时再更换 20 多次工作。如果我拥有一笔活跃的商业生意，我不想雇用一位 30 岁的、每年想赚至少 5000 美元的人来担任要职。我希望雇用一位 40 岁的但薪水要求却很低的人。这里，没有一种固定而又迅速的法则可供绘制——除非例外。但可以说，每年职位的提高和每年工资的增长在个体进步中是重要的因素。

同样道理，如果一个人是作家，我们就要绘制他每年的稿费收入。如果在我们最主要的杂志上，他在 30 岁时与 24 岁时获得的字数稿费相同，那么这说明他是一个平庸的作家，他永远不会成为什么，而且永远只是那样。在文学和艺术领域，就像做生意一样，如果你想要预言一个有机体的每一个器官是否完好，以及身体器官将来怎样良好地运作，我们就必须从成就这一观点来判断，从你依据的标准来衡量。

（3）心理测试作为研究人格的一种方法——自从闵斯特伯格（Munsterberg）在本国开始研究工作起，目前，心理学已如人们所期望的那样获得了很大的成就。它已经形成了许多理论——它能使工厂一年节省 7000 万元，同时它也是选择雇员和安置办公室职员或工厂员工的依据和指南。这些理论是由一些著名的心理学家提出的。商业组织今天已经注意到了这些理论，部分是由于心理学家雄心勃勃，在学习爬行之前，他们已经试着走路了；部分是由于商业机构不能一直等到心理学家来发展特殊商业所需的方法。各种商行也曾感到过困惑，不仅因为不愿等候来得太迟的结果，而且因为他们不想在心理学研究工作中增加投资。他们试图明确地等待化学家和物理学家的研究结果，但他们期望心理学家能通过一些手法和一些临时的宣言参与进来，并在行业存在的整个过程中，用另外一些方法来解决商业主管不能解决的行业问题。在这里，我自然想到全体职员的选择，选择后的职员的安排和提升，工人的工作效率，以及工人最后的高兴与满足——使用这最后两个词是因为它们已经被普遍使用。总之，人格在我们的感觉中是一个重要的因素。

心理学在绘制职业组织的截面方面已经取得了一些进步。我们能够很快地测试一个人的算术能力，他的一般信息范围，他是否懂拉丁语和希腊文；一个妇女，她能否在 1 分钟内速记 60 个字，她能否 1 分钟写 100 个字，连续写 40 分钟而没有什么错误；一个人能否驾驶汽车通过弯弯曲曲的道路而没有撞到标杆或其他汽车等等。许多不同的职业测试正处在日益完善的过程中，我期待着看到这类测试的进步。

但是必须记住，职业测试只能表明在特定时间完成一些事情的全部能力。它具有特定的误差。做某些事情的全部能力不能告诉我们个体"系统的工作习惯"（systematic work habits）。假设当他很饥饿或需要一个蔽身处时，他确实是一个工作很卖力的人。然而，在酒足饭饱以后，或已经居住下来之后,他是否还会富有成效地工作? 他是否有许多私人的事要做? 注视钟表时点是否成为他的一种习惯? 这是许多个体的真实情况。对于他们来说,9 点钟似乎来得太早,而 5 点钟似乎来得太迟。我曾经写过一篇关于判断一个人工作中主要因素的短文。我写道,如果要想挑选一个人最基本的性格特征,就应该选择工作习惯——对工作的真正热爱,有承担超负荷工作的愿望,比指定的时间工作得更长,在工作完成之后清理工作场所。我发现这些事情很早就进入了个体之中,否则他就永远不会再去拥有它们。迄今为止,尚缺乏能在这些事项中得出个体的能力或弱点的心理学测试。

(4) 研究个体的业余时间和娱乐活动:每个人都有一些娱乐或消遣形式。有些人的娱乐是阅读书籍,有些人是游戏,有些人则是运动。但也有人热衷于性、酒精、快速驾驶;有些人喜爱与家人在一起;也有些人是报纸上经常提及的少数人,他们热衷于工作——但像报道马克·吐温(Mark Twain)的死亡一样,这些陈述通常是"言过其实"的。

我认为运动和娱乐是很外露的东西。我们能把某些运动看成是独特的资产,而把另外一些运动看成是负债。快速驾驶狂会导致事故;性欲狂会带来许多复杂的混乱;而酗酒狂会引起身体器官的失调和工作的失败,并最终走向死亡。

室外活动有助于身体健康,产生激烈的竞争,加强协作关系。如果我发现一个人有着擅长室外活动的形式,如高尔夫球、网球、驾驭独木舟、钓鱼、打猎、拳击或跑步,我认为它们有利于你们研究这个人的经历。

我仔细研究了室内活动情况,如打牌、下棋、跳舞……唱歌和弹奏乐器。我认为,一个没有能力赚钱(从职业曲线上可以看出)的人要想同时精通一项娱乐活动是比较困难的;同样,对于一个不友善的、难以与人和睦相处的人来说,精通运动也是很困难的。所以,暂且让我们承认运动和娱乐可能预示人格,个体的运动和娱乐这一线索是值得研究的。

(5) 研究个体在实践条件下情感的特征:我们对有关因素的研究,诸如个体的受教育经历,他的工作成就和他的业余活动,都不能勾勒整个人格的特征。一个人可能在他的工作习惯以及身体和言语方面很成功,但他也可能是一个令人讨厌的人。他在宴会上,在高尔夫球场上,在旅行中不受欢迎;他可能是一个卑鄙的、吝啬的、不友善的、傲慢地对待别人的人——简而言之,一个令人与之一起生活或接近感到可怕的人。我的意思是指某些人在情感方面没有得到足够充分的发展。他们是情感的失败者。我们通过观察,对这一现象进行了测量。如果我们没有十足的勇气去邀请这个人到我们家里做客,或上门访问,那么我们就对他进行观察。我们能发现他有多少朋友,这些朋友关系维持了多久。有一点可以肯定,如果他没有很大的朋友圈子,没有保持很长时间的朋友,他将始终是一个难以相处的人——不管他工作得如何出色。至于一个人是否会在生意上或专业上获得成功,情感方面的成功不会是一个保险的因素。我们会经常听到这样一句话,"他是最愚蠢的人,但上帝却喜欢他"。工作习惯和成就的记录始终应该与情感图表联系在一起来研究。

在判断人格时,我们发现对于说谎、诚实和其他所谓的道德品质很难作一个横截面。没有什么方法可以用来发现这些情况,只能靠查阅个体的经历和考察他的最近生活。但是,当我们这样做时,必须扩大观察的范围,例如,把范围扩大到他的朋友中去,并且花相当长的时间对他的行为进行观察。如果人们都是以诚实的态度写信,那么我们对于个体情感特征的判断就更加可靠。但是,大多数人害怕写诚实的信,因此,推荐信只有很少的参考价值。我怀疑我们是否能获得个体情感特征的有价值的判断——如个体与别人相处的能力,他在劳动强度大的情况下好好工作,还是在劳动强度小的情况下好好工作,他单独一个人工作时好还是与一群人在一起工作时好,他是否在工作习惯方面表现出马马虎虎,他是否能适应工作或把那些不适应的方面隐藏起来,他在鼓励的情况下工作良好还是在责骂的情况下工作良好——除非我们提供一所预备学校,在那里个体确实能在一段明确的时间里接受各方面的观察。假定个体具有相当的智能(我们指的仅仅是相当的身体和言语组织),但经常在工作中失败,主要是因为内脏组织的缺乏而造成的——也就是说"缺乏良好平衡的情绪训练"。如果我用你们常用的一些词汇,你们会理解得更好——如个体是"敏感的"、"生气的"、"执拗的"、"存心报复的"、"傲慢的"、"爱独居的"、"孤傲的"、"骄傲自大的"、"不愿接受批评的"等等。若要获得这些情感因素,个体必须被安置在某些情境中,如同我们在研究婴儿的时候一样。你们知道,这些是没有组织的婴儿时期的反应类型——从婴儿时期遗留下来的。在一个星期或一个月工作的一般过程中,这样的情境可能很少提供给他们,因此个体必须被长时间地观察。我认为商业机构或多或少会确信这一点,他们准备给予比以往所给予的更长时间的预备训练,包括岗位调动。

人格研究中是否有捷径

我们能否通过与被试的"访谈"（interviewing）来了解一些有关人格的内容？——我们能从私人访谈中获悉个体的一些情况。然而，私人访谈必须加以扩展，而且必须通过不止一次的访谈。在访谈期间，许多细小的情况全被观察者所注意和利用。观察中，一个人的声音、姿势、步法和个人的外表——所有这些我认为都是相当重要的。你能够立刻说出一个人是否受过教育，是否有良好的举止。一个人进来访谈的时候会不脱下帽子，嘴里叼着雪茄；另一个人会惊慌得说不出话来；也有的人会自夸，以至于你想立刻回避他。

衣着在许多方面反映了一个人的行为。衣着会显示他是否有整洁干净的个人习惯。如果他的衣领十分肮脏，如果他的手和手腕上满是污垢，我们就有相当的证据说他是一个举止不文雅、不整洁的人。但私人访谈不能告诉我们工作习惯和个体诚实与否，以及他是否坚持原则和他的能力如何。这里，正如我前面提出的，我们必须追溯研究一个人的生活经历。

为什么官员和百姓普遍相信他们能判断人格呢？主要的原因可能是因为他们自以为自己能够做到。人格给了他们在其活动圈子里的一个标准。他们做了坏事而又不被人发觉的原因是他们没有被检查到。如果你想从一群人中挑选出一个人，而这群人是来申请做办公室勤杂人员或其他无须某种特殊能力的工作的，如打字或速记（这些工作便于检查），那么倘若你蒙住眼睛来挑选，正确率只有 50％，或稍高些。我们的标准不会很高，因此每一个办公室都聚集着只能胜任自己工作，而一旦工作更为标准化就不能胜任的人。即使大多数办公室主管眼光很敏锐，也召集了申请工作人员的见面会，向他们提出了某些口头问题来了解他们的本质，并仔细地记录他们的回答，因为他们的回答对他会有所帮助，然而，这种选择人才的办法充其量也只是比漫无目的的选择好一点，这就是为什么心理学骗子这么容易钻空子的原因。

心理学骗子在研究人格中惯择的捷径

　　由于正统心理学家所创立的理论被过度地用于人格研究之中,于是出现了一大批我称之为"骗子"的心理学寄生虫。今天,在这些骗子当中肯定包括那些继续主张用我们抛弃的精神来交流的著名人物。他们声称能够证明个人外胚层(personal ectoplasm)的存在,能够证明有些人靠某种神秘力量来扰乱我们周围普通物体的物质平衡。我认为霍迪尼(Houdini)先生可能是对这些声称予以最有力抨击的人。但像奥利弗·洛奇(Oliver Lodge)先生和阿瑟·科南道尔(Arthur Conan Doyle)先生这样善意而又忽视心理学的人,他们的立场不幸地支持了心理学领域中不断繁殖的寄生虫。我认为,由于洛奇和科南道尔这些人的存在,"骗子"不再是一个很恰当的词了。让我们称他们为误入歧途的热心者。他们不断地老化,但还没有丧失必须离开这个世界的孩童般的恐惧。也许,他们造成的最大危害是引起一个可怜的精神病患者的偶然自杀,如果他的外胚层能使它自己从身体中解放出来,并离开这个严酷、剧烈、不仁慈的世界,那么他会为这个幸福的状态而激动起来。

　　最使行为主义者感到悲愤,并给大学带来最大危害的骗子是一种为行业提供服务的人。这些人花了几百、几千元钱用于所谓的服务事业,为机关、工厂选择人才,为已经受雇的人员提供特征和人格的解释。不久以前,我参加了一次由这些人中的一个所主持的讲座。他从表面上描绘了几百种观点,意思是他能够说出每个人的特征,并告诉他适合于做什么。他在这次讲座中声称,他所作出的这些大量的解释几乎永远不会有误。在讲座结束时,我谦虚地问了他一个问题,也即他是否同意如果我带 6 个16 岁的人到他的办公室里去,他能否挑选出 3 个"低能"的人和 3 个正常的人。我没有要求他告诉我他们适合于做什么,也没有要求他为我提供有关他们性格与人格的确切要点。我只是要求他明确一个残酷的事实——是否每个人都是"头脑清醒"的或是"低能"的。无疑,做到这一点是解释性格和选择人格的第一步。这个问题原本不在于侮辱这位"科学家",但是他非常生气,脸涨得通红,手开始颤抖,并表示我在那儿的目的是为了对他发出诘难。

　　我与另一位先生有类似的经历。我曾经十分坦率地试图揭露那些能够从照片上看出性格的人。在那篇文章中，我暗示了那些声称能从照片上看出性格的人是错误的。其中一个好像受到了伤害，他写了一篇很长的论文来解释不是每个人都能做到这一点的，但是在他的机构里，有一些文科硕士毕业生愿意拿出 1000 美元来资助这样的研究：

　　（1）从一个"无助之家"中挑选出一群从婴儿时期就成为乞丐和无用的人，他们的经历大家都已经知道；

　　（2）从监狱中挑选出一群从少年期到成年期就犯罪的人；

　　（3）挑选出一群著名的、博学的人，他们在工作领域声誉极佳，他们的照片不断地刊登在我们的日报上。

　　此外，我们给所有这三组人（包括大学教授）剃须洗澡，全部穿上夜礼服，拍标准照。当然，这些条件是公平的。但这受到了那些自以为善解照片的所谓的照片性格分析家们的反对，所以实验停止了。

　　第三种骗子是借助普通的身体特征来作为他的指导。虽然事实上我们常把肤色、指形、眼睛和头发的颜色、发质等等与某种类型的行为和个体的总体成就联系起来，但我们永远不能很肯定地证明这样的关联是存在的。可是，这些没有受过科学的心理学训练，没有给心理学实验任何帮助的人却仍然声称他们能挑选出总经理、销售人员，而且自认为判断的准确度特别高。尽管这样一些声称值得怀疑，有趣的是我们的一些很有威望的杂志多年来一直刊登他们的广告。同样是那些杂志，在刊登某一杂货店和药品的广告来装饰他们的版面时，就会十分仔细地详读每一条说明——实际上，他们将在自己的厨房和自己的实验室里对所有值得怀疑的广告词予以最严格的检查。

　　心理学家认为，在任何一种简单的身体特征或一组身体特征与任何一种能力或几种能力之间难以得出简单的关联。通过观看一张照片，或对处在静止状态的一个人进行静态的观察，我们最多能说的是，他看上去身体很健全，他有两条手臂、两条腿，他可能不是一个白痴或傻瓜。我当然不想再进一步地说他是否是一个"低能的人"。甚至一小时的访谈有时也会使我们在最简单的事情上误入歧途。就像下面这个例子：不久以前，我曾经与一个人交谈过，先是 20 分钟的电话交谈，随后又通过半小时的会面。他是一个受过良好教育、能力很强的人。看上去他有一点压力，但我们中的许多人都处在压力之下，特别是第一次会面。他起身离开之前 2 分

钟,抽出一张 1000 美元的支票,并告诉我他是修理缝纫机的,每天赚 1000
美元。所以,在 50 分钟访谈结束时,我不得不改变了自己的判断,并得出
结论认为这个人是精神错乱的。随后,我查阅了他的经历,更确信了这一
结论。

我认为心理学骗子所造成的危害(以及大量的经济浪费)在于阻碍科
学方法的建立和科学方法的传播。老板总认为对人才的选择、安置和提
升应该依靠某种戏法或通过某些神奇的方法。最终,却是他们自己干扰
了人才。我不能告诉你们有多少人因为他们的职业受到严重干扰而跑到
我这里来。他们工作都很出色,但一些性格学家(characterologist)告诉他
们,他们在将来应该从事歌剧工作、外交工作,或进入比他们现在的工作
更广的领域,所以他们感到应该放弃现在的工作而去追逐这一未知的、未
经证实的美好前景。

我希望在这里能有时间再告诉你们其他各种骗子所惯用的伎俩。我
仅列举一些不同类型的骗子。颅相学家(phrenologist)是另一类快速的人
格阅读者。触碰一下你的头,他就会说已经了解了一切;触碰意味着脑子
中某一部分的展开,在这一部分中存在着某种能力或职业归属。通过把
触碰绘制成图表,他能标出一个人的能力。但触碰头颅与脑的形状或大
小无关。实际上,在头盖骨上碰一下可能就是头盖骨或脑室的一次轻微
的按压,因为一次触碰有时造成两种情况——推进和推出。一般说来,脑
是平滑的几乎就像在一种液体中漂浮。此外,我们已经放弃了脑的"官
能"(faculties),正如我在早先讲座中所提到的那样,我们已经放弃了脑的
定位(localization)。颅相学家早在几十年前就因科学的影响而消失。神
经病学已经成为一门科学,而且它不仅仅关注心理学范畴。

还有那些通过我们的书写便能告诉我们潜能和性格的笔迹学家(gra-
phologist)。我们一笔一画的习惯,我们是否马虎潦草,我们书写时笔迹的
倾斜,都是人格的明确提示。让我们不要太相信它们。这种靠笔迹来了
解人格的方法是一种业余爱好。当然,我们能从一个人的书写当中了解
一些东西——他是否相当粗心以至于不能把字写正确,他是否写得很快
等等。由于书写,我们总会留下一个明确的作品,因此这一作品能为我们
提供一些有关一个人人格的线索。有些心理学家仔细地对它进行了研
究,现在仍在研究它。但迄今为止,他们已经发现,某种笔迹与某种能力
之间存在关联的说法有点牵强附会,而且根据很不可靠。人们期望笔迹
学家至少能辨别出一个男人与一个女人的笔迹,但甚至这一点也是一项

相当困难的任务。不久以前，我翻阅了一大批签名，那里只提供了姓而没有名字，我认为这些笔迹出自男子的手笔，所以我写信去询问。结果发现，大约 80％的姓名，我判断是男人的手笔，事实却是女性所为。

小 结

对所谓正常人格的研究，应该使我们确信，长时期地对行为进行密切的观察是我们对人格作出结论的唯一方法。短时期的观察和私人访谈揭示了一些问题，职业测试和智力测试也揭示了另外一些问题，但只有持之以恒地对工作、生活在复杂情境中的个体进行观察，才能获得一般的工作习惯的资料（整洁、勤奋、只能承受暂时的负荷等等），道德习惯的资料（诚实、忠诚、从暴行中解脱出来等等）以及情感习惯的资料（脾气、敏感、孤傲、害羞、善于表演、自卑等等）。

事实上，如果不是白痴，任何一个人都能收集其他人的人格资料，但受到良好培训的心理学观察家和从他自己的人格框框中解脱出来的人，他们的观察更可靠。

你也许会对我所选取的例子都涉及职业方面提出质疑。这不错，但事实上，这些明白无误的方法同样适用于选择朋友、妻子和丈夫。现代生活的可怕悲剧之一就是青年男子与女子相遇、相交的快速性。在内脏刺激（性的）的支配下，不明智的观察是可能的。结婚之后，人格碰撞，如果你有勇气面对它，最后就是去法院离婚。我不想得出什么解决的办法，可以说这是我们生活的一大悲剧。没有一种真正的方法能够测试出两种人格在婚姻的密切结合下怎样一起生存——只有先结婚，随后才能发现。在我的咨询工作中，我所发现的最大问题出自性顺应（sexadjustment）的重大失败。生活在这样一个紧闭而又狭窄范围内的两个人，没有一个真实而又坦率的性顺应是不能共同生活得很幸福的。人格的另外一些成分没有机会在这一十分需要的地方发挥作用（有 80％的妻子如此）。在过去的两年里，我先后 25 次对年轻的已婚夫妇进行了访谈，我发现只有一对做到了真正的性顺应。几乎每一案例的困难都是一种或另外一种行为困难，而不是丈夫或妻子任何一方身体上的毛病。不良的教养和性组织的毛病是矛盾的主要原因。在每一案例中,明智的指导带来了顺应。当今社会所能做的是给这些有希望的年轻夫妇在结婚之前就提供适当的指导,但要给出适当的指导是困难的。家庭医生和父母通常不幸地成为指导的最大危害。我碰到过一个普通医生或我认为有希望的夫妇对我孩子的指导。

我提及这些事情是因为,首先,我想发现人格的所有方面能有机会在婚姻关系中发挥作用。如果到场的是性饥饿者,这种期待就落空了。其次,如果不是年轻一代面临这样的问题,那么这个从来没有真正为社会所试验过的婚姻制度(我在这里的意思是指男人和女人没有关于婚姻的组织机构,他们总是在试图学会怎样在结婚后糟蹋婚姻),将在今后的几年里遭受到严重的攻击,特别是在我们这样的大城市里。

再回到我们的人格概念中来。当我们一旦有了人格的判断时,我们应该怎么办?我们以它们为依据来雇佣或解雇行业中的人员——我们也用它们来作为人员提升或降级的指导。它也是我们的朋友关系、生产关系、社交关系的基础。它是把碰撞的人格结合在一起的"勇士"。我们根据它选择同伴或离开他们,除此之外,再也没有其他的依据了。

在某种意义上说,我们在头脑中形成了有关我们每一个朋友和伙伴的复式簿记(double bookkeeping)。在用黑墨水的一页上,我们对每个人的资产(assets)进行制表;在用红墨水的一页上,我们记下了每个人的债务。当交往关系继续着的时候,我们一直在这两页上填写,不时地,我们会平衡这个数目。当红墨水一页上的数字形成了压倒性优势时,我们便遇到了赤字。

正如前面提到的,我们在保持我们自己人格的这本簿记上有着太多的失败,至少我们在保持一个复式簿记系统上没有成功。我们只记下了资产而遗漏了债务。因此,在有关我们伙伴的簿记本上,我们经常把自己的债务填入他们的债务页中。

成人人格的一些弱点

人的本性有许多弱点,很难为主要的失败勾勒一个起点。实际上,一个人越是密切地观察人类生活，他就越能得出这样一个观点，即看来最有实力的东西恰恰是一个人的主要弱点。让我们来看看以下几个关于人格弱点的标题：（1）我们的自卑（inferiorities）；（2）我们对恭维话的感受性；（3）我们为成为国王和王后而不断地奋争；（4）婴儿时期遗留下来的不健康人格的一般原因。

（1）我们的自卑——今天，我想简单地谈谈我们的自卑被"组织"进入这个系统的步骤。精神分析学家已经对此做过了分析，但我们想要说的是，在科学术语中究竟发生了什么。我们大多数人已经形成了一组掩盖、隐藏我们自卑的反应。害羞就是其中之一，沉默也是其中之一，还有发脾气，以及对社会问题或道德问题抱以守旧的态度，这些都是非常普通的方法。最为自私的人有着一个隐藏其自私的、设计得很好的幌子，这从最下流的人经常大声讲贞洁中可以看出。最容易受到引诱的人总是最大声地宣布他的道德水准和行为水准赖以存在的规章制度。可怜的小伙子，他是如此脆弱，他需要它们来支持他。此外，一个突出的例子是，几近阳痿的小伙子大声吹嘘他的性能力。

同样，我们组织习惯系统是为隐藏我们的身体自卑而服务的。个子矮小的人经常大声地说话，大胆地穿着，"趾高气扬"，行为激进。为了受人注意，他必须以不寻常的方法来表现。一些女性可以与另一些女性的实力相抗衡，她们的脸可能不很漂亮，但她们的外形可以装饰得优美；她们的手臂可能很笨拙，但她们的腿是有识别能力的艺术家所钦佩的。若在生理上没有什么优势——她们就求助于时髦。当太胖而不能保持风度时，她们就坐漂亮的汽车，戴耀眼的珠宝，住设备极好的房子。

不管怎样，大多数人不能永久地面对自卑——尽管分析学家对此有异议。我的许多朋友都是分析学家。当他们的理论遭到攻击，或当有人对分析学家的较大权力进行非难的时候，他们感到很愤怒。是谁使他们各不相同？我问了许多人，当他们大肆宣扬自己好的一面时，他们是为了炫耀自己——必须承认，对他们来说这样做是必须的，就如婴儿做一个动作来得到奶瓶一样。实际上，这些所谓的"补偿"（compensations）的起源是从婴儿时期开始的。我们告诉孩子他是"伶俐的"，比邻居的孩子伶俐。我们宠爱他，可以为他做许多事。分析学家称这种为"自我"（ego）的表达。这种"自我"是早在母亲膝盖上时就已形成的一种有组织的习惯系统。父母自己的自卑造成了这种情况。她自己的孩子无论怎样矮胖，当邻居来的时候，她肯定会在自己宝贝的身上发现一些邻居孩子所没有的东西。

如果她孩子的脚很大，那么她可能认为孩子的手很小，样子很好。孩子从她父母那里听到的全都是好的部分而没有一点不好的。这样，一个人就形成了一种关于他的资源的言语组织——能够谈论它们——但他却没有学会谈论他的不利条件。

（2）我们对恭维话的感受性——有关男性和女性的人格观察揭示了我们保护层中的一些弱点。如果我为你们提供一种刺穿大多数人保护层的武器，那便是恭维话。但是，恭维话已经成为一门艺术。只有受过良好训练，在艺术方面颇有造诣的毕业生才可使用它。我已经告诉过你们这样一个事实，即大多数人有一组支配性的习惯系统。它可以是宗教习惯系统、道德习惯系统、职业习惯系统，或艺术习惯系统，等等。如果一个人不断地受到有关这几个方面的成就的恭维，那么运用这一方法试着接近他人而获得成功的可能性就会很大。有时，5分钟的访谈将为这个支配性组织定下基调。禁烟者、禁酒者、效率迷、金钱癖、速度狂和性欲狂等组织会在访谈中很快显露出来。许多观察已经告诉我，当一个谙于此道的陌生人与这些人结识并接近他们的弱点时，几乎不变的判断是，"他是一个非凡的人，令人愉快，吸引人，十分聪明。我认为我们应该围绕着他转"。

通常，性格中的弱点是精神分析学派称为回避机制（avoidance mechanism）的东西。比如，A不想伤害任何人的感情。而且，他不仅放弃了金钱，也放弃了他的原则。他使自己担负起关心别人、与别人分担忧愁的责任，因为他是如此胆怯，以至于不能做到敢说敢干并告诉他们他的想法。

我很怀疑男性或女性在任何戒律、任何诚实的规则和任何毕生不变的信念上不受伤害。我认为在以往的时代，不受伤害几乎是可能的。而在今天，习俗被如此普遍地逾越，宗教禁令被如此经常地违背，商业诚实和正直也成了一种法定问题，如果我们的弱点再难以接近，再固执而敏感，那么我们都会受到伤害。这不是说你和我将会在今天去抢银行、去杀人或强奸女性，或者不怀好意地去利用邻居；而是说，我们在某些特定的条件下会作出许多所谓的不道德的事情。在做生意时，在谋职过程中，经常会发生这样的事，只要你的前任对你有帮助，你就会很周到地为他提供他的应得利益。他不会做错事情，你支持他，在各种场合支持他。但是当你接近他，当你开始与他分享权力的时候，你不能多说，而是应该用耳朵去找找你的过失。当你听到有些事情得不到他的信任时，一个强有力的内部声音出现了。当取代他时，你会为你的前任被你这样一个平庸之辈所取代而感到惊奇。你以经济实力为由使自己的周遭合理化（rationalize),这样可以一举两得,既加强了你的资产负债表(balance sheet),又能使你目前的地位更安全以防先前的竞争者卷土重来。

我在这里揭示人的本性并没有什么恶意。我只是想告诉你们,在某些情境中我们的行为方式几乎是自动的(automatic)。我们中有些人知道自己身上存在的这几种弱点,我们也在不断地观察它们。有些人则没有很好地进行分析。他们认为这是人类都有的,并且在这些方面对弱点加以宽恕。我认为心理学家在表达人际关系上是最有帮助的。我意译了《圣经》上说过的话:若想看到别人身上的缺点,唯有先去掉自己身上的缺点,这是一条比待人规则(Golden Rule),甚至康德的"宇宙观"(Universal)更使人从心底里信服的准则。关于"你想人家怎样待你,你也要怎样待人",我们知道得太少。我们中的许多人在有些方面是病态的;另一些人在另外一些方面是病态的。当你试着"你想人家怎样待你,你也要怎样待人"时,你会经常陷入困境,有时是最明显的几种困境! 我们再以康德的宇宙观为例,"有规则的运动适合于构成宇宙"。而这一不断变化的心理世界是没有一条规则适合于构成宇宙的。适合于伊甸园(Garden of E-den)的准则是永远不会适合于恺撒时代的,也不会适用于 1925 年。但每个人都能注视他自己的行为方式,并且当他面对激发他行为的真正刺激时,他经常会感到惊讶。对恭维话的感受性,自私,回避困境,不愿意揭露或承认缺点,知识的贫乏,妒忌,害怕竞争,害怕成为替罪羊,为使自己逃脱而把批评强加在别人身上——构成了人性中几乎难以令人相信的部分。当一个人真正面对他自己的时候,经常为揭露出来的东西所压倒——幼稚的行为,不道德的准则,靠合理化这块薄板来掩饰。唯有真正的勇士才能毫无掩饰地面对"灵魂"。

(3)我们为成为国王和王后而不断地奋争——根据我们父母的培养结果,根据我们所读的书籍以及我们周围的传记文学的结果,每个人都认为成为国王或王后是他(或她)不可剥夺的权利。人生的整个经历都使这一梦想得以延续。国王和王后都能受到宠爱,而且能获得许多东西;他们有专人来侍候他们;能得到许多许多好的食物;能住很好的房子,而且是更加艺术化的房子;能满足更多的性欲,在性生活中获得更大的美学享受。我们能够享有这些东西是在童年时代,这也是为什么要放弃童年时代是如此艰难的一个原因。正如我在后面要提到的,我们实际上很难完全放弃它。我们试图保留我们在童年时代支配父母的那种生活。劳工领袖说,"打倒资本家,劳动者站起来",这犹如我们渴望成为国王一样。资本家说，"打倒劳动者"，也是渴望成为国王或觅求国王的王位。没有人能反对这种奋争。这是生活的一部分。这类支配性的奋争始终存在着，而且还将继续存在下去（直到行为主义者把所有的孩子都抚养长大）。每个男人都应该成为国王，每个女人都应该成为王后。但他们必须明确他们的领域是受到限制的。在这个世界上令人反感的是那些想成为国王和王后，但又不允许其他人成为王室成员的人。我们在牧师团、商业和科学领域都发现了这一点。不止一位教授看着他的得意门生在他的身边成长起来，有一天，冷淡时期开始了。教授发现在其得意门生的技术中有一错误，或者在他的理论中有一弱点，并且与教授自己的理论有分歧的地方存在逻辑上的缺点。教授变得不再那么热情地向理事会和主席团推荐他的学生。当事情发展到得意门生也获得了教授职位时，推荐是不可能了。当同事们一再坚持要求推荐时，送上的只是反对他的得意门生晋升的建议。这个教授会用最隐晦的方法使他的处理合理化。我们经常看到一位教授与他的下属有着亲切温和的关系。他处在顶峰的时间有多长，他的善良本性就能持续多久。他会因为培养了许多年轻人而获得尊敬。但是让一个人太接近他的王位，那么友谊和亲切都会被绿眼睛的怪物——妒忌所吞没。我们的许多正统做法——行动的准则、教养的规则等等，都是为了使国王和统治者继续成为国王和统治者而建立起来的。

　　（4）婴儿时期遗留下来的不健康人格的一般原因。我们已经加以注意的人格弱点揭示了一个普通的事实，即我们把许多已经形成的习惯系统从我们的婴儿时期和青年早期一直遗留到我们的成人生活。正如我在第十一讲中指出的那样，在这些系统中，大多数系统都具有不能用言语描述的标志——缺乏言语的关联和替代。个体不会谈论它们，相反，会否认他继承了婴儿时期的行为。而适当的情境会使这些孩童般的行为表现出来。这些遗留物对一个健康的人格来说是最严重的障碍。

　　我们所继承的一个系统是对家庭中一个或几个成员有着强烈的依恋（积极的条件反射）——父母、兄弟、姐妹——或一些在我们的抚养过程中扮演重要角色的人。对物体、地点、位置过分地依恋是有害的。这类遗留一般称做"恋巢习惯"（nest habits）。南方人特别发展了它们——"詹妮斯一家永远不会忘记受到的侮辱"。贵族的家庭孕育了他们自己的系统。这些习惯被并入家庭格言和盾形纹章中。由于婚姻几乎意味着把一个陌生人带入一个群体之中，所以在这个陌生人被妻子或丈夫接受之前，严重的困难经常产生。这就是为什么会有这么多世仇的一个原因。它归于这样一个事实，即你的父亲和母亲把这些习惯遗留给了你，你的父亲和母亲同样类似地把它们带给了陌生人。我们把这种幼稚病视作一种永久的社会遗产。还有不太明显的一点，那就是种族习惯系统也在人们中间得到了培养。

但是，我们感兴趣的主要还是一个人的成长。让我们回顾一下一个人的成长。假设在你 3 岁的时候，你的母亲已经使你懂得了以后行为的方式。她服侍你。你是一个小天使，你的所作所为在你母亲眼里都是相当正确的。你父亲肯定也没让你改正。你的保姆如果责备了你，她总归是错的。3 岁之后，你开始上学，你整个儿变成了一个问题儿童。不久，你开始逃学；你母亲支持你。你经常偷东西和撒谎，你的老师把你送回家，不让你上学。你母亲请了一位家庭教师——但他是受到控制的。他教育你。最后，你"死"于人生旅途。这类人到处可以遇见。他们没有打破恋巢习惯——他们永远不会在失却家庭宠爱的时候干得出色些。当青春已逝，他们会退回到早年的依恋时代，谋求依靠。

我们应该每年脱落一些孩童时期的习惯，就如蛇脱落它的皮一样——不完全像蛇，但随着人的成长，新的环境要求必须这样。在 3 岁的时候，正常的儿童有一个组织得很好的 3 岁的人格——一种很适合于那个年龄的系统。但是当他步入 4 岁，一些 3 岁的习惯必须放弃——婴儿般的话语必须放弃，个人习惯必须改变。4 岁时，尿床、吮吸拇指、遇到生人怕羞、不能流利地交谈等问题将不再被忽视。裸露的表现应该放弃。应该教会孩子不能乱闯房间，不能不顾其他人是否在交谈就开始讲话。他必须开始自己穿衣服，自己洗澡，在必要的时候，自己在夜间起来上厕所，以及做许多 3 岁时不期望他做的事。

如果这样构建我们的家庭生活，那么 3 岁的习惯会进步到 4 岁的习惯而不带有任何婴儿时期的遗留物！但这不可能，也永远不会发生，除非父母从他们自己的婴儿时期就没有遗留下来什么——除非他们学会怎样养育孩子。

在上述讲座中，我已经概略地阐释了遗留物会带来什么结果。在影响我们成人生活的许多因素中，让我根据自己的咨询经验从中选择两种或三种。由于一个母亲过于温柔和溺爱，结婚对于儿子来说会变得很困难或不可能，因为母亲反对由儿子作出的任何选择。儿子最终结了婚，家庭的争吵由此开始。暂时的平息后，媳妇过来与父母生活在一起了。接着，事情就搞糟了，儿子有了两个妻子——他的母亲和他的新娘。这个青年必须被重新塑造——争取摆脱这一不自然的而他尚未注意到的母亲的条件反射。

又如,一个女孩在婴儿时期开始依恋她的父亲,一直生活到 24 岁还没有结婚。她最终结婚了,由于很自然的是她与她的父亲之间从来不会有性关系,所以她与她丈夫之间也将不会有这种关系。如果她被强迫,就会垮下来。她可能会自杀或为了逃避而精神错乱。

我是否可以再一次重申前几讲中提到的内容? 如果从早到晚,每个成人能对由婴儿时期的遗留物所释放的言语、身体和内脏行为作一个详细的图表,他就不仅会感到惊讶,而且会为他的将来感到害怕。我们的"感情被伤害",我们"会变得生气",我们会被"激怒",我们"给了某人一件好东西",我们"给了别人一个温柔的舐";你的前任是一个"傻瓜"、"白痴",你会争吵,你"发脾气",你生病,你头痛,在你的下属面前你不得不炫耀,你愠怒、郁郁不乐,整天心不在焉;你的工作不能很好地完成,你笨拙地做好你的工作,弄糟你的材料;你会对那些下属很凶,你会"自负"——几乎是不可避免的一种表现方式,而"自负"经常损害人的人格,它表明了一种无知和愚昧。一个聪明的人总对事情有一种展望,但他不知道随着他的才智得到不断增长,在他面前会形成越来越多的谦卑。自负是来自婴儿时期的溺爱。谦卑和机能不全同样是遗留物,通常是由一个"能力较低"或"机能不全"的父亲和母亲培养的。父母在这些方面的倾向性累积,形成了所谓的家庭中的"支配"因素(我所称的倾向性是通过下一代能看得到的),我不明白为什么我们必须回到遗留物来说明原因。

我无须进一步扩展婴儿期的遗留物。在某种程度上,整个行为就是表达这样一个事实,婴儿期和童年期会使成年人的人格颇具色彩。这就是弗洛伊德主义者"无意识"的一部分。至于弗洛伊德概念的非科学本质在这之前你们肯定已经明白了。如果情况不是那样,我就必须向你认输。

什么是"病态的"人格?

引言:今天不再有令人迷惑的领域,就连术语的运用也比精神病理学的使用更起作用。内科医生很少知道行为主义。因此,你们在精神病理学中会发现一些旧的内省心理学术语或弗洛伊德派关于恶魔研究的(de-monological)术语。我曾经希望能活得长些,以便有足够的时间彻底地用行为主义训练一个人,而这种训练是在他运用药物和运用精神病理学之前进行的,但是迄今为止,我还没有成功。从医学的观点来看,一个行为主义的门外汉是无法使人完美的,不是行为主义者的内科医生也难以完成这一任务,因此,"精神病"(mental disease)和"无意识"的概念仍然迷惑着人们。内科医生在这些领域里进行工作的主要困难是他对哲学史,甚至物理学的无知。对大多数精神病理学家和意识分析学家来说,这是一个真正的"压力"——这种压力是指能够去做某件事情的东西,能够启动一个生理过程或检查、抑制、降低一个已经存在的过程的东西。除非一个人忽视物理和哲学的历史,否则他就不会持有这样的观点。今天,没有一个心理学家愿意信奉这一表述的"相互作用"(interaction)。如果你能使内科医生在处理行为的时候面对这样一个物理的事实,也即你只能用一种方法来启动你面前的台球——从一种静止状态到一种运动状态——为了使之启动,你是用球棒来击它还是用另一只已经在运动的球来击它(或其他一些运动的物体来击它)——如果你能使他面对这样的事实,即如果球已经处在运动之中,你不能改变它的运动速率或者它的方向,除非你做了这些相同事情中的一种——你将永远不能获得关于精神病理行为的一种科学观点。精神病理学家——他们中的大多数人——今天都相信"意识"过程能启动生理之球的滚动,然后改变它的方向。虽然我已经批评了内省主义者,但他们在运用概念时并不如此幼稚。甚至在很久以前,詹姆斯就表明了这样的观点(虽然他没有坚持用"意志"和"注意"),即你用来"减退"或者改变一种身体过程的唯一方法是启动另一种身体过程。如果"心灵"作用于一个人,那么一切物理规则都是无用的。精神病理学家和分析学家的这一物质的和形而上学(metaphysical)的天真观点是这样表达的:"这个意识过程制约着这种或那种行为方式";"无意识的欲望抑制了他去做这样或那样的事"。我们今天所存在的许多困惑都可以追溯到弗洛伊德,他的拥护者不会看到这一点。在他身边经历过分析的大多数人,形成了一个强大的肯定"父亲"的组织。他们已经不希望用批评来谈及他们的"父亲",这一不愿意接受批评和发现进步的行为已经使他们从现代最重要的运动的顶峰跌落。我敢预言,从现在开始,在今后的 20 年间,一个运用弗洛伊德概念和术语的分析学家将与一个颅相学家处在同一水平，而依据行为主义原理来进行分析将会盛行，并且是社会必需的一种职业——与内科学和外科学有着同样的价值。通过分析，我认为，用我已经概括的一些方法，对人格截面进行研究，将与诊断法等值。与此结合的先是无条件反射，然后是条件反射。这些将构成治疗的一部分。没有价值的分析——便没有治疗的价值。新的习惯、言语、动作和内脏等等，将会成为精神病理学家所开的处方。

是否存在像精神病一类的疾病？

　　我了解所有这些围绕着分析学家而展开的或多或少有点模糊的争论和内科医生提出的一些明确的问题：是否存在像精神病一类的疾病？如果存在，那么它是怎样表现的？你怎样来治愈这种疾病？

　　当传说中存在一种像精神一类的错误概念时，我就假设会有精神病、精神症状和精神治疗。我从另一角度来看待整个问题。我只能粗略地概括我自己的观点。人格疾病，或行为疾病、行为障碍、习惯冲突等等，是我用来取代精神障碍、精神疾病的术语。在许多所谓精神病理的障碍中［"官能性精神病"（functional psychoses）、"官能性神经病"（functional neurosis）等等］，不存在引起人格障碍的器质性障碍（organic disturbances），不可能传染，不存在身体上的损害，不缺乏生理性反射（犹如器质性疾病经常表现的）。然而，个体有着一种病态人格，他的行为可能受到严重的障碍，或者陷入一种我们所谓的精神错乱（insane）（一种纯粹的社会分类），甚至不得不暂时或永远地将他监禁。

　　目前，无人能对我们社会结构中存在的各类行为障碍给予一个合理的分类。我听说过早发性痴呆（dementia praecox）、躁狂抑郁型精神错乱（manic depressive insanity）、焦虑型神经症（anxiety neuroses），偏执狂（paranoia）、精神分裂症（schizophrenia）等等。对于我这个门外汉，这些分类毫无意义。我只是一般地知道什么是阑尾炎、乳房癌、胆结石、伤寒热、扁桃体炎、肺结核、瘫痪、脑瘤、机能不全等。一般说来，我知道有机体发生的情况，比如一种受到损害的组织，某种疾病的一般疗程。我能够理解内科医生告诉我的病情。但当精神病理学家试图告诉我一种"精神分裂

症"，或一种"杀人性躁狂症"（homicidal mania），或一种"歇斯底里"（hys-
terical）发作时，我有一种感觉，也即他不知道自己正在谈论什么。这一感
觉随着时间的推移越来越强烈。我想，他不知道自己在谈论什么的原因
在于他总是从"心灵"（现在通行的概念）的观点来看待病人，而不是从整
个身体行为（body behaves）的方式和行为的遗传原因出发。毫无疑问，在
过去的几年里，这方面有了很大的进步。

　　为了表明在所谓精神病中无须引入"心灵的概念"，我给你们提供一
幅从一只精神变态狗想象出来的图景（我用狗为例是因为我不是一个内
科医生，没有权力用人来作例子——我希望兽医能原谅我）。假设我曾经
训练过一条狗，它能离开一个令人愉快的、置有汉堡牛排的地方，而去吃
已经腐烂的鱼（我现在就可以提供这个真实的例子）。我训练它（用电击
的方法）避免在犬行的路上去闻雌性狗——它将围着雌狗走，但不会靠近
雌狗十英尺以内［摩根（J. J. B. Morgan）在老鼠身上已经做过类似的实
验］。另外，让它只与雄性小狗和大狗玩，当它想与雌狗交配时就惩罚它，
我为它安排了一只同性恋的狗［莫斯（F. A. Moss）在老鼠身上也已做过类
似的实验］。这样当我早晨走近它的时候，它不是舔我的手，变得可爱和
顽皮，而是躲起来或畏缩、打哆嗦，发出哀鸣声，露出它的牙齿。它不是去
追逐老鼠和其他小动物，而是逃避它们，发出害怕的声音。它睡在垃圾筒
里——它弄脏自己的床，它每隔半小时就到处撒尿。它不是去闻每一株
树干，而是在地上咆哮、打斗、抓扒，但不会离树 2 英尺近。它每天只睡 2
小时，在这 2 小时中，它倚着墙睡，而不是使头与臀部接触地面躺着睡。它
很瘦，很憔悴，因为它不吃脂肪类食物。它不停地流涎（因为我规定它对
几百种物体过量分泌唾液），这些阻碍了它的消化作用的发挥。然后，我
带它到治疗狗的精神病理学家那里去。它的生理反应是正常的，没有发
现任何器官损伤。所以，精神病理学家宣布，这条狗患有精神病，确切地
说是精神错乱；它的精神状况已经导致了各种器官障碍，如消化作用的丧
失；这种消化作用的丧失已经引起了它的不良身体状况。一只狗应该做
的每一件事情——比较同类狗经常做的事情——它却一点不会，而与一
只狗无关的其他事情，它却做了。精神病理学家说，我必须把这只狗送进
专治精神错乱狗的医院去；如果它得不到及时的抑制，它将会从十层高的
大楼上跳下来，或者毫不犹豫地走进火堆。

　　我告诉治狗的精神病理学家，他对我的狗不了解；从养狗（我训练它
的方法）的环境观点出发，它是一只世界上最正常的狗；他之所以称这只

狗为"精神错乱"或精神病,是因为他自己荒唐的分类体系所造成的。

我试图让精神病理学家接受我的观点。结果,他厌恶地说,"既然你已经提出了这样一种论点,你自己去治疗吧"。于是,我试图矫正我的狗的行为困难,至少能达到这一点,即它能够开始与邻居的漂亮狗交朋友。如果它非常老,我就让它闭门不出;但是如果它非常年轻,它很容易学会,我就保证让它记住。我运用了所有的方法,这些方法你们十分熟悉,我先用无条件反射训练它,然后用条件反射训练它。之后不久,我让它在饥饿的时候去吃新鲜的肉,堵塞它的鼻子,在黑暗中喂它。这给了我一个很好的开端。它使我今天从事更深入的研究有了一定的基础。我让它保持饥饿,在早晨打开笼子时喂它;不再使用抽打或电击的方法;不久,它听到我的脚步声会快活地跳过来。几个月之后,我不仅把旧的行为加以消除,而且建立了新的行为。接着,它成了一只值得骄傲的狗。它的一般行为表现为打扮得很整洁,漂亮的身体上扎着蓝色的缎带。

所有这些都是夸张的——近乎于亵渎!确实,这与我们在每所医院的精神病区里看到的病人毫无联系!是的,我承认这是言过其实,但我这里研究的是基本原理。在构建我们的行为科学基础时,我力求简明和朴实。我试图通过这一朴实的例子来说明你们能够被条件化,不仅建立起病态人格中行为的复杂性、行为的模式和行为的冲突,而且通过同样的过程为最终导致传染和损害的器质性病变打下了基础——所有这些无须引进"心—身"(mind-body)关系的概念(心理对身体的影响),甚至无须离开自然科学的王国。换言之,作为行为主义者,我们在处理"精神病"时,运用的是与神经病学家和生理学家一样的材料和规则。

怎样改变人格

改变病态个体——精神变态者——的人格是内科医生的工作。无论他目前处理工作的能力如何之差,我们都必须在一种习惯发生障碍时去找他。如果我不能拿刀叉,如果一只手臂变得麻木,或者如果我不能对我的妻子、孩子作出形象化的反应,况且身体检查表明我没有任何器官的损伤,我会赶紧到我的精神分析的朋友那里,并说:"尽管我告诉你的是那么糟，但请你帮助我摆脱这一困境。"

甚至，对于我们"正常人"来说，在检查了我们自己并决定抛弃一些不好的遗留物之后，也发现要改变我们的人格是件不容易的工作。你能一夜之间就学会化学吗？你能在一年的时间里就成为最优秀的音乐家和艺术家吗？仅仅做到上述这些事情已经是相当困难的了，而当你在形成新的行为之前要抛弃大量的已经组织好的旧的习惯系统时，便有双倍的困难。但这是一个人想要获得一种新人格时所需面临的问题。没有一个骗子能为你做到，没有一所学校能保证为你指导。几乎每一个事件都可能是一种改变的开始；一场洪水，家庭中的一个噩耗，一次地震，宗教信仰的改变，健康状况的下降，一场搏斗——任何一个使现存习惯模式崩溃的事件都会打破你的常规，使你陷入一种境地，促使你必须学会不同于过去的对物体和情境的反应——这种情况对你来说可能会启动重建一个新人格的过程。在新的习惯系统形成的过程中，旧的习惯系统开始废弃，直至消失——也就是说，原来保持的习惯的丧失，个体受到旧的习惯系统的支配会越来越少。

我们怎样做才能改变人格呢？这里有两类东西可资利用：一类东西是我们已经讲过的"非习得"东西（它们可以是一种积极的"无条件反射"过程），另一类东西是新习得的东西。它始终是一个积极的过程。所以，彻底改变人格的唯一途径就是通过改变个体环境来重塑个体，用此方法使新的习惯加以形成。他们改变环境越彻底，人格也就改变得越多。很少有人能独立地做到这些。这就是为什么我们始终有相同的旧的人格。将来，我们应该有能够帮助改变我们人格的医院，这样我们改变人格就会像改变我们鼻子的形状一样容易，只不过它需要更长的时间。

语言是改变人格的一个困难

迄今为止，很少想到的一点是，在靠改变环境来改变人格中存在一个困难。它发生在我们试图通过改变个体的外部环境来改变人格的时候。我们不能禁止他以言语和手势的形式来使用他的旧的内部环境。如果你能选择一个从来没有工作过的人，一个一直受到其母亲宠爱的人，一个专司模特儿的侍从，一个城市最好酒店的资助人，一个服饰用品商店的老板，把他送到刚果自由区（Congo Free States），并把他放在一个能使他成为一个"边缘人"（frontier individual）的情境之中，但他带着他自己的语言和其他一些原先生活地域的替代物。我们在学习语言时发现了语言，当它完全得到发展的时候，实际上它给了我们操练这个世界的复制品。因此，如果目前所处的区域不能把握他，他就可能从他的边缘区域中撤回来，而使他的余生生活在旧的替代的言语世界里。这样的一个人可能成为一个孤独的、离群索居的人（shut-in）——一个做白日梦的人（day dreamer）。

然而，尽管在某种程度上存在许多困难，个体还是能够改变他的人格。朋友、教师、戏剧、电影都会帮助我们塑造、重建和改变我们的人格。从来不想使自己面临这种刺激的人，将永远不会改变他的人格，成为一个完善的人。

行为主义是所有未来实验伦理学的基础

通过本次讲座，我想要表明的是，当存在一种独立的、有趣的、有价值的、而且有权利存在的心理科学时，它必定在某种程度上成为探索人类生活的基础。我认为行为主义为健全的生活提供了一个基础。它应该成为一门科学，为所有的人理解他们自己行为的首要原则作准备；它应该使所有的人渴望重新安排他们自己的生活，特别是为培养他们的孩子健康发展而作准备。我希望我有更多的时间来描述这一点，想象一个完美的个体。我们应该使每个孩子都很健康，如果我们能够使他适当地成形，然后为他提供一个锻炼其组织的世界——一个不受几千年前民间传说束缚的世界；一个不受耻辱的政治历史阻碍的世界；一个从毫无意义的愚昧的风俗中解放出来的世界（这些风俗习惯就像拉紧的钢带一样包围着一个人）。我在这里不要求改革；我不要求人们到一些上帝遗弃的地方去形成一个殖民地，赤身裸体地生活在一种公社制的生活中；也不要求人们去吃树根和草本植物；更不要求"自由之爱"（free love）。① 我试图在你们面前追逐一种刺激，一种言语刺激。这种刺激如果起作用，将逐渐改变这个世界。随着这个世界的改变，你们培养的孩子将不是在奴隶获得的自由之中，而是在行为主义的自由之中———一种我们不能用言语来描绘，并且知之甚少的自由。这些孩子难道不会依次用更好的生活和思考方法来重新恢复我们这个社会？难道不会依次用一种更为科学的方法来培养他们的孩子，直至这个世界最终成为一个适宜于人类居住的地方吗？

---

① 请注意，我不想为赞成任何自由而争论，尤其不想为赞成言论自由而争论。我对言论自由的拥护者感到有趣。在我们这个轻率而又冒失的世界里，仅仅被允许言论自由的人会变成一只鹦鹉，因为鹦鹉的言语与它的行动没有联系，并不充当行动的替代物。一切真话能够充当行动的替代物，而对一个有组织的社会来说，正如它不会过分允许行动自由一样，它也不会过分允许言论自由。对此，当然没有拥护者。当一个鼓动家因为没有言论自由而大声抱怨时，他仅仅是抱怨而已，因为他知道，倘若他身体力行，真的去尝试言论自由的话，他将会被阻止。他想通过他的言论自由来使其他人表现出行动自由——做他本人害怕做的某些事情。另一方面，行为主义者希望发展他们的世界，那是人们自出生那天起就生活于其中的世界，所以他们的言论和他们的行动能够很好地保持一致，在任何地方都能自由展示，而不与群体标准相冲突。

科学元典丛书

科学元典丛书（彩图珍藏版）

科学元典丛书（学生版）

全新改版·华美精装·大字彩图·书房必藏

科学元典丛书，销量超过 *100* 万册！

——你收藏的不仅仅是"纸"的艺术品，更是两千年人类文明史！

科学元典丛书（彩图珍藏版）除了沿袭丛书之前的优势和特色之外，还新增了三大亮点：

① 增加了数百幅插图。

② 增加了专家的"音频＋视频＋图文"导读。

③ 装帧设计全面升级，更典雅、更值得收藏。

名作名译·名家导读

《物种起源》由舒德干领衔翻译，他是中国科学院院士，国家自然科学奖一等奖获得者，西北大学早期生命研究所所长，西北大学博物馆馆长。2015 年，舒德干教授重走达尔文航路，以高级科学顾问身份前往加拉帕戈斯群岛考察，幸运地目睹了达尔文在《物种起源》中描述的部分生物和进化证据。本书也由他亲自"音频＋视频＋图文"导读。

《自然哲学之数学原理》译者王克迪，系北京大学博士，中共中央党校教授、现代科学技术与科技哲学教研室主任。在英伦访学期间，曾多次寻访牛顿生活、学习和工作过的圣迹，对牛顿的思想有深入的研究。本书亦由他亲自"音频＋视频＋图文"导读。

《狭义与广义相对论浅说》译者杨润殷先生是著名学者、翻译家。校译者胡刚复（1892—1966）是中国近代物理学奠基人之一，著名的物理学家、教育家。本书由中国科学院李醒民教授撰写导读，中国科学院自然科学史研究所方在庆研究员"音频＋视频"导读。

《关于两门新科学的对话》译者北京大学物理学武际可教授，曾任中国力学学会副理事长、计算力学专业委员会副主任、《力学与实践》期刊主编、《固体力学学报》编委、吉林大学兼职教授。本书亦由他亲自导读。